科学出版社"十四五"普通高等教育研究生规划教材

新农科"智慧农业"专业系列教材

智慧农业工程案例

主　编　陈帝伊　宋怀波　秦立峰

副主编　（按姓氏笔画排序）
　　　　王　斌　西北农林科技大学
　　　　龙　燕　西北农林科技大学
　　　　刘燕德　华东交通大学
　　　　杨　硕　国家农业智能装备工程技术研究中心
　　　　张军国　北京林业大学
　　　　张智韬　西北农林科技大学
　　　　陈英义　中国农业大学
　　　　赵进辉　江西农业大学
　　　　梁　琨　南京农业大学
　　　　翟长远　国家农业智能装备工程技术研究中心

科 学 出 版 社

北 京

内 容 简 介

本书是为高等农林院校农业工程和相关学科开设的智慧农业相关研究生课程而编写的教材，由 7 所高校及科研院所联合编写完成。全书分 12 章，介绍了 12 个智慧农业工程领域的研究案例，涵盖设施、种植、养殖、大田、果园等多种当前热点应用场景，可为读者掌握我国智慧农业的发展提供全方位的知识和思维框架。本书侧重于实际工程问题的研究方法，重点从问题的提出与分析、方案设计、实验设计与验证、结果分析、应用反馈等环节组织内容，注重学生创新思维和解决问题能力的培养。各案例后均给出了应用拓展及领域前沿思考性问题，供读者参阅。书中配有大量的二维码彩图及视频，方便读者利用移动设备进行查询与学习。

本书可用作农业工程和相关学科博士、硕士研究生智慧农业相关课程的教材，也可作为科研院所相关专业学生、研究人员的参考书。

图书在版编目（CIP）数据

智慧农业工程案例 / 陈帝伊，宋怀波，秦立峰主编．—北京：科学出版社，2023.6

科学出版社"十四五"普通高等教育研究生规划教材 新农科"智慧农业"专业系列教材

ISBN 978-7-03-075182-9

Ⅰ．①智…　Ⅱ．①陈…　②宋…　③秦…　Ⅲ．①智能技术-应用-农业工程-高等学校-教材　Ⅳ．①S2

中国国家版本馆 CIP 数据核字（2023）第 044456 号

责任编辑：林梦阳 / 责任校对：严　娜
责任印制：赵　博 / 封面设计：蓝正设计

科学出版社 出版
北京东黄城根北街 16 号
邮政编码：100717
http://www.sciencep.com

三河市骏杰印刷有限公司印刷
科学出版社发行　各地新华书店经销

*

2023 年 6 月第　一　版　开本：787×1092　1/16
2024 年 1 月第二次印刷　印张：13
字数：320 000

定价：59.80 元
（如有印装质量问题，我社负责调换）

序

    智慧农业是农业发展的高级阶段，它将互联网、云计算、物联网、人工智能等先进信息技术与农业专家的知识、经验相融合，实现农业的精准化、可视化和智能决策等。智慧农业的技术发展水平直接决定我国从农业大国迈向农业强国的进程。从专业知识构架来讲，智慧农业涉及作物学、畜牧学、园艺学、计算机科学与技术、电子信息工程、机械工程及其自动化、控制科学与工程等多学科领域，是典型的交叉学科。

    为了更好地培育智慧农业领域的高级专门人才，本书编写组坚持以问题为导向，旨在提高学习的针对性和趣味性。本书以工程案例为切入点，首先描绘实际工程需求，培养学习者的兴趣和主动思考能力。进而给出解决本工程案例所涉及的基础知识和概念，鼓励学习者在明确目标的驱动下，通过快速自学相关知识，提出解决工程实际问题的方案。此过程有效提高了学习者学习的目的性、学习能力和知识转化能力。同时，本书提供了相关工程的实际解决方案，供学习者参考。最后，本书对每个智慧农业工程案例进行总结与研讨，对未来技术改进给出建议。

    相信本书将给智慧农业相关领域的学习者和研究者重要启发和参考，诚请各位读者多提宝贵意见。

中国工程院院士 赵春江

2022 年 9 月 28 日

前　　言

　　党的二十大报告指出要全面推进乡村振兴，加快建设农业强国，关键靠改革。我国农业产业发展正处于传统农业向智慧农业转型升级的关键时期，智慧农业工程正是响应这一指引的前沿领域。党的二十大报告将教育、科技、人才统筹安排，一体化部署推进。研究生教育作为人才培养的最高端，要将科技最新研究成果及时反哺教学，同时教育要尊重教育规律。教材作为三者的交汇点，是人才培养的基本单元，要反映最新科技进展和成果，遵循教育教学规律，融会案例牵引的启发性教学思想。编者为适应新时代对现代农业高层次人才培养的需求，坚持问题导向，系统推进，突出理论与实际相结合，科技前沿与工程需求并重，基础自学能力与创新研究思想一体化培养，组织了多所知名高校和科研院所专家，从中精选出了十二个案例，以飨读者。

　　本书所精选的这些案例，内容涉及蔬菜病害智能诊断、花朵检测、肉鸡体重智能估测、动物跛行自动检测、水产养殖智能管理、果园靶标感知与排肥、遥感定量诊断、智能灌溉、水果品质动态在线检测等多个内容，涵盖设施、种植、养殖、大田、果园等多种应用场景，为读者提供了全方位了解我国智慧农业发展的信息。同时，本书坚持案例牵引、情景化教育激发学生学习兴趣，重在培养研究生主动学习能力、创新思维及动手能力，各案例后均给出了对应的应用拓展及需要思考的内容，供读者参考。

　　本书案例一、案例二由西北农林科技大学秦立峰、龙燕共同编写，案例三由西北农林科技大学宋怀波编写，案例四由南京农业大学梁琨编写，案例五由中国农业大学陈英义编写，案例六、十一、十二由北京林业大学张军国编写，案例七由国家农业智能装备工程技术研究中心翟长远、杨硕共同编写，案例八由西北农林科技大学张智韬编写，案例九由西北农林科技大学王斌编写，案例十由华东交通大学刘燕德编写。全书由陈帝伊、宋怀波、秦立峰和赵进辉统稿，研究生尚钰莹、马宝玲、李景文、向敏、迟成等参与校对工作。

　　在本书的编写过程中，编者参考了大量书籍、资料和网站，同时融入了智慧农业相关教学和科研中的经验。鉴于编者的学识水平有限，书中谬误之处在所难免，敬请读者不吝指正。

编　者

2022 年 10 月

目　　录

序
前言
案例一　温室蔬菜病害信息智能感知与检测系统 ·· 1
　　1.1　案例简介 ··· 1
　　1.2　基础知识 ··· 1
　　　　1.2.1　遗传算法 ·· 1
　　　　1.2.2　SIFT 特征 ·· 1
　　　　1.2.3　词袋模型 ·· 2
　　　　1.2.4　服务系统开发 ·· 2
　　1.3　实施过程及其结果 ·· 3
　　　　1.3.1　遗传算法改进的 KSW 熵法进行黄瓜叶部角斑病密度计算 ························· 3
　　　　1.3.2　词袋特征 PCA 多子空间自适应融合的黄瓜病害识别 ······························ 6
　　　　1.3.3　蔬菜病害多源数据管理及在线服务系统 ··· 8
　　1.4　拓展与思考 ·· 14
　　　　1.4.1　应用拓展 ·· 14
　　　　1.4.2　思考 ·· 15
　　参考文献 ·· 15
案例二　基于视觉感知与智能算法的奶牛跛行检测 ··· 17
　　2.1　案例简介 ··· 17
　　2.2　基础知识 ··· 17
　　2.3　实施过程及其结果 ·· 17
　　　　2.3.1　基于双正态分布背景统计模型的奶牛跛行检测过程及结果 ······················ 17
　　　　2.3.2　基于 YOLOv3 相对步长特征向量的奶牛跛行检测过程及结果 ··················· 21
　　　　2.3.3　基于头颈部轮廓拟合直线斜率特征的奶牛跛行检测方法研究 ··················· 26
　　2.4　拓展与思考 ·· 32
　　　　2.4.1　应用拓展 ·· 32
　　　　2.4.2　思考 ·· 33
　　参考文献 ·· 33
案例三　基于 YOLOv5s 的深度学习在自然场景苹果花朵检测中的应用 ··············· 34
　　3.1　案例简介 ··· 34
　　3.2　基础知识 ··· 34
　　　　3.2.1　基于深度学习的目标检测算法 ··· 34
　　　　3.2.2　目标检测算法常用数据集格式 ··· 35
　　　　3.2.3　目标检测算法性能评价指标 ·· 35

3.3 实施过程及其结果 ···36
    3.3.1 数据集制备 ···36
    3.3.2 基于深度学习的苹果花朵检测网络训练 ·······················39
    3.3.3 复杂背景下苹果花朵检测结果 ·······························45
    3.3.4 苹果花朵误检和漏检分析 ···································47
    3.3.5 结论 ···48
3.4 拓展与思考 ···48
    3.4.1 应用拓展 ···48
    3.4.2 思考 ···49
参考文献 ···49

案例四 基于深度学习的非接触式白羽肉种鸡体重智能估测方法 ·······50
4.1 案例简介 ···50
4.2 基础知识 ···50
4.3 实施过程及其结果 ···50
    4.3.1 鸡背部图像分割 ···50
    4.3.2 基于背部像素投影椭圆拟合的体重估计 ·······················52
    4.3.3 单鸡体重估测 ···57
    4.3.4 群鸡体重估测 ···61
4.4 拓展与思考 ···62
    4.4.1 应用拓展 ···62
    4.4.2 思考 ···62
参考文献 ···62

案例五 基于 Django 的水产养殖模型智能管理系统 ·················64
5.1 案例简介 ···64
5.2 基础知识 ···64
5.3 实施过程及其结果 ···64
    5.3.1 水产养殖模型及数据集规范与模型构建研究过程及结果 ···········64
    5.3.2 水产养殖模型部署应用开发 ···································70
    5.3.3 基于 B/S 架构的水产养殖模型智能管理系统设计与实现 ·········73
5.4 拓展与思考 ···80
    5.4.1 应用拓展 ···80
    5.4.2 思考 ···80
参考文献 ···80

案例六 林区无人机航拍病虫害监测系统 ·····························82
6.1 案例简介 ···82
6.2 基础知识 ···82
    6.2.1 飞行器平台 ···82
    6.2.2 卷积神经网络 ···83

　　　6.2.3　迁移学习 ··· 83
　　　6.2.4　识别精度评价指标 ··· 83
　6.3　实施过程及其结果 ··· 84
　　　6.3.1　林区虫害检测飞行器平台搭建 ·· 84
　　　6.3.2　监测图像采集与标记 ··· 85
　　　6.3.3　基于复合梯度分水岭算法的图像分割方法 ·· 88
　　　6.3.4　基于全卷积神经网络的林区航拍图像虫害区域识别方法 ·· 89
　　　6.3.5　虫害图像分割及其效果 ··· 93
　　　6.3.6　算法性能评价与分析 ··· 93
　　　6.3.7　小结 ·· 96
　6.4　拓展与思考 ··· 97
　　　6.4.1　应用拓展 ··· 97
　　　6.4.2　思考 ·· 97
　　参考文献 ··· 97

案例七　果园果树靶标信息感知与对靶排肥控制系统 ·· 99
　7.1　案例简介 ·· 99
　7.2　基础知识 ·· 99
　　　7.2.1　果树靶标探测技术 ··· 99
　　　7.2.2　果园精准施肥技术 ·· 100
　7.3　实施过程及其结果 ·· 100
　　　7.3.1　对靶排肥控制系统需求 ·· 100
　　　7.3.2　实验室试验平台搭建 ··· 101
　　　7.3.3　排肥流速高速摄影试验 ·· 101
　　　7.3.4　排肥故障监测装置性能试验 ··· 102
　　　7.3.5　速度测量精度试验 ·· 103
　　　7.3.6　穴排肥精度试验 ·· 103
　　　7.3.7　树干探测模式实验室试验 ··· 104
　　　7.3.8　果园试验 ·· 108
　　　7.3.9　小结 ··· 110
　7.4　拓展与思考 ··· 110
　　　7.4.1　应用拓展 ·· 110
　　　7.4.2　思考 ··· 110
　　参考文献 ·· 110

案例八　高分一号卫星遥感数据定量诊断不同覆盖度下的土壤含盐量方法 ······························· 112
　8.1　案例简介 ·· 112
　8.2　基础知识 ·· 112
　　　8.2.1　建模方法 ·· 112
　　　8.2.2　精度评价公式 ··· 113

8.3 实施过程及其结果 114
8.3.1 遥感图像的获取与预处理 114
8.3.2 光谱指数计算与筛选 114
8.3.3 植被覆盖度的计算 115
8.3.4 植被覆盖度的划分 116
8.3.5 土壤特征的描述性统计 116
8.3.6 不同植被覆盖度光谱协变量分析与筛选 117
8.3.7 不同植被覆盖度下土壤含盐量最佳反演深度 120
8.3.8 不同植被覆盖度条件下土壤含盐量最佳反演模型 121
8.3.9 基于 Cubist 模型划分植被覆盖度的土壤含盐量反演图 122
8.4 拓展与思考 124
8.4.1 应用拓展 124
8.4.2 思考 124
参考文献 124

案例九 果园灌溉物联网智能监测和管控系统 125
9.1 案例简介 125
9.2 基础知识 125
9.3 实施过程及其结果 125
9.3.1 系统硬件设计 125
9.3.2 系统上位机软件设计 131
9.4 拓展与思考 137
9.4.1 应用拓展 137
9.4.2 思考 137
参考文献 138

案例十 基于近红外光谱技术的水果品质动态在线检测 139
10.1 案例简介 139
10.2 基础知识 139
10.2.1 马家柚糖度在线检测模型 139
10.2.2 套网丰水梨糖度在线检测模型 139
10.2.3 鸭梨黑心病在线检测模型 140
10.3 实施过程及其结果 140
10.3.1 马家柚糖度在线检测模型建立及应用 140
10.3.2 套网丰水梨糖度在线检测模型建立及应用 144
10.3.3 鸭梨黑心病在线检测模型建立及应用 147
10.4 拓展与思考 151
10.4.1 应用拓展 151
10.4.2 思考 151
参考文献 151

案例十一　基于"端-边-云"智慧协同的森林防火监测预警系统 153

11.1　案例简介 153

11.2　基础知识 153

11.2.1　域适应 153

11.2.2　有监督学习与无监督学习 154

11.2.3　特征融合网络 154

11.2.4　注意力原型网络 155

11.2.5　哈达玛积 155

11.3　实施过程及其结果 155

11.3.1　基于域对抗特征融合网络的林火烟雾自动检测 155

11.3.2　基于特征学习的森林火灾烟雾检测方法 159

11.3.3　基于"端-边-云"智慧协同的森林防火监测预警系统开发 163

11.3.4　小结 167

11.4　拓展与思考 167

11.4.1　应用拓展 167

11.4.2　思考 167

参考文献 168

案例十二　基于互联网＋和人工智能的野生动物智能监测识别系统 169

12.1　案例简介 169

12.2　基础知识 169

12.2.1　无线传感器网络概述 169

12.2.2　图像增强概述 171

12.2.3　目标检测概述 172

12.2.4　数据库概述 173

12.3　实施过程及其结果 174

12.3.1　无线图像传感器网络监测 174

12.3.2　基于 Retinex 理论的图像自适应增强算法 176

12.3.3　基于改进 Faster R-CNN 的野生动物目标检测识别算法 182

12.3.4　构建远程动物数据信息库 190

12.3.5　小结 193

12.4　拓展与思考 194

12.4.1　应用拓展 194

12.4.2　思考 195

参考文献 195

案例一 温室蔬菜病害信息智能感知与检测系统

1.1 案例简介

温室蔬菜种植是农业经济的重要组成部分，而病害诊断与防治是生产中面临的主要问题之一。传统蔬菜病害识别诊断主要依靠人工现场观察判断，对大规模种植情况很难适用。利用计算机视觉和图像特征进行病害识别，可及时发现和准确诊断病害，实现病害的远程自动诊断，提高蔬菜种植效益，是当前农业信息化技术中一个研究热点。本案例旨在利用视觉与图像信息获取技术，对温室内蔬菜病害进行监测、检测、识别；综合应用机器视觉、数字图像处理、机器学习、嵌入式开发、基于 Android（安卓）系统的应用开发、云服务系统等多种技术，建立温室蔬菜病害服务平台。

本案例的相关技术可用于大型温室蔬菜病害的自动发现、检测、识别、诊断中，也可服务蔬菜种植户进行病害预警，帮助生产期间的病害管理。

1.2 基 础 知 识

本案例包括 3 个技术环节，主要为图谱信息远程感知、信息智能处理、服务系统开发，涉及的基础知识包括数字图像处理、图像分割、机器学习、数据库、云服务系统、Android 应用开发等。

1.2.1 遗传算法

遗传算法是模拟生物学的自然遗传和达尔文进化理论的随机优化算法（颜雪松等，2018），起源于 20 世纪 60 年代，已经在多个领域有着应用研究。遗传算法作为一种求解问题的高效并行的全局搜索方法，其主要特点是群体搜索策略和群体中个体之间的信息交换，它能在搜索过程中自动获取和积累有关搜索空间的知识，自适应地控制搜索过程以求得最优解，即满意解。遗传算法利用简单的编码技术和繁殖机制（选择、交叉和复制）来表现难以用传统搜索方法解决的复杂和非线性问题。

1.2.2 SIFT 特征

Lowe 在 1999 年提出的图像 SIFT（scale invariant feature transform）特征（Lowe，1999；Lowe，2004）是基于多尺度空间理论的一种局部特征描述子，对尺度缩放、旋转变换、仿射变换具有不变性，对光照影响和阴影也有较好的鲁棒性，因此在视觉目标追踪、特征匹配等计算机视觉领域得到广泛的应用。SIFT 特征提取过程分为尺度空间内的极值点检测和描述子生成两步。

1.2.3 词袋模型

词袋模型（bag of word，BoW）最初用于文本特征表达和信息检索中（杨晓敏等，2014）。其基本思想是用文本中的关键词或敏感词构造一个"词袋"，所有文本的语义内容都可用"词袋"中的关键词组合来表达。因此词袋模型又称为字典。对文中的关键词、敏感词出现频率进行统计，将每个文本表示为一个"词袋"中关键词出现频率的统计直方图向量，利用该直方图向量进行文本聚类、分类、检索。

在图像处理领域，由图像底层特征训练得到一组"视觉单词"（visual word，VW）组成词袋，用来描述所有图像。模型的训练过程包括特征提取和特征聚类。从训练图像中提取某些基本特征，并聚类，取聚类中心作为视觉单词并构成 BoW 模型。对一幅图像的表达，则提取其同样的底层特征，并量化为 BoW 模型中的视觉单词，统计各个 VW 出现次数形成直方图向量，作为图像的特征表示。近年来，常利用图像的关键点特征建立 BoW 模型，形成了一套基本的视觉特征表达框架。该框架下图像的 BoW 模型的建立过程如图 1-1 所示。

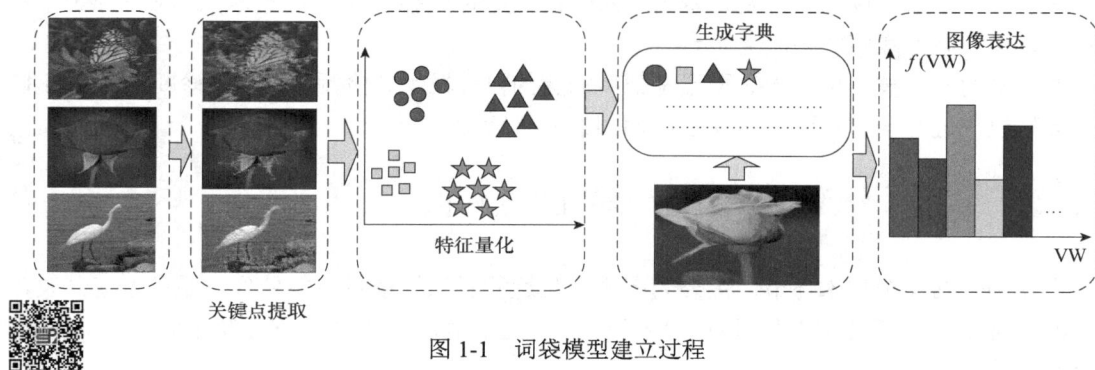

图 1-1 词袋模型建立过程

1.2.4 服务系统开发

病害服务系统提供病害图像的收集存储、查询、识别、知识推送等服务，可以采用浏览器/服务器（browser/server，B/S）架构，将大量的服务功能的实现集中到服务器上，在用户端只需要一个浏览器或者应用软件即可使用。整个服务系统的开发包括服务器端开发和移动端开发两部分（韩冬，2016）。

1.2.4.1 服务器端开发

服务器需要根据客户端提供病害诊断，将诊断结果从数据库中检索出相应的防治信息返回给客户，在此过程中需要对数据库进行操作，此外还要对客户端账号进行日常的管理。因此必须开发相应的服务器端程序、使用相应的连接工具实现对服务器数据库的连接。在 B/S 架构下，通过 HTTP 协议进行数据传输，采用 Web 服务器方式进行开发。目前主流的 Web 服务器有 Apache、Nginx 等，它们各有优势。而 Tomcat 服务器是一个服务器端组件 Servlet（server applet）容器（孙卫琴，2008），是 Apache 软件基金会 Jakarta 项目中的一个核心项目，其性能稳定，而且免费，体积小，安装和部署比较方便，适合中小型项目的开发。服务器程序则采用 Servlet，

Servlet 是 Java Servlet 的简称，用 Java 编写的服务器端程序，具有独立于平台和协议的特性。Tomcat 负责处理来自客户端的 HTTP 请求，其把请求传送给 Servlet 实例进行处理，然后将 Servlet 响应的数据送回给客户端，其工作流程如图 1-2 所示。

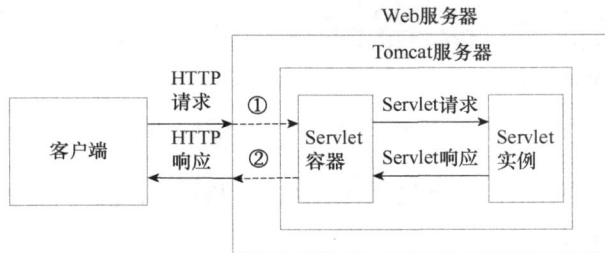

图 1-2　Tomcat 服务器响应 HTTP 请求过程

服务端对服务器数据库进行操作，可以通过 JDBC（java database connectivity）进行数据库连接（罗佳等，2020），JDBC 是 Java 语言中用来规范如何来访问数据库的应用程序接口，提供了诸如查询和更新等操作数据库中数据的方法（刘发久等，2016）。

1.2.4.2　移动客户端开发

移动端主要考虑智能手机，当前主流操作系统主要有 Android 和 IOS。而其中 Android 在移动终端市场具有 70% 以上的市场占有率，尤其在低中档次的移动终端设备中几乎占有了 80% 的市场份额。考虑到 Android 操作系统在广大农村地区具有极高的普及率，并且谷歌公司为广大移动平台开发者推出了免费的集成开发工具 Android Studio，在该平台下进行移动应用开发时编写、调试的过程都非常方便。

在与服务器通信方式的选择上，使用 HTTP 协议更加适合 B/S 架构。此外，还有套接字（socket）通信。客户端与服务器数据交互上，涉及发送请求、建立连接、请求处理、关闭连接等步骤，具体技术上包括数据格式、数据解析等协议内容。

1.3　实施过程及其结果

1.3.1　遗传算法改进的 KSW 熵法进行黄瓜叶部角斑病密度计算

1.3.1.1　预处理

一幅黄瓜叶片角斑病图像如图 1-3（a）所示。取 La*b* 颜色空间 b* 通道进行初分割，b* 通道特征可降低削弱背景噪声，克服光照影响。b* 通道如图 1-3（b）所示。对 b* 通道图像进行直方图均衡化，以增强病斑和背景的对比度，结果如图 1-3（c）所示。

1.3.1.2　KSW 熵法

阈值法进行图像分割的优点是速度快，特别是单阈值分割。其关键在于找到一个合适的阈值。Kapur 等人基于信息论中 Shannon 信息熵定义了 KSW 熵（Kapur et al.，1985）用于灰度图像分割。设若某个阈值下图像被分割为前景和背景，则 KSW 熵定义为前景熵与背景熵

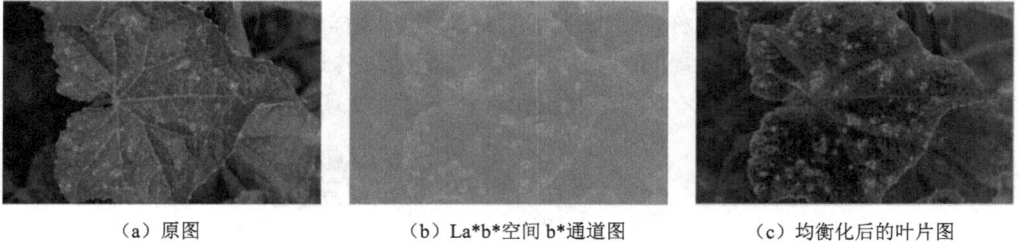

彩图　　　　　　　　　　　　图 1-3　黄瓜叶片角斑病图像预处理

之和。因此，不同的分割阈值对应产生不同的 KSW 熵值。最佳阈值为使 KSW 熵最大的灰度值，可以通过搜索得到。

根据 Shannon 熵的概念，对于灰度范围 $\{0, 1, \cdots, L\text{-}1\}$ 的图像直方图，其信息熵 H_T 计算式为

$$H_T = -\sum_{i=0}^{L-1} p_i \ln p_i \tag{1-1}$$

式中，p_i 为第 i 个灰度级出现的概率。设阈值 t 将图像分为前景和背景两个部分，两类的概率分布分别为（1-2）和（1-3）式。

$$\frac{p_0}{P_t}, \frac{p_1}{P_t}, \cdots, \frac{p_t}{P_t} \tag{1-2}$$

$$\frac{p_{t+1}}{1-P_t}, \frac{p_{t+2}}{1-P_t}, \cdots, \frac{p_{L-1}}{1-P_t} \tag{1-3}$$

其中，$P_t = \sum_{i=0}^{t} p_i$，前景熵 $H_A(t)$ 和背景熵 $H_B(t)$ 分别为

$$H_A(t) = -\sum_{i=0}^{t} \frac{p_i}{P_t} \ln \frac{p_i}{P_t} = \ln P_t + \frac{H_t}{P_t} \tag{1-4}$$

$$H_B(t) = -\sum_{i=t+1}^{L-1} \frac{p_i}{1-P_t} \ln \frac{p_i}{1-P_t} = \ln(1-P_t) + \frac{H_T - H_t}{1-P_t} \tag{1-5}$$

其中，$H_t = -\sum_{i=0}^{t} p_i \ln p_i$。

KSW 熵 $H(t)$ 为 $H_A(t)$ 和 $H_B(t)$ 之和，即：

$$H(t) = \ln P_t(1-P_t) + \frac{H_T - H_t}{1-P_t} + \frac{H_t}{P_t} \tag{1-6}$$

最后，通过式（1-7）求取最佳阈值 t^*。

$$t^* = \arg \max_{0 \leqslant t \leqslant L-1} H(t) \tag{1-7}$$

1.3.1.3　基于遗传算法改进的 KSW 熵分割法

通过搜索获取最佳阈值耗时较大。为了缩短搜索时间，用遗传算法改进 KSW 熵法（GA-KSW）。遗传算法是一种高效并行的全局搜索方法，能自适应地控制搜索过程以求得最优解或满意解，可有效缩短寻找阈值的时间。

本案例中，由于图像灰度值在 0～255 之间，故将各染色体编码为 8 位二进制码；为避免种群数过多导致每一代适应度值计算量大，设置种群数为 10，最大繁殖代数为 500。对二进制染色体数组解码为 0～255 之间的值，以求其适应度值，适应度函数用式（1-8）计算。选择阶段先采用精英算法，再采用轮盘赌算法进行个体选择。假设群体的个体总数是 n，$f(x_i)$ 为个体 x_i 的适应度，则一个体被选中的概率为

$$p(x_i) = \frac{f(x_i)}{\sum_{j=1}^{n} f(x_j)} \tag{1-8}$$

以 $np(x_i)$ 为下一代个体的数目。适应度高的个体繁殖下一代的数目多，适应度低的个体繁殖下一代数目少甚至被淘汰。由此产生对环境适应能力较强的后代，即选择出了与最优解接近的中间解。交叉采用改进的交叉算子，当代数低于 20 时交叉概率取 0.8，当代数高于 20 时，交叉概率取 0.6；当代数大于 30 小于 50 时，变异概率取 0.03，否则取 0.02。当最优个体的适应度和群体适应度不再上升或当算法执行到最大代数时，算法停止。此时具有最高适应度值的个体即为分割阈值。

基于 GA-KSW 熵法的黄瓜叶部角斑病病斑分割过程为，首先对预处理后的 b*通道图像采用大津（Otsu）阈值法进行初分割，消除大部分背景和噪声，同时保留病斑；然后用二值图像对原彩色图像进行掩膜运算，将得到的彩色图像转到灰度空间，用基于遗传算法改进的最佳直方图熵阈值分割法对其进行分割，得到病斑的二值图像；最后将得到的病斑二值图像在原图中标记出来，如图 1-4 所示。

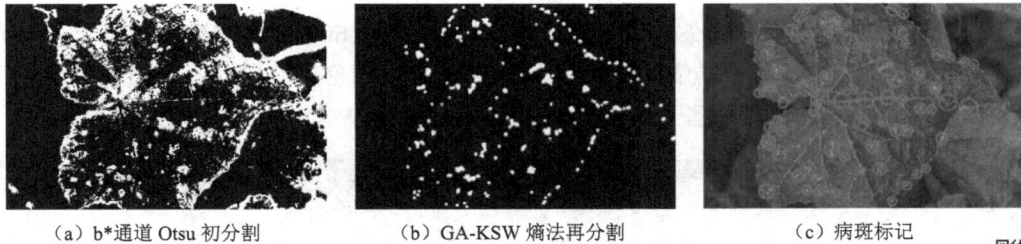

（a）b*通道 Otsu 初分割　　　　（b）GA-KSW 熵法再分割　　　　（c）病斑标记

图 1-4　GA-KSW 熵的病斑分割

彩图

1.3.1.4　试验及结果

对 3 幅黄瓜叶片角斑病病斑图像进行分割和密度计算。作为对比，同时对试验样本采用方格板法计算密度。将样本置于透明方格板下方，计算叶片所占方格数。每个方格为 1cm^2，叶片边缘超过半格的计为 1 格，不足半格舍去。病斑面积过小的，将局部病斑图片进行 10 倍放大，得到放大后病斑面积后再缩小 10 倍，得到病斑实际面积。病斑密度统计结果如下表 1-1 所示。

表 1-1　病斑密度计算结果对比

图像	病斑像素点个数		目标叶片像素点个数		病斑密度/%		密度绝对差/%
	方格板法	本案例方法	方格板法	本案例方法	方格板法	本案例方法	
1	127 410	115 285	1 789 472	1 770 897	7.12	6.51	0.61
2	108 623	99 231	345 643	323 151	31.42	30.71	0.71
3	253 975	244 144	1 125 278	1 188 198	22.57	20.55	2.02

由表 1-1 可见，GA-KSW 所计算的病斑密度与方格法的计算结果非常接近，绝对差约 2% 以下。另外，对 10 幅病斑图像进行试验，结果表明，方格法密度计算算法得到的平均密度为 7.12%，本算法统计得到病斑的密度为 6.51%，绝对差 0.52%。表明提出的方法具有较高的精度。与方格法相比，本案例算法计算的密度偏小，这是由于利用面积法去掉叶片边缘像素点时，一些面积较小的病斑也被去掉。

统计 3 幅图像的最佳阈值搜索时间。分别用普通 KSW 熵法和基于遗传算法改进的 KSW 熵法寻找最佳阈值的时间如表 1-2 所示。由表 1-2 可见，与普通的 KSW 熵法相比，基于遗传算法改进的最佳直方图熵阈值分割法大大缩短了寻找最佳阈值的时间，缩短比为 40% 以上。

表 1-2　普通 KSW 熵法和优化 KSW 熵法寻找最佳阈值时间对比

图像	KSW 熵法/s	GA-KSW 熵法/s	缩短时间比/%
1	0.201	0.106	47.26
2	0.251	0.139	44.62
3	0.195	0.102	47.69

1.3.2　词袋特征 PCA 多子空间自适应融合的黄瓜病害识别

1.3.2.1　图像获取

在温室环境下，在黄瓜植株苗期利用分辨率为 1200×1600 像素的数码相机，采取近拍模式、自动白平衡、手动调节焦距和光圈，采集角斑病、棒孢霉叶斑病、白粉病、霜霉病和炭疽病 5 种病害图像，每种病害采集图像 25 幅（图 1-5）。

（a）角斑病　　　　（b）棒孢霉叶斑病　　　　（c）白粉病　　　　（d）霜霉病　　　　（e）炭疽病

图 1-5　黄瓜叶部常见 5 种病害图像示例

彩图

1.3.2.2　黄瓜病害图像词袋模型建立与特征提取

按照文献（Qin et al.，2015）方法，提取 5 种病害子图的 SIFT 特征，并建立 CR-BoW 模型，步骤如下所示。

（1）从每类病害子图像中任意选择 20 幅作为训练图像。

（2）提取训练图像的 SIFT 特征。

（3）对第 i 类训练图像 SIFT 特征点用 K-means 算法聚为 15 类，取 15 个聚类中心构成该类病害的视觉单词（visual word，VW），记为 VW_i，$i=1，2，\cdots，5$。

（4）建立 CR-BoW：CR-BoW＝$\{VW_i\}$，$i=1，2，\cdots，5$。所建立的模型中共有 75 个 VW。

对每个病害子图提取 SIFT 点，并将这些点量化为距其最近的 VW；统计每个子图中各 VW 出现的频率，得到 75 维直方图，即为该图像的特征向量。

1.3.2.3　词袋特征主成分分解

设训练样本为 x_1，x_2，$\cdots$，x_m，m 为训练样本数。训练样本的归一化协方差矩阵 M 是一个 $N \times N$ 的方阵，N 为训练样本维数，本案例中 $N=75$。求 M 的特征值并按降序排列为 λ_1，λ_2，$\cdots$，λ_N；对应的特征向量为 v_1，v_2，$\cdots$，v_N；给定 $0 < E_p < 1$，计算使式（1-9）成立的最小 k 值。

$$\frac{\sum_{i=1}^{k} \lambda_i}{\sum_{i=1}^{N} \lambda_i} > E_p \tag{1-9}$$

式中，E_p 为降维参数。取前 k 个主成分轴而忽略其他主成分轴。取特征向量 $\tilde{V} = [\, v_1, v_2, \cdots, v_k \,]$ 张成的 k 维子空间。设图像词袋特征为 x_i，将其映射到该子空间上得到降维后的特征 $\tilde{x}_i$，如式（1-10）：

$$\tilde{x}_i = x_i^T \tilde{V} \tag{1-10}$$

式中，T 表示向量的转置操作。设置不同大小的 E_p 值，可对原特征进行不同程度的降维。

1.3.2.4　病害识别

提取 5 种黄瓜病害图像子图的 SIFT 特征，并建立类别相关词袋模型（category related BoW，CR-BoW）；对每个病害部位子图提取 SIFT 点，并将这些点量化为距其最近的 VW；统计每个子图中各 VW 出现的频率，得到 75 维直方图，即为该样本的特征向量。设计了一种词袋特征 PCA 多子空间自适应融合（BoW multi-PCA subspace self-adaptive combination，BoW-mPCA）的病害识别算法。其主要思想是：不同大小的 PCA 子空间上主成分特征的表达能力不同。通常病害图像内容复杂，不同类别病害在同一子空间上特征的分辨力有差异。对特定病害，在适当大小的子空间上，其特征与其他类别病害的特征有显著区分，因此在适当的子空间上待分类图像 I_x 与其所属类别的相关性会显著高于 I_x 与其他类别的相关性。本方法的步骤如下所示。

步骤 1：建立图像词袋模型并提取词袋特征。

对词袋特征进行 PCA 分解；设置 n 个不同的 E_p 值，取对应的 n 个子空间 Space^1，Space^2，$\cdots$，Space^n，得到图像在这些子空间上的降维特征。设 E_p 值大小满足式（1-11）：

$$E_{p1} < E_{p2} < \cdots < E_{pn} \tag{1-11}$$

E_p 越小，降维后的子空间越小。因此 E_{p1} 下生成的子空间 Space^1 是 Space^2，$\cdots$，Space^n 的子空间。

步骤 2：在各个子空间上分别训练分类器，组成分类器组，记为 $\{Cls^1, Cls^2, \cdots, Cls^n\}$。Cls^1 级别最高、Cls^n 级别最低。

步骤 3：分类器组自适应融合分类。

（1）先将待分类图像 I_x 的词袋特征映射到各主成分空间，得到各子空间上的降维特征。

（2）初始化 $i=1$。用分类器 Cls^i 对 I_x 在 Space^i 中分类。设待分类图像被分为 K 个候选类别的得分分别为 $sc^i = [\, sc_1^i, sc_2^i, \cdots, sc_K^i \,]$。若此 K 个得分中有一个明显优势，即满足式（1-12）：

$$\frac{s\_\max}{s\_snd} > T \tag{1-12}$$

式中，$s\_\max$ 为 K 个得分中的最大值；s_snd 为次大值；T 为显著优势判别阈值。此时当前图像类别 C_x 判定为该类别，即：

$$C_x = \arg_{j=1,2,\cdots,C} \max\{sc_1^i, \cdots, sc_j^i, \cdots, sc_N^i\} \tag{1-13}$$

（3）若不满足式（1-12），则令 $i = i + 1$，在下一级别子空间 Space^i 中对 I_x 分类，得到 K 个得分分别为 $sc^i = [sc_1^i, \ sc_2^i, \ \cdots, \ sc_K^i]$。融合 sc^{i-1} 与 sc^i 生成新的 sc^i：

$$sc^i = \alpha_i \cdot sc^i + \alpha_{i-1} \cdot sc^{i-1} \tag{1-14}$$

式中，α_i 为 Space^i 上分类得分的加权系数。

（4）根据新的 sc^i 利用式（1-12）、式（1-13）进行分类。重复以上过程，直到满足式（1-12），或者 $i = K$。算法结束。

1.3.2.5 实施结果

（1）建立了病害图像的 CR-BoW 模型，将病害图像表示为高维词袋特征；分别利用该特征的 PCA 单子空间和颜色特征以相同方法训练 BP 网络并分类，结果表明词袋特征下 5 种黄瓜病害的平均识别率为 84.73%，较颜色高 1.43 个百分点，因此模型对病害特征提取更有效。病害种类增加时，只需训练并加入新增病害的视觉单词，即可扩展 CR-BoW 模型，但扩展模型性能仍需进一步检验。

（2）在高维词袋特征的多个主成分空间上进行自适应融合的识别试验表明，对黄瓜叶部 5 种常见病害，降维参数为 75% 和 85% 的 2 个子空间融合的 BoW-2PCA 算法平均识别率达到 90.38%，与传统颜色、纹理及混合特征的识别率相比，分别提高了 6.97、26.15 和 13.02 个百分点，识别率较高，该算法可为温室蔬菜自动诊断识别提供技术支持。

1.3.3 蔬菜病害多源数据管理及在线服务系统

1.3.3.1 总体技术路线

首先在远程 Linux 服务器上使用 MySQL 数据库管理系统构建蔬菜病害多源数据库，将蔬菜病害种类、图像、专家知识等数据关联、结构化。然后机器学习算法建立合适的蔬菜病害诊断模型，以便对来自移动客户端的病害图像进行识别。再使用 Android Studio 基于 Android 平台完成移动客户端的开发，移动客户端用于调用诊断模型对在移动客户端上采集的病害照片进行识别。最后基于 Java Servlet 完成服务器端程序的开发，向客户端提供包括病害数据查询、病害图片收集及客户端登录注册等在内的各项服务。

1.3.3.2 蔬菜病害多源数据库设计

从本地连接到远程服务器中的数据管理系统有两种方式，一种是先登录至云服务器，再通过终端命令使用 MySQL 语句对数据库进行操作。另一种是使用远程数据库连接工具，连接完成后在图形化界面下对数据库进行操作。为了方便对数据库的操作以及对数据的录入，本案例采用了第二种方式，使用了专为 MySQL 设计的强大数据库管理及开发工具 Navicat，对数据库进行远程连接和管理。

如图 1-6 所示，设置完各项连接参数后，即可进行数据库的连接。连接完成后，在远程服务器中创建了一个名为 diseases_vegetable 的数据库，用于存放各类数据的关系表。

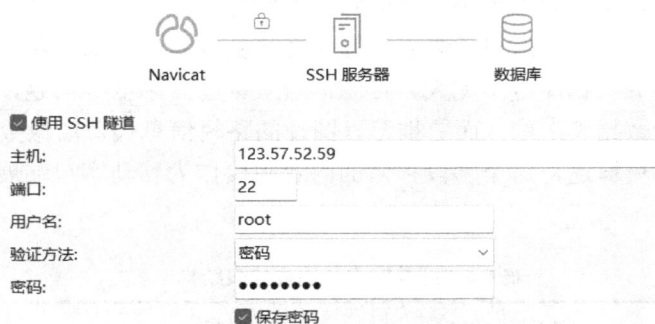

图 1-6　设置数据库连接参数

建立数据库之后，需将相应的多源数据以关系表的形式存入其中。首先在数据库中分别为马铃薯、番茄、黄瓜和辣椒四类蔬菜建立了结构如表 1-3 所示的一张关系表，用于存入病害知识数据。病害知识分为农业防治、化学防治、为害症状等三类数据。

表 1-3　病害知识的表结构

字段名	存储类型	存储长度	说明
disease	VARCHAR	100	病害名称（主键）
control_agricultural	VARCHAR	3000	农业防治
control_chemical	VARCHAR	3000	化学防治
symptom	VARCHAR	3000	为害症状

每张表以蔬菜病害名称为主键，其他字段分别对应农业防治、化学防治、为害症状三种类型的病害知识，每个字段都以 VARCHAR 类型进行存储。VARCHAR 是一种比 CHAR 更加灵活的数据类型，其同样用于表示字符数据，但是 VARCHAR 可以保存可变长度的字符串，以这种类型存储可以占用更少的内存和硬盘空间。关系表建立完成后，即可将各种病害知识通过 Navicat 编辑录入。录入结果示例如图 1-7 所示。

图 1-7　录入病害知识数据

在病害图像数据存储中，为了使数据更结构化，在病害数据库中为四种蔬菜单独新建了用于存储病害图像数据的关系表。每张关系表的结构如表 1-4 所示，表中共有 disease、path、content 三个字段，皆以 VARCHAR 类型存储。其中 disease 字段为主键，用于存储蔬菜的病害类别名称。path 字段用于存储图片所在路径信息，移动客户端采集的图像完成诊断后也会将根据诊断结果从数据库表中检索对应的路径信息，然后将图像数据上传至该路径下，实现图像数据的收集。这里并未直接存储图像数据是由于如果将过多图像数据直接存储于数据库中会造成数据库过于庞大、资源浪费及读写效率低等问题，故一般不建议将图像数据直接保存至数据库之中，而更推荐以图片的路径信息代替图像数据。content 字段存储内容是病害的简单概述，这个字段存储的内容主要作为移动客户端展示病害知识的数据来源。

表 1-4　蔬菜病害与图像的表结构

字段名	存储类型	存储长度	说明
disease	VARCHAR	300	病害名称（主键）
content	VARCHAR	1000	病害概述
path	VARCHAR	100	病害图像存储路径

同样地，在建立完关系表后，需要将数据通过 Navicat 录入至表中，录入结果示例如图 1-8 所示。

disease	content	path
马铃薯干腐病	茄病镰孢侵染块茎。发病初期仅局部变褐稍凹陷，扩大后病部出现很多皱褶，呈同心轮纹状，	images/potato/马铃薯干腐病/
马铃薯早疫病	马铃薯早疫病俗称夏疫病、轮纹病或干斑病，是由茄链格孢引起、发生于马铃薯的一种病害。	images/potato/马铃薯早疫病/
马铃薯晚疫病	马铃薯晚疫病是由致病疫霉引起、发生于马铃薯的一种病害。此病主要危害马铃薯茎、叶和块	images/potato/马铃薯晚疫病/
马铃薯枯萎病	马铃薯枯萎病，是马铃薯上的一种土传性真菌病害，分布广泛，全国各种植区普遍发生。	images/potato/马铃薯枯萎病/
马铃薯炭疽病	马铃薯染病后早期叶色变淡，顶端叶片稍反卷，后全株萎蔫变褐枯死。	images/potato/马铃薯炭疽病/
马铃薯病毒病	马铃薯病毒病是由马铃薯X病毒、马铃薯Y病毒等20多种病毒引起的、发生在马铃薯的病害。	images/potato/马铃薯病毒病/
马铃薯白绢病	马铃薯白绢病是由齐整小核菌引起的、发生在马铃薯的病害。主要危害块茎，有时也为害茎基	images/potato/马铃薯白绢病/
马铃薯粉痂病	马铃薯粉痂病。主要危害马铃薯的块茎和根部。	images/potato/马铃薯粉痂病/
马铃薯软腐病	马铃薯软腐病是由几种欧文氏菌单独或混合侵染，为害贮藏期马铃薯块茎的一种细菌病害	images/potato/马铃薯软腐病/
马铃薯黑痣病	别名：马铃薯立枯丝核菌病、马铃薯褐色粗皮病、马铃薯茎溃疡病。	images/potato/马铃薯黑痣病/
马铃薯黑胫病	马铃薯黑胫病是由胡萝卜软腐欧文氏菌马铃薯黑胫亚种引起的、发生在马铃薯的病害。	images/potato/马铃薯黑胫病/

图 1-8　录入病害图像数据

1.3.3.3　移动客户端开发

Android 移动客户端的功能架构如图 1-9 所示。客户端共分为病害诊断、病害知识以及个人中心三个模块。病害诊断模块用于调用相机拍照或者相册获取图像，通过 API 调用诊断模型对采集的图像进行诊断，诊断完成后根据结果从服务器请求相应的防治知识进行展示，最后将图像根据诊断结果上传至服务器，实现对病害图像的收集。病害知识模块用于根据选定的蔬菜类型从服务器请求相应的病害知识列表，通过点击列表选项后可以查看详细的病害知识。个人中心模块主要用于账号的管理，查看曾经诊断过的历史记录，以及提交意见建议。

图 1-9　软件功能架构图

Android 开发项目工程文件中，界面布局文件存放于 layout 文件夹下，布局文件以 xml 类型可扩展标记语言进行编写，每个页面对应一个布局文件。而 Android 应用程序必须要有一个 MainActivity 类及其对应布局文件才能启动。根据需求，将客户端界面设计为病害诊断、病害知识、个人中心三个板块，故建立三个 fragment 布局文件，通过点击底部导航栏的方式在 MainActivity 主页面中进行切换。

病害诊断页面用于选择需诊断蔬菜类型，添加需诊断蔬菜病害的图像，然后展示诊断的结果以及防治措施等信息。病害知识页面用于将服务器数据库中的病害种类及图片信息以列表形式展示，当点击列表中的某一病害后展示该病害的详细病害知识。个人中心页面用于用户的注册登录，同时提供查看病害诊断历史、账号管理等辅助功能。

1.3.3.4　服务器端开发

由于本案例中客户端与服务器之间的通信方式为 HTTP 通信，所以在编写 Servlet 时，直接继承 HttpServlet 类并重写 doGet 和 doPost 方法即可。而直接在服务器端编写 Servlet 存在一定难度，可根据 Servlet 的跨平台特性，先在本地电脑上开发并测试，测试无误后再部署至远程服务器。本案例使用了 Servlet 的常用开发工具 IntelliJ IDEA，并在本地电脑中部署了 Tomcat 服务器，在 IDEA 中连接本地 Tomcat 服务器后，就可以将编写的 Servlet 程序放至 Tomcat 服务器运行调试。

在本地客户端进行代码调试发现无误后，进一步在远程服务器部署 Tomcat 服务器，然后在本地电脑中项目导出为 war 包格式，通过 scp 命令将 war 包文件拷贝至 Tomcat 服务器安装目录的 webapps 下，Tomcat 便可以自动识别并解压，开启 Tomcat 服务器服务，便就可以通过服务器公有 IP 地址和端口号调用各项服务。

1.3.3.5　功能实现

1. 病害诊断

视频

病害诊断功能的运行流程图如图 1-10 所示。首先病害诊断页面有三个控件，包括"选择蔬菜类型"和"开始诊断"两个 Button，以及用于展示添加图片的 ImageView，分别需要对它们创建监听事件。当点击 ImageView 控件后，首先弹出选择添加图片途径的选项。每个选项继续对应一个监听事件，分别处理拍照、从相册选择的功能实现，图片获取完成后会调用 Android 系统自带的图像剪裁功能对图片进行剪裁。

剪裁完成后调用 ImageView 类的 setImageBitmap 方法将图片展示于 ImageView 控件上。然后开始诊断按钮的监听事件负责调用诊断模型 API 进行病害诊断。调用诊断模型 API 时，

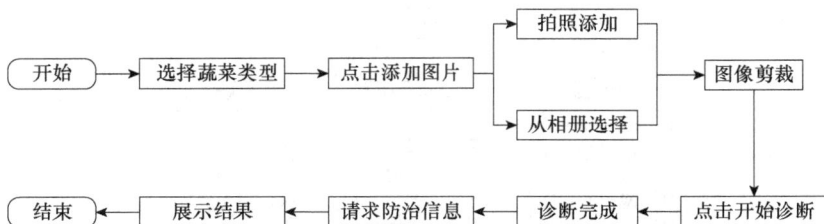

图 1-10　病害诊断功能的运行流程图

根据平台的调用规则，首先需要将待诊断的 Bitmap 类型的图片转换为 Base64 格式，所以诊断前先调用 BitmapToBase64 方法对图像数据进行格式转换，然后使用 Android 平台的 OKHttp 网络框架设置需提交的图像数据、分类数量等参数。由于 Andorid 客户端主 UI 线程中不允许耗时操作，所以设置完成后还需开启一个新的线程，在该线程中发起网络请求，最后客户端获得诊断结果后再根据诊断结果向本地服务器请求病害防治信息，并将最终的诊断结果同返回的病害防治信息交给展示页面。

诊断结果页面将对诊断结果、匹配度、防治措施等信息进行展示，同时还会自动将图像数据根据诊断结果通过 HTTP 通信传输到服务器对应文件夹目录下，实现对图像数据的收集。收集的图像数据将用于添加至诊断模型数据集中对模型进行更新。

图 1-11 为蔬菜病害诊断各个步骤下的界面。图 1-11（a）为用户选择蔬菜类型界面，客户端随后根据所选类型调用相应诊断模型；图 1-11（b）为调用相机拍照或者从相册选择待诊断照片的界面；图 1-11（c）为选择完后剪裁出蔬菜病害部位的图像块；图 1-11（d）为点击开始诊断按钮后正在进行病害识别；图 1-11（e）为结果展示页面，包括病害诊断结果、匹配度、防治方法等。

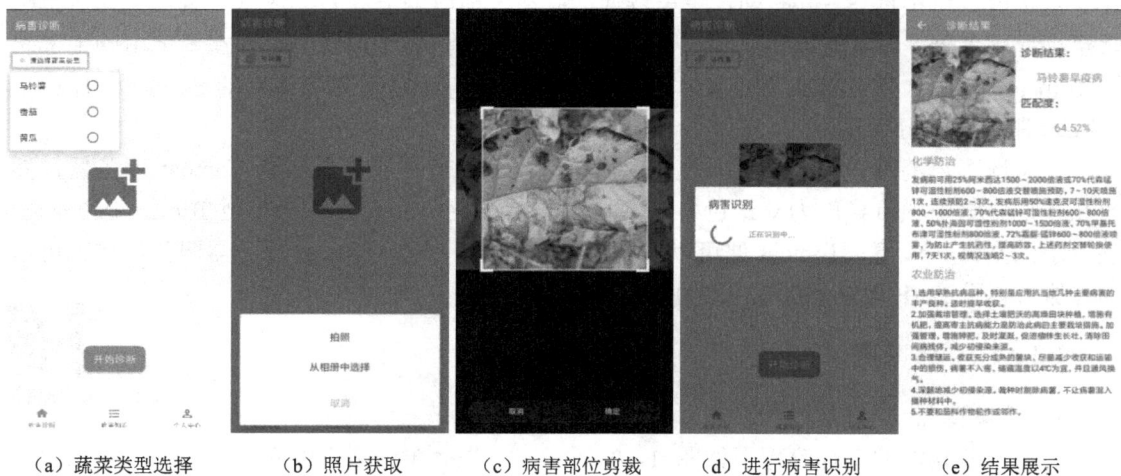

（a）蔬菜类型选择　　（b）照片获取　　（c）病害部位剪裁　　（d）进行病害识别　　（e）结果展示

图 1-11　病害诊断操作流程

2. 病害知识推送

如图 1-12 所示，病害知识页面根据选定的蔬菜类型将服务器数据库中的图像、病害种类数据以列表形式进行展示，点击列表中某一病害后，客户端将根据蔬菜病害类型向服务器请求详细的病害知识，服务器从数据库中查找到相应结果后以 JSON 格式返回至客户端，客户端对数据进行解析，并进行展示。

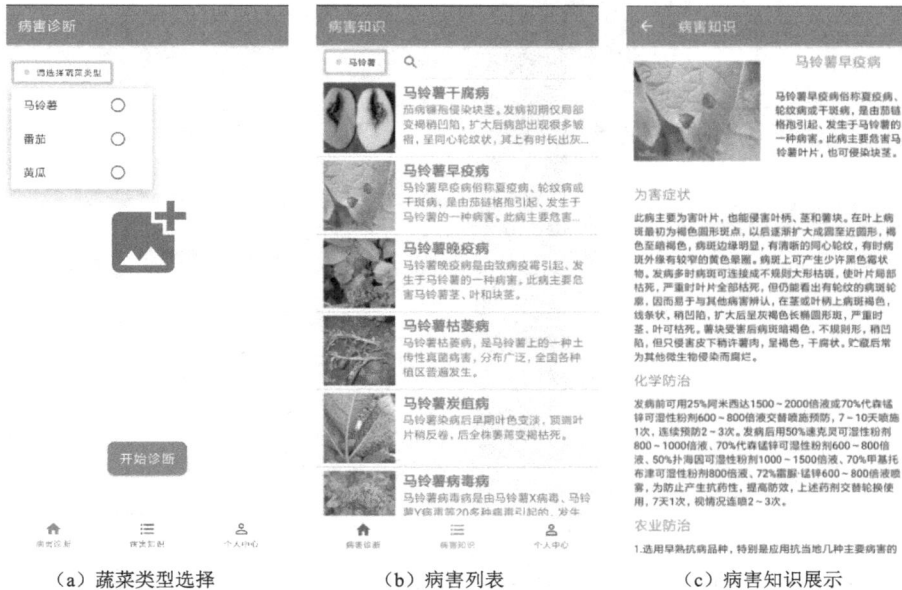

（a）蔬菜类型选择　　　　　　（b）病害列表　　　　　　（c）病害知识展示

图 1-12　查询病害知识操作流程

　　病害知识功能运行流程为，根据蔬菜类型，客户端向服务器发送从数据库中查找对应蔬菜病害列表的请求，客户端会得到以 JSON 格式返回的包含蔬菜病害类型及图片资源地址数据的 JSON 数组，然后利用 JSONObject 类对 JSON 数据进行解析，通过解析得到的图片资源地址，再次从服务器端请求下载每种病害类型对应的图片。最后数据准备完成后，通过适配器将数据依次填充至 ListView 页面中，实现以列表形式对病害类型进行展示。

　　除此之外，列表中的每一个列表项对应一个监听事件，当点击列表中的某一项后，列表项的监听事件将会根据列表项中的病害名称，从服务器请求详细的病害知识，然后在病害知识页面中进行展示。

3. 个人中心

　　个人中心页面用于用户的注册及登录，同时提供查看病害诊断历史记录、提交意见反馈等功能。其对应的页面如图 1-13～图 1-15 所示。

　　账号登录页面用于账号的登录，如果没有账号则可以点击"还没有账号？"进行账号注册。如果账号或密码信息错误，则弹出相应提示信息，登录成功则会跳转至已登录页面。账号登录的实现是将用户输入的账号和密码作为 HTTP 的 get 请求方法的参数提交请求，服务端接收到客户端的请求之后，根据请求参数，从数据库中查询对应账号信息。如果查询到对应的账号信息，则向客户端回复字符串"success"，否则回复"fail"，客户端根据回复跳转至已登录页面或者提示"账号不存在或密码输入有误"。

　　在历史记录页面中可以查看所有的识别记录，包含图片、图片的诊断结果及匹配度信息。历史记录的实现是将每次诊断的结果利用 Android 平台上一个轻量级的存储类 SharedPreference 以 JSON 格式存储起来，然后当用户点击历史记录后，再使用 JSONObject 类对 JSON 数据进行解析，然后将数据填充至 ListView 页面，以列表形式进行展示。

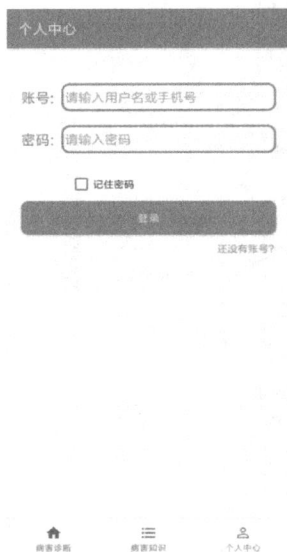

| 图 1-13　账号登录 | 图 1-14　历史记录 | 图 1-15　意见反馈 |

意见反馈功能用于收集用户的意见反馈。如图 1-16 及图 1-17 所示，将用户提交的每条意见信息按时间信息命名并以 txt 格式存放至服务器指定目录下。意见反馈是通过 HTTP 的 post 请求方法将用户在反馈内容框中输入的内容以 text/html 内容格式提交至服务器，服务器端获得内容后，在文件夹下以时间作为文件名新建 txt 文件，然后将反馈内容写入并保存。

图 1-16　编辑反馈信息　　　　　　　图 1-17　在服务器端查看反馈信息

1.4　拓展与思考

1.4.1　应用拓展

（1）严格来说，可见光是波长在 400～760nm 之间的电磁波。除此波段之外，研究人员还利用其他波段电磁波对病害进行探测研究。目前应用较多的是可见光-近红外波段（400～1100nm），对检测对象形成几十甚至几百个窄波段的连续光谱覆盖，同时对目标的空间特征成像，得到高光谱成像。高光谱成像技术具有光谱分辨率高、波段数多和图谱合一等优点，可以反映对象内部的细微变化，适于病害早期植物体内部不明显的病变信息提取，且受温室环境影响很小。近年来采用近红外、多光谱、全光谱技术探测作物病害表型的研究得到了很多研究者的关注，也取得了一定的进展。

（2）除了可见光-近红外波段外，拉曼光谱（Raman spectrum）、荧光光谱在包括蔬菜在内的作物病害检测中也得到很多的关注和研究。拉曼光谱是一种散射光谱。对拉曼光谱数据的分析是基于印度科学家 Raman 所发现的拉曼散射效应，对与入射光频率不同的散射光谱进行分析以得到分子振动、转动方面信息，并应用于分子结构研究的一种分析方法。最常用的红外及拉曼光谱区域波长是 2.5～25μm。荧光是物体吸收光能后重新放射出不同波长的光，荧光的能量-波长关系图就是荧光光谱。由于病害侵染后蔬菜器官内部细胞结构发生变化，在同样的条件下其产出的荧光光谱与健康植株有所区别。利用这一点，即可进行病害的早期检测。

（3）在蔬菜病害服务系统方面，须增加更多蔬菜种类；此外还可以补充更多功能模块，如结合不同的温室环境，进行病害发生的预测和预警。

1.4.2 思考

（1）结合蔬菜病害检测（或识别）任务，请简单归纳并陈述一下手机端应用系统的开发流程。

（2）蔬菜病害多源数据管理及在线服务系统中的几个技术关键分别是什么？在实际应用时，如果要实现病害预警功能，还要考虑哪些因素，增加哪些设计？

（3）本案例所提到的几种方法和技术是否可以进行其他农林作物，如小麦、玉米、茶树等的病害检测？该如何应用？

参 考 文 献

韩冬，2016. Android 应用开发实践教程. 北京：电子工业出版社.

刘发久，张治海，2016. Java 语言程序设计教程. 北京：人民邮电出版社.

罗佳，杨菊英，2020. 数据库原理与应用：微课版. 北京：科学出版社.

孙卫琴，2008. Tomcat 与 Java Web 开发技术详解. 2 版.北京：电子工业出版社.

颜雪松，伍庆华，胡成玉，2018. 遗传算法及其应用. 武汉：中国地质大学出版社.

杨晓敏，严斌宇，李康丽，等，2014. 一种基于词袋模型的图像分类方法. 太赫兹科学与电子信息学报，5：726-730.

Herdiyeni Y, Nurdiati S, Daud I A, 2009. Image semantic extraction using latent semantic indexing on image retrieval automatic-annotation. In: 2009 International Conference of Soft Computing and Pattern Recognition, IEEE: 283-288.

Kapur J N, Sahoo P K, Wong A K, 1985. A new method for gray-level picture thresholding using the entropy of the histogram. Computer Vision, Graphics, and Image Processing, 29 (3): 273-285.

Lowe D G, 1999. Object recognition fron local scale invariant features. International Conference in Computer Vision, 2: 1150-1157.

Lowe D G, 2004. Distinctive image features from scale-invariant key points. International Journal of Computer Vision, 60 (2):91-110.

Qin L F, He D J, 2015. Category related BoW model for image classification. Journal of Information and Computational Science, 12 (9): 3547-3554.

Thakur P S, Khanna P, Sheorey T, et al., 2022. Trends in vision-based machine learning techniques for plant disease identification: A systematic review. Expert Systems with Applications, 208:118117.

Zhang N, Yang G J, Pan Y C, et al., 2020. A review of advanced technologies and development for hyperspectral-based plant disease detection in the past three decades. Remote Sensing, 12 (19): 3188.

案例二 基于视觉感知与智能算法的奶牛跛行检测

2.1 案 例 简 介

跛行是奶牛最常见的疾患之一。严重的跛行会导致奶牛淘汰、产奶率低，而且会造成生殖的损失，极大地危害奶牛养殖产业效益。因此，预防跛行发生对于奶牛业的健康发展尤为重要（王政等，2022）。对于大规模的奶牛养殖场，通过人工肉眼观察检测奶牛跛行的难度非常大，难以及时准确发现跛行（宋怀波等，2018）。很多大型养殖场为奶牛佩戴了脚环一类的接触式传感器，用来监测其步态，从而发现跛行（Zhao et al.，2018）。但这一类装置一方面成本较高，另一方面脚环安装位置接近地面，容易挂粘上较大量粪污，影响奶牛行走并引起奶牛踢、蹭等反应，导致传感器损坏率较高。采用视频监测等非接触式方法获取奶牛行走数据（宋怀波等，2019；宋怀波等，2020），可代替人眼观察工作，降低生产成本，避免接触式传感引起的牛应激，并实现长时间自动监测，提升奶牛养殖业现代化水平。

2.2 基 础 知 识

本案例介绍 3 种奶牛跛行检测方法。针对奶牛养殖场实际场景下的视频进行分析，并发现奶牛的跛行状态，基本思路是提取跛行与健康奶牛的视频特征，再应用机器学习算法训练分类模型，最后用于跛行检测。在视频分析与特征提取方面，主要用到像素点特征统计、图像直方图分析、背景建模、帧差法、感兴趣区域、图像几何特征提取（何东健，2015）、轮廓线提取、目标检测网络，特别是 YOLO 系列网络的结构（Wu et al.，2020）、网络特点、训练方法等知识；在跛行识别模型中，主要用到曲线拟合、高斯模型建模、残差分析、统计学习（李航，2022）中的数据统计分析，以及长短期记忆模型 LSTM、K 近邻（K-nearest neighbor，KNN）分类器等。

2.3 实 施 过 程 及 其 结 果

2.3.1 基于双正态分布背景统计模型的奶牛跛行检测过程及结果

2.3.1.1 视频获取

将数字摄像机（DV）固定在三脚架上，距离奶牛 2.5m 且镜头与奶牛平行，实时采集奶牛侧面行走的视频，视频格式为 mp4，帧率统一都为 25fps，图像的尺寸为 704 像素（宽）×576

像素（高）。表 2-1 显示了所收集视频的相关信息。如表 2-1 所示，有许多干扰因素，如非奶牛物体（如鸟类和饲养员）的移动和复杂的背景，这使得准确检测奶牛跛行变得更加困难。

表 2-1　奶牛视频集包含的信息

视频序号	时间	天气	视频时长/s	总帧数	视频包含行为信息	人工检测结果
1～6	白天/夜间	晴天/阴天	10～12	250～300	飞鸟/工人/夜间飞虫	正常
7～16	白天/夜间	晴天/阴天	30～36	750～900	飞鸟/工人/夜间飞虫	正常

2.3.1.2　视频及图像信息处理

首先采用双正态分布的奶牛目标与背景检测获取目标奶牛区域的像素点数目（Jiang et al.，2019）。观察奶牛视频中每帧图像的像素分布特性发现，奶牛目标与背景大致呈两个聚类式分布。基于此，可采用双正态分布描述帧图像的像素分布。图 2-1（a）是包含牛棚背景及奶牛的监控区域场景，图 2-1（b）反映的是视频中某一帧的灰度直方图，曲线则是根据图像灰度直方图拟合出的灰度值曲线，在图像的灰度值拟合曲线中存在两个明显的区域峰值，故利用双正态分布来描述更加符合实际情况。

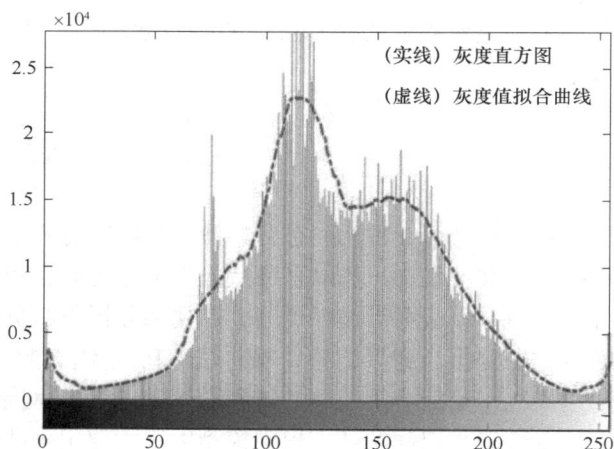

（a）奶牛行走的场景　　　　　　　　（b）灰度直方图与灰度拟合曲线

图 2-1　场景的多态特性

再利用背景统计判别奶牛跛行模型对奶牛的跛行进行联合判别。背景统计判别模型由帧像素分布、帧像素曲面拟合和帧像素残差三部分构成。

在视频（图像序列）中奶牛运动的幅度大小是通过像素点数量来反映的。要得到帧像素分布就要统计每帧图像奶牛的像素区域的像素点数量。图 2-2 为奶牛行走过程的像素点分布情况。分析图 2-2 可知在奶牛行走过程中的像素点分布情况与奶牛是否跛行的关系。一头正常奶牛行走时，整体分布情况为单峰，像素点分布情况如图 2-2（a）所示；若跛行奶牛在行走时，整体分布情况为双峰甚至是多峰，像素点分布情况如图 2-2（b）。

对奶牛视频集每一段目标奶牛行走过程的像素点数据进行曲面拟合，如图 2-3 所示，两

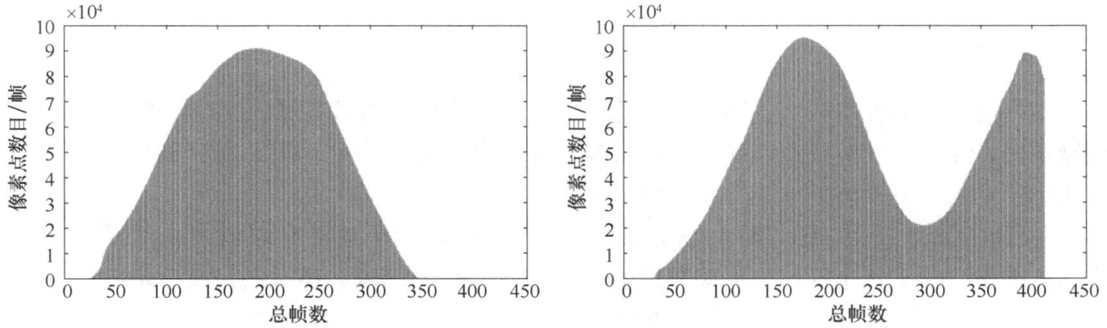

（a）正常奶牛行走像素分布情况　　　（b）跛行奶牛行走像素分布情况

图 2-2　奶牛行走像素点分布情况图

组奶牛视频数据的曲面系数均值进行二次拟合，跛行奶牛组拟合曲线有如下特点：第一，整体曲线为单调递减状态；第二，曲线呈现下凹状态，如图 2-3（a）所示。而正常奶牛拟合曲线也有如下特点：第一，整体曲线为单调递增状态；第二，曲线呈现上凸状态，如图 2-3（b）所示。在残差分析中，跛行奶牛的残差远大于正常奶牛的残差。以上两组特点证明，跛行奶牛与正常奶牛运动像素点拟合曲面系数特点明显，可以将其作为判别奶牛跛行的依据。

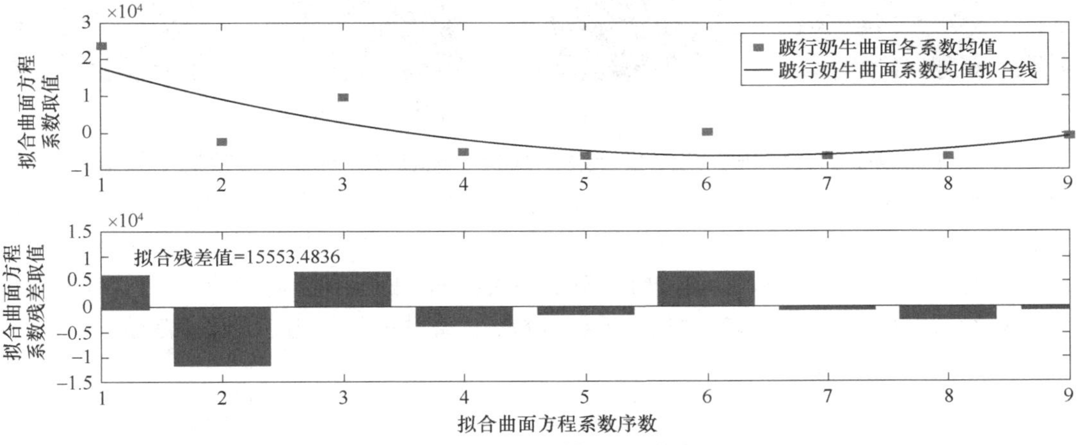

（a）跛行奶牛曲面系数均值拟合线

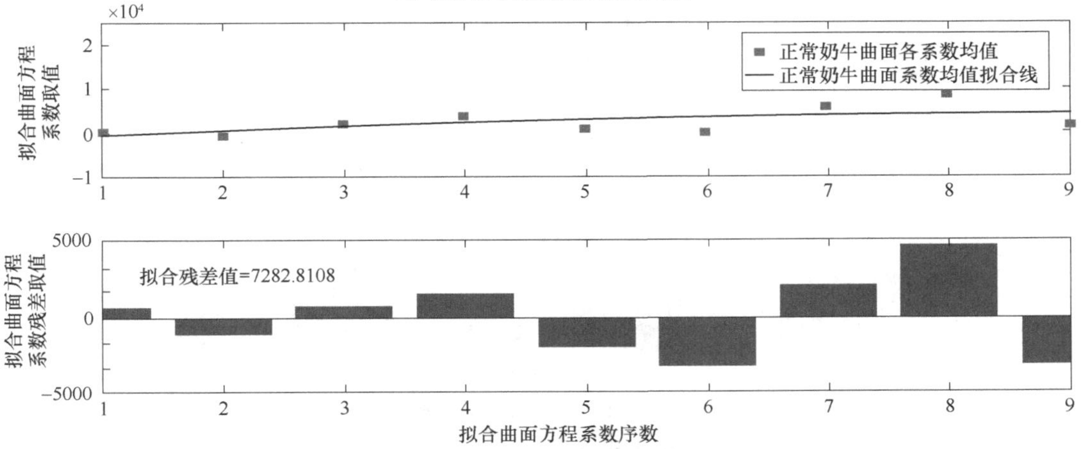

（b）正常奶牛曲面系数均值拟合线

图 2-3　奶牛拟合曲面系数均值拟合线

2.3.1.3 结果

跛行奶牛运动幅度较大，跟据产生的奶牛运动像素点分布呈双峰、像素点拟合曲面形状递减下凹、像素点分布残差连续的特点来判别视频中的奶牛跛行。最终本方法的全正确率为93.75%，跛正确率为90.00%，常正确率为100%。

对夜间（a）、阴天（b）、晴天（c）及夜间雨天（d）环境下试验样本的检测，结果如图 2-4 所示。其中，从上到下依次为原始图像、经典 GMM 检测结果、本案例检测结果。由图 2-4 分析可知，不同环境条件下本案例检测结果更加完整，尤其在夜间下雨（红外光源）的条件下，仍能够对目标奶牛进行像素点区域的检测。

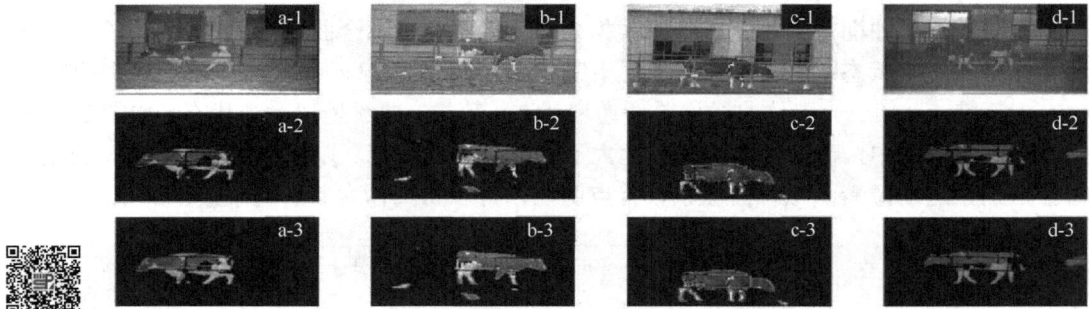

彩图

图 2-4 在不同环境下的检测结果图

对环境变化复杂的夜间雨天奶牛目标进行试验，选取 50 帧具有有效奶牛像素区域结果统计，经典 GMM 算法和本案例算法的 VFP 变化如图 2-5 所示。分析可知，本案例检测目标奶牛区域优于经典 GMM 算法。目标奶牛平均误检率由 38.52% 降到了 19.81%，降低了18.71%。由图 2-5 可以看出，经典 GMM 算法的误检率不断呈现上升的趋势，表明随环境变化其对环境适应性变差，而本案例相对于经典 GMM 算法的目标奶牛误检率趋于平稳。

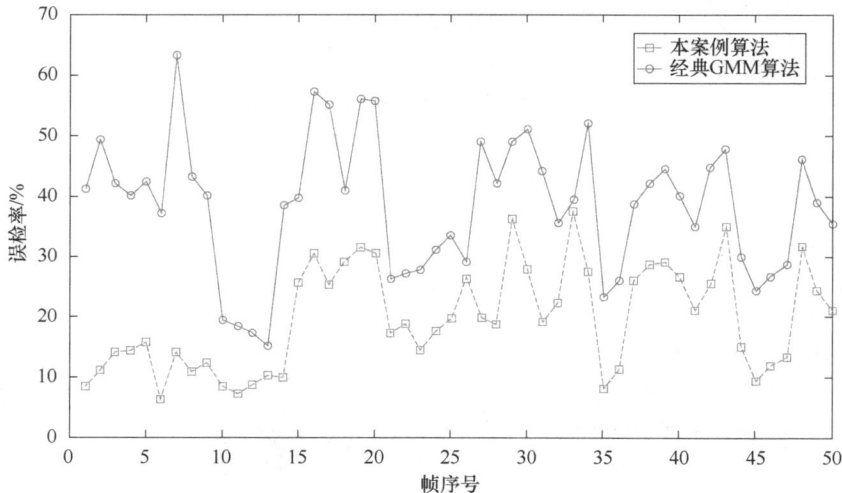

图 2-5 目标奶牛误检率

上述结果表明，与经典 GMM 算法相比，本算法对环境变化具有良好的鲁棒性，目标奶牛像素点区域检测的准确性更高。

2.3.2 基于 YOLOv3 相对步长特征向量的奶牛跛行检测过程及结果

2.3.2.1 试验数据获取

本案例试验对象为处于哺乳晚期的荷斯坦奶牛,试验视频采集自陕西某奶牛养殖场,拍摄时段为 2013 年 7 月 9 日至 8 月 5 日。试验获取 50 头奶牛共计 600 段试验视频,其中每头奶牛包含 12 段视频,每段视频持续时长为 5~10s。随机选取 20 段奶牛跛行、30 段正常行走视频并提取视频序列帧,随机抽取 5000 张视频序列帧,手工标注 5000 幅视频帧图像中奶牛腿部、头部和背部区域(本案例中仅利用腿部标注区域数据)作为目标检测器 YOLOv3 的训练、测试数据,分别采用 50% 为训练集、50% 为测试集。采集视频为 PAL(phase alteration line)制式并保存至摄像机存储卡内,帧率/码率为 25fps/2000kbps,分辨率为 704×576 像素。

2.3.2.2 案例实施过程

本方法采用的技术路线如图 2-6 所示(Wu et al.,2020)。首先,将测试视频分解为序列帧,然后利用 YOLOv3 算法检测腿部目标的位置坐标,基于检测到的位置坐标来计算每一帧的前腿和后腿的相对步长,然后按照视频帧的顺序将测试视频的每一视频帧的前腿和后腿的相对步长构造成相对步长的特征向量。最后,基于视频测试的相对步长特征向量建立 LSTM 分类模型完成跛行和非跛行奶牛的检测。

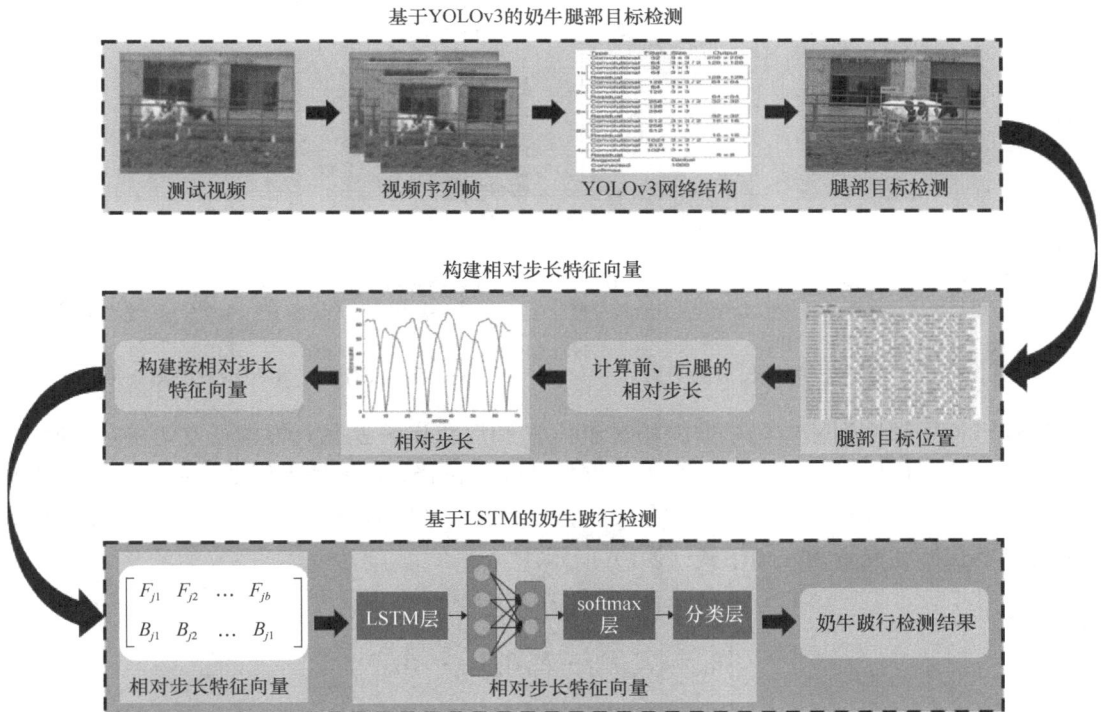

图 2-6 奶牛跛行检测技术路线图

步骤 1:以开源神经网络框架 Darknet53 网络模型训练得到网络参数初始化卷积层网络,以 YOLOv3 为训练网络,如图 2-7 所示。

图 2-7　YOLOv3 算法检测结果

a. 早晨时段；b. 傍晚时段；c. 夜间时段

　　步骤 2：奶牛正常行走时，奶牛前腿和后腿的步长呈规律变化；当奶牛跛行时，其背部弓形，肢体疼痛，导致步态不均，前后腿步长变化毫无规律。本案例中所提出的相对步长特征是指以奶牛腿部目标检测框中心水平间距，以此特征近似表示奶牛真实步长。为进一步通过奶牛相对步长特征检测奶牛跛行，保证所构建步长特征的可靠性，所使用奶牛腿部位置坐标均选取使用 YOLOv3 算法检测准确率达 90% 以上的数据。

　　图 2-8 和图 2-9 分别表示正常奶牛、跛行奶牛行走过程中步长检测结果。观察发现，正常奶牛行走时前腿及后腿步长呈规律性变化，跛行奶牛行走过程中步长变化毫无规律。表明本案例选取步长特征对奶牛跛行检测具有较好的区分度，为利用分类器实现奶牛跛行检测奠定了基础。

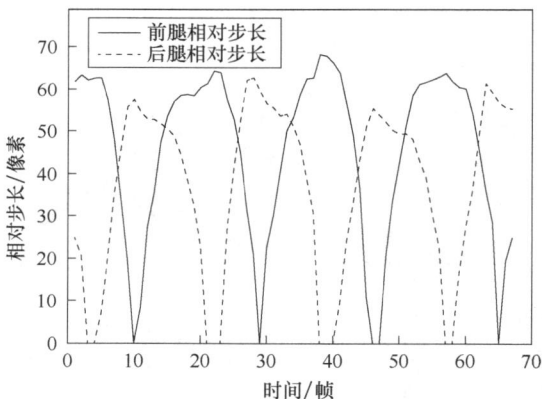

图 2-8　正常奶牛相对步长检测结果　　　　图 2-9　跛行奶牛相对步长检测结果

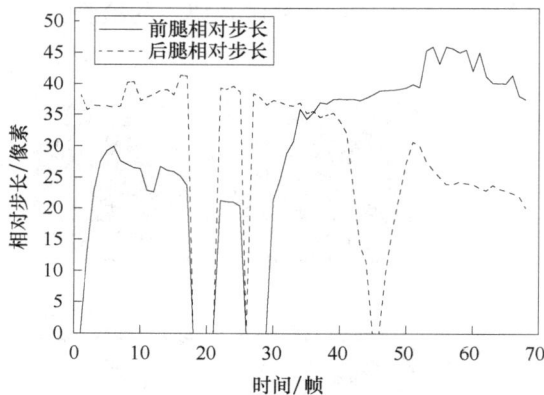

　　计算出各视频序列帧中奶牛前腿相对步长 F_i 和后腿步长 B_i 后，根据正常奶牛行走时前、后腿相对步长变化周期并考虑奶牛行走速度的波动，选择以 50 帧为周期将前腿和后腿步长串联构建一个相对步长特征向量 h，将一个奶牛测试视频所有相对步长特征向量串联构建该奶牛相对步长特征向量 H，如下式（2-1）所示。

$$\begin{cases} H_j = [h_{j1} h_{j2} h_{j3} \cdots h_{jn}] \\ h_{jn} = [F_{ja} F_{j2} \cdots F_{jb} B_{ja} B_{j2} \cdots B_{jb}] \\ a = 50(j-1) \\ b = 50j \end{cases} \tag{2-1}$$

式中，H_j 表示第 j 个奶牛试验视频的相对步长特征向量；h_{jn} 表示第 j 个视频中第 n 个相对步长特征向量；F_{ja} 和 B_{ja} 分别表示第 j 个奶牛视频中第 a 帧奶牛前腿步长和后腿步长。奶牛试验视频的相对步长特征向量的构建为利用 LSTM 实现奶牛跛行检测提供了数据支持。

步骤 3：根据经腿部目标检测以及构建奶牛相对步长特征获得的奶牛测试视频相对步长向量，本案例通过构建 LSTM 分类模型来完成基于奶牛视频相对步长向量的跛行检测。如图 2-10 所示，在完成前腿相对步长和后腿相对步长计算及相对步长特征向量构建的基础上，首先使用 LSTM 对所构建的奶牛相对步长特征向量进行特征提取，将学习到的结果作为全连接层的输入，最后利用 softmax 层完成分类，输出测试视频跛行的检测结果。

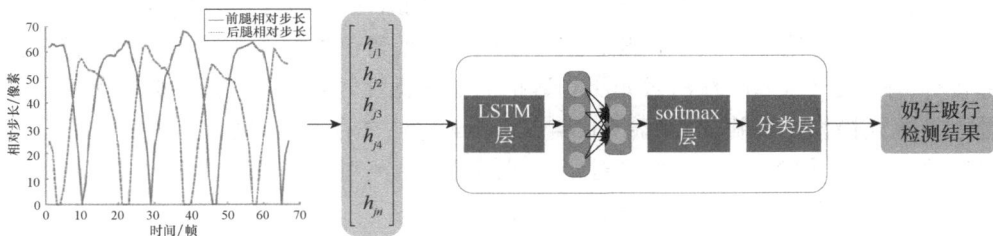

图 2-10　基于 LSTM 与相对步长特征向量的奶牛跛行检测模型

为实现基于 LSTM 和奶牛视频相对步长特征向量的奶牛跛行检测，具体步骤如下所示。

（1）组织数据。选取 700 个奶牛视频样本，为保证提取出的视频相对步长特征向量维度一致，每组视频均为 5～10s（125～250 帧），按正负样本 7 : 3 的比例，将 700 个奶牛视频样本划分为训练集和测试集。其中训练集中共有样本 490 个（正常奶牛样本 245 个，跛行奶牛样本 245 个）；测试集共有样本 210 个（正常奶牛样本 105 个，跛行奶牛样本 105 个）。

（2）提取 700 个视频样本的相对步长特征向量并建立标签，正常奶牛视频标记为 1，跛行奶牛视频标签标记为 0。

（3）对 700 组视频样本的相对步长特征向量进行归一化处理。

（4）LSTM 模型设计及训练。设置模型参数，利用训练集完成 LSTM 模型训练，本试验中主要的模型参数有输入尺寸（input size）、隐藏单元数量（hidden units number）及每轮训练的数据大小（batch_size）和训练轮数（iteration）。由于本案例中构建的奶牛视频的相对步长特征向量是包含前腿相对步长和后腿相对步长两个参数的二维向量，因此设置 LSTM 模型的输入尺寸为 2；本案例方法的参数设置参考作模型参数设置，如表 2-2 所示。在设计 LSTM 模型时，不同的隐藏单元数量对 LSTM 模型的分类性能有很大的影响。经试验发现，当隐藏单元数量为 400，batch_size 选择为 30 时，在样本中的训练准确率最高。

表 2-2　LSTM 分类模型的参数

主要参数	设置值
input size	2
hidden units number	400
batch_size	30
iteration	1600

2.3.2.3 实施结果

为了验证该方法的有效性，在检测奶牛腿部目标时分别与 Faster R-CNN、Tiny-YOLOv2 等目标检测算法进行了对比；在利用相对步长特征向量进行跛行检测时分别与 SVM、决策树、KNN 分类器进行对比。

选取人工标注腿部、头部以及躯干的 5000 幅奶牛图像（本案例中仅利用奶牛腿部标注信息），其中 50％为训练集，50％为测试集。利用上述 3 种算法对遮挡、光照、近景色等不同干扰下奶牛腿部目标检测效果如图 2-11 所示。其中图 2-11（a）～（d）、（e）～（h）、（i）～（1）分别表示 YOLOv3 算法、Faster R-CNN 算法、Tiny-YOLOv2 算法的检测结果。可以看出，YOLOv3 算法无论在白天或夜晚、正常或逆光、近景色物体遮挡等条件下都能较好检测出腿部目标；Faster R-CNN 算法对光照和遮挡的抗干扰性较强，但在正常光照下容易把柱子等近景色干扰误检为奶牛腿部目标；Tiny-YOLOv2 算法在存在近景色干扰时，效果较差，存在漏检现象。表明利用 YOLOv3 算法对奶牛腿部目标检测对近景色物体遮挡具有较强的鲁棒性，表明本案例采用 YOLOv3 算法是可行的。

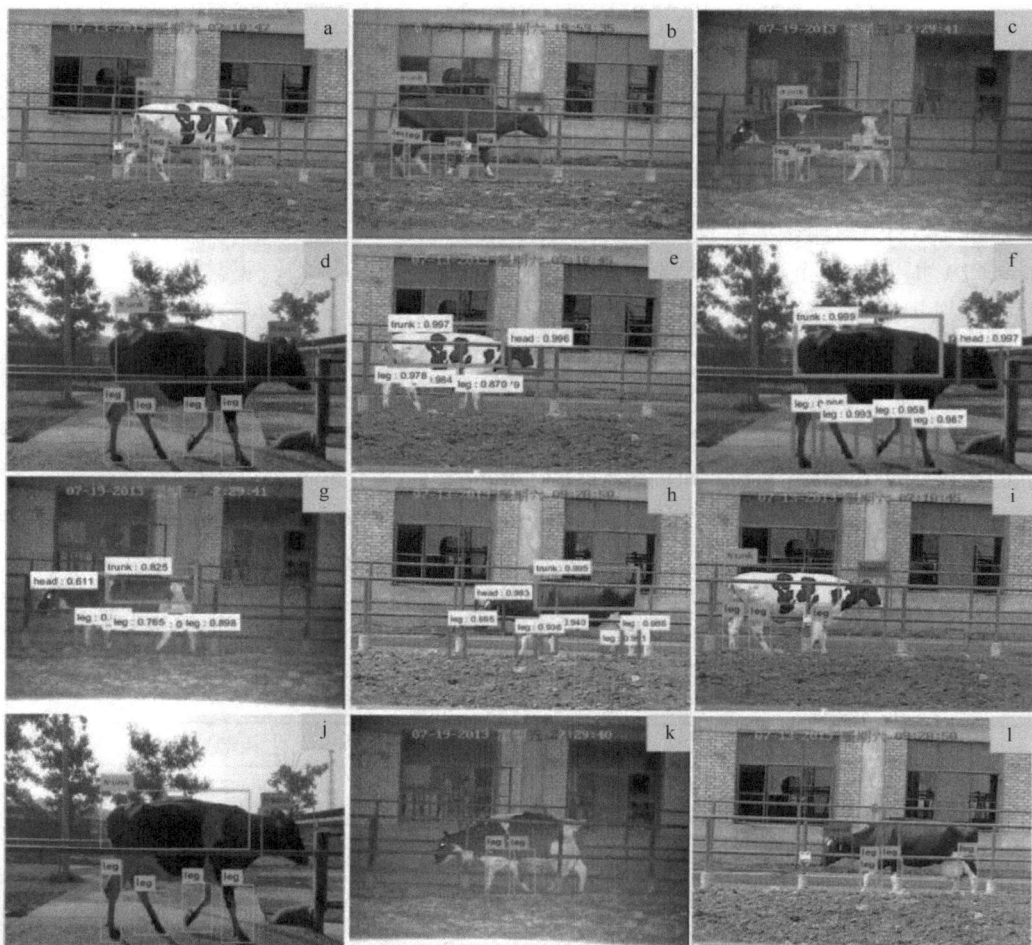

彩图

图 2-11 不同干扰下奶牛腿部目标检测结果

　　为了验证模型的效果，对测试结果进行分析，得到不同目标检测模型检测奶牛腿部目标时的得出相同测试图像上 YOLOv3、Faster R-CNN、Tiny-YOLOv2 的准确率、召回率、平均每秒检测帧数及平均精度均值（mean average precision，mAP），结果如表 2-3 所示。观察可知，本案例中 YOLOv3 算法准确率可达 99.18％，分别高于 Faster R-CNN 和 Tiny-YOLOv2 算法 1.70％，15.85％；召回率分别高于 Faster R-CNN 和 Tiny-YOLOv2 算法 2.19％，31.96％；目标检测速度高于 Faster R-CNN 算法 13f/s，虽低于 Tiny-YOLOv2 算法 55f/s，但其准确率和召回率远高于 Tiny-YOLOv2 算法，且 YOLOv3 算法检测速度基本满足实时性要求，同时其mAP 为 93.73％，分别高于 Faster R-CNN 和 Tiny-YOLOv2 算法 0.26％和 17.40％。综上，利用 YOLOv3 算法检测奶牛腿部目标是有效、可行的。

表 2-3　不同方法的检测结果

算法	准确率/%	召回率/%	平均每秒检测帧数/（f/s）	mAP/%
YOLOv3	99.18	97.51	21	93.73
Faster R-CNN	97.48	95.32	8	93.47
Tiny-YOLOv2	83.33	65.55	76	76.33

　　选取 210 段测试视频，其中正常和跛行视频均为 105 段，用训练好的 LSTM 模型、SVM 分类器、KNN 分类器、决策树分类器进行跛行检测。将上述 3 种分类器与 k 折交叉验证相结合，用于验证算法的准确性。表 2-4 为在使用 k 折交叉验证时跛行检测结果，观察可知，在一定的范围内，检测准确率随着交叉验证验证次数增加而增加，在 10 折交叉验证时准确率达到最大值。其中 LSTM 模型检测准确率为 98.57％，高于 SVM 分类器 2.95％，KNN 分类器 3.89％、决策树分类器 9.28％。结果表明，基于相对步长特征向量使用 LSTM 检测奶牛跛行是有效、可行的。

表 2-4　LSTM、SVM、KNN、决策树在测试数据的分类正确率

交叉验证 k 值	LSTM/%	SVM/%	KNN/%	决策树/%
2	84.75	88.63	88.13	78.54
3	86.12	90.25	89.17	79.67
4	89.44	91.23	89.24	81.36
5	91.66	91.65	91.36	82.28
6	92.38	92.32	91.59	83.37
7	94.25	93.58	92.16	84.58
8	96.47	93.72	93.69	85.84
9	97.78	94.56	94.25	87.35
10	98.57	95.62	94.68	89.29

　　表 2-5 为不同分类器的跛行检测结果。观察可知，LSTM 分类模型具有更好的分类效果。在相同的约束条件下，对于相同的测试数据，LSTM 模型分类的真正率（TPR）为 0.97，比 SVM 分类器、KNN 分类器和决策树分类器分别高 0.03，0.04 和 0.07；LSTM 的假正率（FPR）为 0.03，比 SVM 分类器，KNN 分类器和决策树分类器分别低 0.04，0.06 和 0.13。原因是：

奶牛的相对步长特征向量是一个时序数据，而 LSTM 具有较好的记忆能力，常被用于时序数据的分类和回归，从而可以有更好的分类效果。由此可见，在奶牛跛行检测中，本案例构建的 LSTM 分类模型能够取得较高的真正率和较低的假正率。

表 2-5　不同分类器的分类结果

分类器	TPR	FPR
LSTM	0.97	0.03
SVM	0.94	0.07
KNN	0.93	0.09
决策树	0.90	0.16

2.3.2.4　研究结论

（1）本方法采用 YOLOv3 算法检测奶牛腿部目标是有效、可行的。无论是夜晚或白天、顺光或逆光、小面积遮挡、近景色干扰，经过训练微调的 YOLOv3 模型都能准确、快速检测出奶牛腿部目标，检测的准确率可达 99.18%。

（2）本方法提出的奶牛相对步长特征向量可以用来作为检测奶牛跛行的依据。通过使用迁移训练 YOLOv3 模型完成对测试视频各序列帧中奶牛腿部目标的快速、准确检测，根据腿部目标检测框中心坐标的水平分量计算奶牛前/后腿相对步长，然后构建测试视频的相对步长特征向量，基于相对步长特征向量利用 LSTM 分类模型完成对正常奶牛、跛行奶牛的分类检测。构建的 LSTM 分类模型跛行检测正确率可达 98.57%，高于 SVM 分类器的 95.62%，结果表明本案例构建的 LSTM 分类模型具有更好的分类效果，本案例可以为基于奶牛相对步长特征向量的正常奶牛与跛行奶牛自动检测分类提供参考，对基于奶牛相对步长的奶牛跛行程度评分提供启发。

2.3.3　基于头颈部轮廓拟合直线斜率特征的奶牛跛行检测方法研究

2.3.3.1　试验数据获取

试验视频于 2013 年 7 月至 8 月采集自陕西某奶牛养殖场，试验对象为处于泌乳中期的美国荷斯坦奶牛。本案例共获取 30 头奶牛的视频片段。每头奶牛得到 12 段视频，共计 360 段视频，每段视频持续时长为 10～40s，从中随机挑取 6 段中重度跛行奶牛行走视频，6 段轻度跛行奶牛行走视频，6 段正常奶牛行走视频。本案例将奶牛跛行检测任务视为分类任务，在分类任务中，类别不平衡会导致分类结果向样本多的一类倾斜，为避免类别不平衡问题，本案例采用样本类别比例为 1∶1∶1。采集视频为 PAL（phase alteration line）制式并保存在摄像机本地存储卡内，帧率/码率为 25fps/2000kbps，分辨率为 704×576 像素。

2.3.3.2　案例实施过程

本案例采用的技术路线如图 2-12 所示。主要包括 3 部分，第一部分为 NBSM 模型，主要用于将目标奶牛与背景分离，获取目标奶牛像素区域；第二部分为 LCCCT 模型，主要用于获取奶牛感兴趣区域（region of interest，ROI），并进行局部像素点中心进行补偿，获得补偿后的感兴趣区域（compensation-region of interest，C-ROI）计算其质心并进行跟踪；第三部分用于获得跟踪区域奶牛身体上轮廓的拟合直线斜率数据，进而训练 DSKNN 分类器。

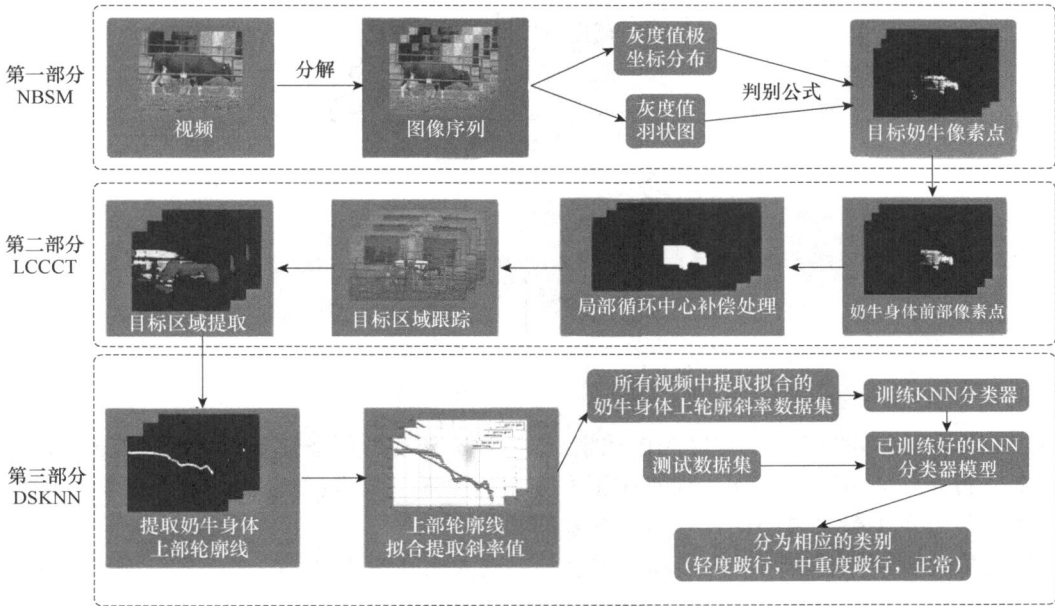

图 2-12　基于 NBSM-LCCCT-DSKNN 的奶牛跛行检测方法流程图

在分析奶牛视频中每帧图像的像素分布特性时，发现奶牛目标像素与背景像素大致满足双峰分布，如图 2-13 所示是视频中某一帧图像及其对应的灰度直方图，在图像的灰度值拟合曲线中有明显区域峰值，故本案例采用正态分布的目标奶牛与背景检测方法来描述像素分布的过程。

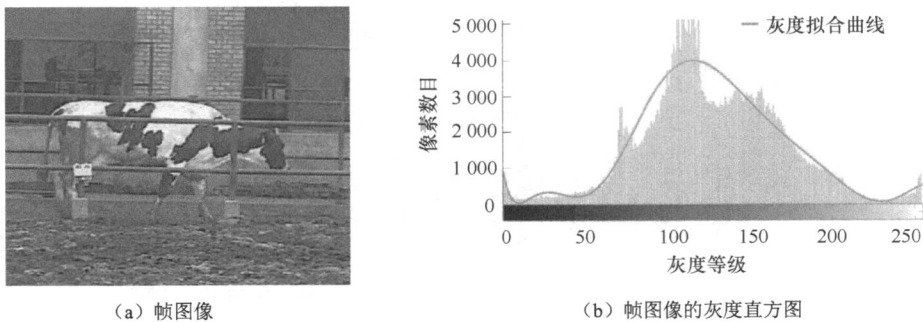

（a）帧图像　　　　　　　　　　（b）帧图像的灰度直方图

图 2-13　帧图像及其灰度直方图

将图像帧中的内容视为奶牛目标与背景，且背景像素一定比目标像素数目多，故在极坐标中帧图像像素会呈现增-减-增-减的状态。拟合曲线极径总体变化状态呈现增-减-增-减，表明帧图像像素分为目标奶牛像素与背景像素 2 部分。

将帧图像目标奶牛像素与背景像素分布可近似为 2 个正态分布的叠加，如式（2-2）、式（2-3），其中包括背景正态分布与目标奶牛正态分布 2 部分，并根据式（2-2）计算重率比。

其中 P_b 是灰度直方图中最大值与图像中所有像素的比值。重率比是区分帧图像像素分布当中的背景像素和目标奶牛像素的依据,当第一个正态分布所对应的重率比小于第二个正态分布所对应的重率比,且小于 1,说明第二正态分布重率比越接近 1,其越可能属于背景像素点的分布。

$$\begin{cases} f(x) = \sum_{i=1}^{2} \lambda_i \eta(x, \mu_i, \sigma_i) \\ \eta(x, \mu_i, \sigma_i) = \frac{1}{\sqrt{2\pi}\sigma_i} e^{-\frac{1}{2}\left(\frac{x-\mu_i}{\sigma_i}\right)^2} \quad i = 1, 2 \end{cases} \tag{2-2}$$

$$\begin{cases} \lambda_i = \frac{\sum x_i}{X_W} \quad i = 1, 2 \\ \arg\max\left[\frac{\lambda_i}{P_b} < 1\right] \quad i = 1, 2 \\ \frac{\lambda_1}{P_b} < \frac{\lambda_2}{P_b} < 1 \quad \text{or} \quad \frac{\lambda_2}{P_b} < \frac{\lambda_1}{P_b} < 1 \end{cases} \tag{2-3}$$

式中,η 表示正态分布;x 为灰度图像像素点;μ_i、σ_i 分别为正态分布的均值和方差;λ_i 为 2 个正态分布分别所占比重;$\sum x_i$ 为对应正态分布的像素点数目;X_W 为图像中像素点总数;P_b 是灰度直方图中最大值与图像中所有像素的比值。

在奶牛发生跛行时,奶牛头颈部区域会发生较大幅度的变化,因此,其头颈部区域(前半部像素区域)的完好分割有利于后期跛行行为的检测,而奶牛躯干及臀部区域(后半部像素区域)与之无关。图 2-14(a)为对 NBSM 模型处理过的图像进行循环矩阵化。图 2-14(b)为卷积窗口矩阵 G 与处理过后的循环矩阵进行滑动卷积,得到卷积之后的结果矩阵 Y,即将所有像素进行增强处理,通过判别函数来判别当前图像中的像素是否为孤立的像素区域,若是,则进行归零处理,若否,则进行保留,最终得到补偿结果矩阵 C。

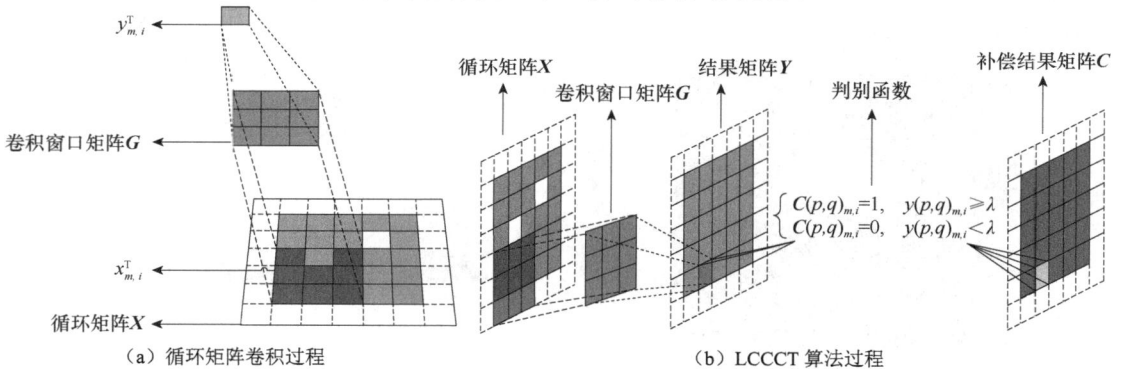

(a)循环矩阵卷积过程 (b)LCCCT 算法过程

图 2-14 循环矩阵与卷积窗口矩阵卷积示意图

图 2-15 为模型各阶段处理的结果,可以发现,由于奶牛头颈部的运动幅度大于奶牛躯干及臀部区域的运动幅度,且 NBSM 模型对运动幅度大的区域敏感,在利用 NBSM 模型进行奶牛目标分离时,奶牛前部区域较为完整,因此可通过该特征将奶牛前半部像素区域提取出来。为了使奶牛身体前部像素区域更加完整,拟利用 LCCCT 模型进行处理。从图 2-15(c)可以发现,LCCCT 算法对目标奶牛区域保留了奶牛身体前部的形状,补偿了奶牛身体前部区域丢失或损失的像素区域,同时,由于在算法中加入了孤立像素区域的抑制策略,对于非完整

的奶牛后部像素区域，可以进行较好的去除处理，在保证前部像素完整性的前提下起到了抑制后部像素区域的效果，为进行奶牛身体前部区域的跟踪奠定了基础。

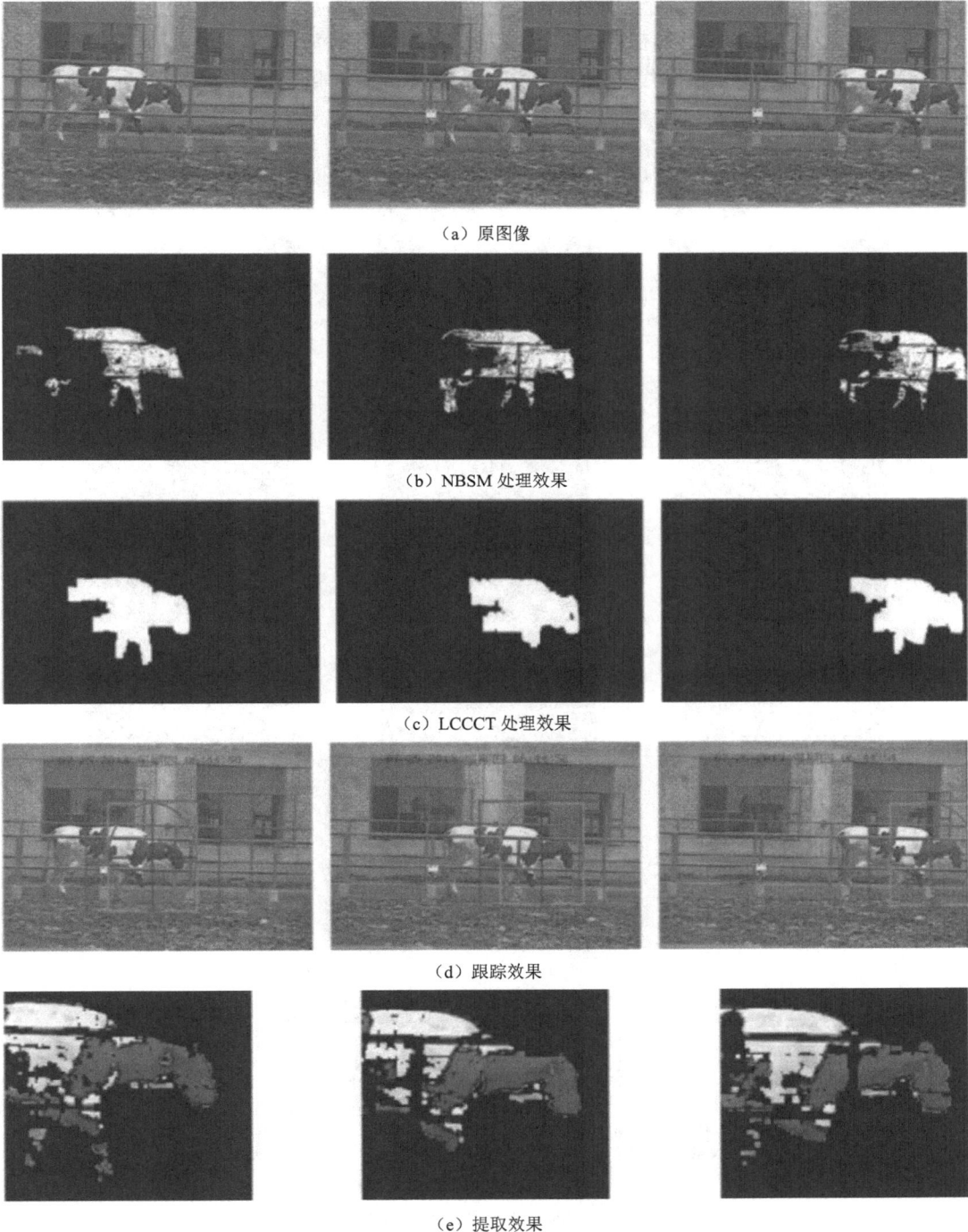

（a）原图像

（b）NBSM 处理效果

（c）LCCCT 处理效果

（d）跟踪效果

（e）提取效果

图 2-15　模型各阶段处理的效果

各子图从左向右依次为第 100 帧、150 帧、200 帧图像；（d）中方形框代表跟踪区域，圆形框代表目标奶牛身体前部像素区域以质心为圆心，质心距奶牛前部像素区域中最远像素距离为半径的质心圆

彩图

对提取出来的目标奶牛身体前部像素区域，进行 Sobel 算子轮廓边缘提取，并利用傅里叶描述子进行边缘平滑，然后将奶牛身体前部像素区域中线以下设为 0，该过程可以提取目标奶牛身体上部轮廓线，并进行线性拟合，得到拟合直线斜率。

如图 2-16 所示为获取轮廓拟合直线处理过程及效果。每一段视频中都有大量的目标奶牛头、颈及背部连接处的轮廓线的拟合直线斜率数据，可将其作为分类特征值进行奶牛跛行的识别及检测。

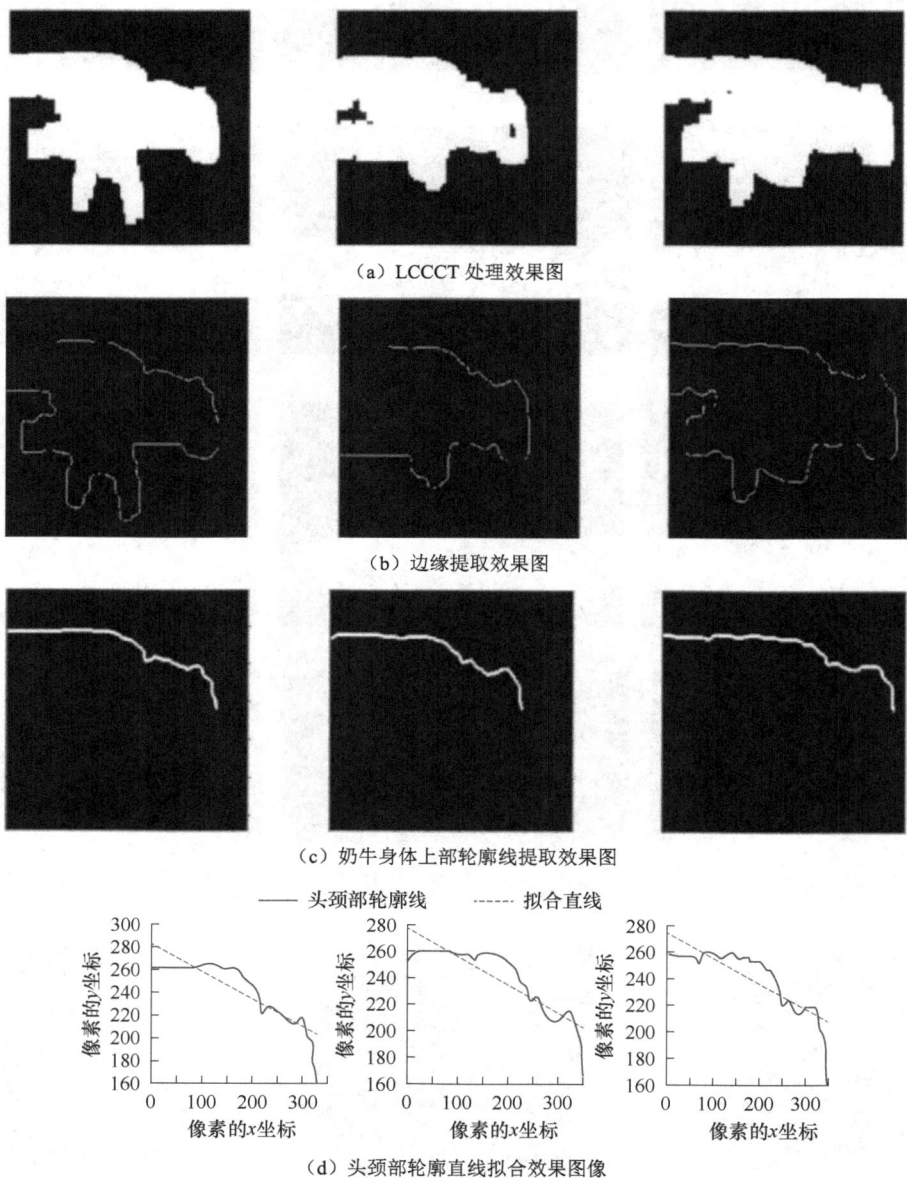

（a）LCCCT 处理效果图

（b）边缘提取效果图

（c）奶牛身体上部轮廓线提取效果图

（d）头颈部轮廓直线拟合效果图像

图 2-16　获取头颈部轮廓拟合直线处理过程及效果

对 18 段奶牛视频进行处理，获得头部、颈部及背部连接处的拟合直线斜率数据集。试验采用加噪法，增加样本的多样性，从而可以检测算法对环境鲁棒性的强弱。对于 3 类（正常奶牛、轻度跛行奶牛、中重度跛行奶牛）18 个样本数据集按 Bootstrap 抽样法随机分 3 层抽取 3 次，将抽取到不重复的样本作为训练样本，剩下样本作为测试样本，所得到的训练样本集约占总数据集的 63.2%。

采用 K 近邻分类器（KNN）进行数据分类。该方法在分类决策上只依据最邻近的一个或者几个样本类别来决定待分样本所属的类别。由于 KNN 方法主要靠周围有限的邻近样本，而不是靠判别类域的方法来确定所属类别的，因此对于类域的交叉或重叠较多的待分样本集来说，KNN 方法较其他方法更为适合。本案例在利用 KNN 算法时采用的距离度量方式是标准欧几里得距离，无距离加权函数，k 值为 3，即轻度跛行奶牛、中重度跛行奶牛、正常奶牛 3 类。

2.3.3.3　实施结果

为了验证该方法的有效性，分别使用了 SVM、朴素贝叶斯（Naive Bayes，NB）及 KNN 分类器对奶牛头部、颈部及背部连接处的斜率数据清洗前后进行效果对比试验，本案例用 10 折交叉的方法在数据集上做分类测试。

表 2-6 为 SVM、Naive Bayes 及 KNN 在未清洗的测试数据集的试验结果比较。可以看出，SVM 和 Naive Bayes 的平均值均达到了 82.78%，但比 KNN 的平均分类精确度 81.67% 高 1.11 个百分点。由于未清洗的数据集呈现复杂度高、特征值分布杂等特点，SVM 和 Naive Bayes 这类统计性分类算法，比只将训练数据与测试数据进行距离度量来实现分类的 KNN 算法更加适合在未清洗的数据集上进行分类。从结果上来看，在未清洗的数据集上，3 种分类器的准确率均不高，但选取奶牛头部、颈部及背部连接处特征能够进行奶牛跛行的检测。

表 2-6　SVM、Naive Bayes 及 KNN 在数据清洗前后对测试数据集的分类正确率比较

测试集进行重新划分/次数	数据清洗前/%			数据清洗后/%		
	SVM	Naive Bayes	KNN	SVM	Naive Bayes	KNN
1	83.33	83.33	77.78	94.44	83.33	94.44
2	88.89	83.33	83.33	88.89	83.33	88.89
3	77.78	77.78	77.78	83.33	83.33	88.89
4	83.33	83.33	83.33	100.00	94.44	94.44
5	89.89	83.33	83.33	94.44	83.33	100.00
6	72.22	83.33	83.33	88.89	88.89	88.89
7	77.78	83.33	83.33	94.44	88.89	100.00
8	83.33	83.33	83.33	83.33	83.33	94.44
9	83.33	83.33	77.78	88.89	88.89	94.44
10	88.89	83.33	83.33	94.44	83.33	94.44
平均值	82.78	82.78	81.67	91.11	86.11	93.89

3 种算法在未清洗的数据集上的训练所需时间及正确率比较如图 2-17 所示。从图 2-17（a）可以看到，SVM 和 Naive Bayes 训练所需时间很接近，SVM 花费的时间要比 Naive Bayes 略

高，主要原因是 SVM 算法要对未清洗的数据集作分类超平面的统计，而 KNN 所用时间相对较短，主要原因是 KNN 不需要进行模型训练而只需要进行距离度量的计算。从图 2-17（b）可以看到，在未清洗的数据集上，SVM 和 Naive Bayes 的正确率略高于 KNN；试验结果说明使用 SVM 与 Naive Bayes 分类器在未清洗的数据集上将正常奶牛、轻度跛行奶牛、中重度跛行奶牛错误分类的可能性很小。

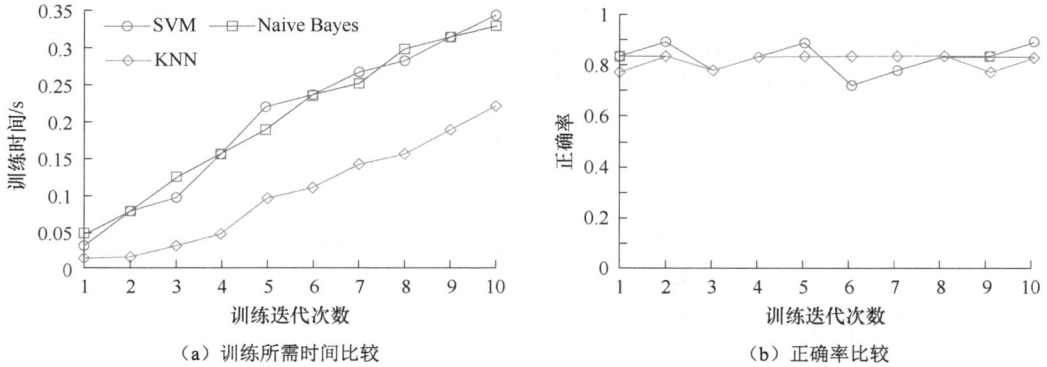

（a）训练所需时间比较　　　　　　　　（b）正确率比较

图 2-17　未清洗的数据集上训练所需时间及正确率比较

2.3.3.4　研究结论

（1）利用上文算法提取出未清洗的头颈部斜率数据，在 SVM、Naive Bayes 及 KNN 算法进行跛行的分类检测对比可以发现中，SVM 与 Naive Bayes 分类算法准确率相同且最高均为 82.78％，表明选取奶牛头部、颈部及背部连接处特征检测奶牛跛行是有效的、可行的。

（2）在清洗后数据集上进行跛行的分类检测，在 SVM、Naive Bayes 及 KNN 算法进行跛行的分类检测对比中，SVM 与 Naive Bayes 分类算法准确率分别为 91.11％、86.11％，KNN 算法分类准确检测率最高达到了 94.44％，平均值为 93.89％，表明在数据清洗的基础上进行奶牛跛行分类有助于提升其分类精度。KNN 算法训练时间明显小于其他二者算法的训练时间，其更适合进行奶牛跛行检测。

2.4　拓展与思考

2.4.1　应用拓展

基于机器视觉的奶牛跛行检测，是综合应用视觉感知、视频图像处理、机器学习与智能算法、信息系统集成等技术进行大型畜牧动物复杂的高级行为感知的一个典型案例。在这一集成的系统化工程技术中，奶牛的跛行检测是典型应用场景，视觉信息获取是前提，信息处理与特征工程是基础，智能算法是核心，系统集成是终点。在此思路指引下，还可以将该技术框架扩展应用到奶牛的其他复杂行为检测和分析中，例如，奶牛呼吸、反刍、饮水、发情等，也可以移植到其他畜牧对象，如山羊，猪等。针对不同的应用场景和畜牧对象，结合专家知识，可开发出专门的应用系统，助力我国畜牧现代化进程。

2.4.2　思考

（1）利用相对步长进行跛行判别的方法中，几个技术关键点是什么？你认为这种方法在实际应用时的主要困难在哪里？

（2）本案例所提到的几种方法和技术是否可以进行其他动物，如猪、鸡等的跛行检测？为什么？

（3）请简单归纳并陈述一下用于奶牛跛行检测的智能系统的开发流程。基于此流程，试提出一个针对奶牛热应激行为识别及热应激预警系统的开发方案。

参 考 文 献

何东健，2015. 数字图像处理. 3 版. 西安：西安电子科技大学出版社.

李航，2022. 机器学习方法. 北京：清华大学出版社.

宋怀波，姜波，吴倩，等，2018. 基于头颈部轮廓拟合直线斜率特征的奶牛跛行检测方法. 农业工程学报，34（15）：190-199.

宋怀波，李振宇，吕帅朝，等，2020. 基于部分亲和场的行走奶牛骨架提取模型. 农业机械学报，51（8）：203-213.

宋怀波，阴旭强，吴顿华，等，2019. 基于自适应无参核密度估计算法的运动奶牛目标检测. 农业机械学报，50（5）：196-204.

王政，宋怀波，王云飞，等，2022. 奶牛运动行为智能监测研究进展与技术趋势. 智慧农业，4（2）：36.

Jiang B, Song H, He D, 2019. Lameness detection of dairy cows based on a double normal background statistical model. Computers and Electronics in Agriculture, 158: 140-149.

Wu D, Wu Q, Yin X, et al., 2020. Lameness detection of dairy cows based on the YOLOv3 deep learning algorithm and a relative step size characteristic vector. Biosystems Engineering, 189: 150-163.

Zhao K, Bewley J M, He D, et al., 2018. Automatic lameness detection in dairy cattle based on leg swing analysis with an image processing technique. Computers and Electronics in Agriculture, 148: 226-236.

案例三　基于 **YOLOv5s** 的深度学习在自然场景苹果花朵检测中的应用

3.1　案　例　简　介

疏花是苹果栽培的重要管理措施。疏除多余花朵有利于果树克服隔年结果现象，提高苹果产量和质量，促进花芽分化，提高花芽质量，实现高产稳产（牛广彦等，2016）。传统的人工疏花劳动强度大，效率低；化学疏花则易造成化学药物污染。相较于人工和化学疏花，机械疏花是目前最具有发展潜力的疏花方式。机械疏花主要用机械手在控制系统的控制下，对须疏除的花进行物理剪除（雷晓晖等，2019）。控制系统主要由视觉感知定位、运动控制、执行机构等组成。其中视觉感知定位是最终执行疏除动作的基础。由于自然场景下的苹果花朵存在分布密集紧凑、形状颜色多样、枝叶花朵相互遮挡等情况，导致苹果花朵的准确实时检测存在一定困难，苹果花朵识别精度差、效率低。因此，研究并实现复杂生长背景下苹果花朵的实时高效检测，对减少人工疏花成本、开发智能化疏花设备具有重要意义。

3.2　基　础　知　识

3.2.1　基于深度学习的目标检测算法

基于卷积神经网络（convolutional neural network，CNN）的深度学习技术通过学习不同领域、场景、尺度的特征，可以实现端对端的检测，具有良好的特征提取能力和泛化能力。自 2014 年 Girshick 等人将网络平均精度均值指标提升 30%，深度学习目标检测算法引起各界广泛关注，至今深度学习网络依旧迅猛发展，其网络改进发展过程见参考文献（许德刚等，2021；包晓敏等，2022；李科岑等，2022）。现阶段，基于深度学习的目标检测算法主要由两种框架类型构成：基于回归分析的单阶段目标检测器（Redmon et al.，2016；Redmon et al.，2017）和基于候选区的双阶段目标检测器（Jiang et al.，2018）。如图 3-1（a）～（b）所示分别为基于深度学习的单阶段目标检测算法和双阶段目标检测算法网络框架图。

双阶段目标检测器采用选择性搜索（Selective Search）或边界箱（Edge Boxes）等算法对检测图像进行候选区域（region proposal）的选取，并采用 CNN 对候选区域进行特征提取，最终完成分类和位置回归以得到检测结果。相较于传统的检测方法，双阶段算法省去了滑动窗口提取候选框的时间成本，利用 CNN 对图像深层特征进行提取，解决了简单获取图像底层特征或者中层特征造成的鲁棒性较差的问题。双阶段检测算法的代表有 SPP-Net、Faster R-CNN 等。

（a）单阶段目标检测算法框图

（b）双阶段目标检测算法框图

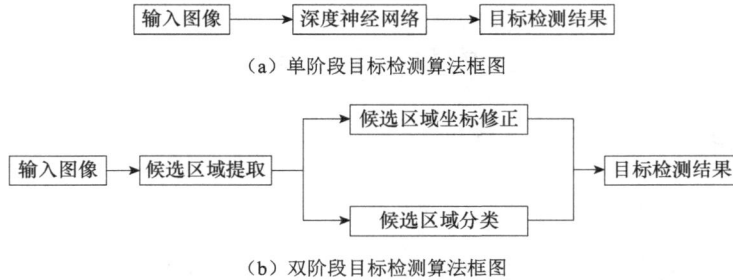

图 3-1　深度学习算法框图

单阶段目标检测器基于回归分析，去除候选区域生成阶段，在输入待检测图像后，直接输出边界框和分类标签，整个过程由一个网络完成，其代表算法有 YOLO（You Only Look Once）系列和 SSD（Single Shot MultiBox Detector）系列。

3.2.2　目标检测算法常用数据集格式

目标检测算法常用的数据集格式有 VOC、COCO、YOLO 等，在数据集中分别各自存放标注的标签文件以及一一对应的图像文件。VOC 数据集的标签文件由 xml 文件存储，COCO 数据集的标签文件由 json 文件存储，YOLO 数据集的标签文件由 txt 文件存储。数据集标签文件内部主要包含数据集的相关性息、图像来源相关信息、图像尺寸、被标注物体类别，以及矩形标注框的位置信息，根据数据集的格式不同标注框的位置信息由左上角、右下角坐标信息或以左上角坐标信息辅佐被标注物体的像素高度和宽度来确定被标注目标。

3.2.3　目标检测算法性能评价指标

目标检测算法通常用准确率（P）、召回率（R）、平均精度均值（mAP）进行评价。准确率（P）表示在所有算法认为的正样本中，真实正样本所占的比例，也称查准率：

$$P = \frac{\text{TP}}{\text{TP} + \text{FP}} \tag{3-1}$$

式中，TP、FP 分别为真正例、假正例的数量。

召回率（R）表示在所有正样本中，被检测出的正样本所占的比例，主要进行漏检情况的考察，即查全率：

$$R = \frac{\text{TP}}{\text{TP} + \text{FN}} \tag{3-2}$$

式中，FN 为假反例的数量。同时考虑 P-R 的影响，将 PR 曲线围成的面积记作平均精度（AP），同时对一个检测问题中多个类别的平均精度求平均，即为平均精度均值（mAP），其计算公式（3-3）中，C 表示算法检测目标类别个数，k 为阈值，N 为引用阈值的数量。

$$\text{mAP} = \frac{1}{C} \sum_{k=i}^{N} P(k) R(k) \tag{3-3}$$

深度学习中通常采用检测评价函数（intersection over union，IoU）作为检测物体准确度的标准，当 IoU≥0.5 时为真情况，当 IoU＜0.5 时为假正例情况，当 IoU＝0 时为假反例情况，其具体评价标准见参考文献（Redmon et al.，2016；Redmon et al.，2017；Jiang et al.，2018）。

此外，模型的大小和检测速度是衡量模型部署到移动端后实现实时高效检测的关键指标。

3.3 实施过程及其结果

3.3.1 数据集制备

3.3.1.1 数据集的获取

本案例主要研究对象是以富士为主要品种的300多个苹果品种，所使用的苹果花朵图像来自于陕西省杨陵区园艺试验基地，拍摄设备为华为Nova7，图像焦距为26mm，分辨率为4608×3456像素，拍摄时间为2021年3月20日至4月8日，拍摄时间段为7:00～19:00。拍摄形式为定点拍摄和手持设备2种形式，定点拍摄通过三脚架固定手机的位置进行拍摄，手持设备可变换拍摄的角度和位置，设备距离树冠的距离为20～40cm（尚钰莹等，2022）。

数据量的多少会对深度学习的性能产生影响，数据集较小容易造成过拟合，降低测试的准确性。本案例试验样本在田间进行采集，苹果花朵分布密集紧凑，同一花簇不同花朵之间往往存在相互遮挡以及叶片遮挡，且苹果花朵形状、颜色多样，整体苹果花朵生长环境较为复杂，故需要采集制作大量数据集，其中需要考虑白天和傍晚在晴天、多云、阴天、小雨这四种不同天气时的光照强度，顺光、逆光等不同光照方式，叶片对于苹果花朵的遮挡情况，树枝本身的疏密情况，苹果花朵单朵、多朵重叠、花苞花朵相互重叠遮挡，以及苹果花朵自身颜色的不同等情况。

由于不同天气情况下的光照强度不同，花朵在不同天气情况下的状态也不同，比如雨天花朵上可能存在水珠、阴天多云状态使图像整体偏暗，花朵、花苞较难识别，这些情况均可能影响花朵识别的效果，如图 3-2（a）～（d）所示分别为苹果花朵在晴天、多云、阴天、小雨4种不同天气情况下的图像。

（a）晴天　　　　　　　　　　　　　　（b）多云

（c）阴天　　　　　　　　　　　　　　（d）小雨

图 3-2　4 种不同的天气情况

彩图

由于不同品种的苹果花朵颜色存在差异，花朵颜色的不同可能影响花朵识别的效果，为获得可适用于不同颜色花朵的目标检测模型，如图 3-3（a）～（d）所示，本案例中的苹果花朵图像包含玫红色、红色、白色和粉色这 4 种颜色，基本涵盖该基地所有苹果品种的花朵颜色。

（a）玫红色　　　　　　　　　　　　　　（b）红色

（c）白色　　　　　　　　　　　　　　（d）粉色

图 3-3　不同颜色苹果花朵

彩图

太阳位置的变化及拍摄位置的不同，导致苹果花朵图像整体亮度以及图像中部分花朵的亮度不同，如图 3-4（a）～（b）所示，本案例同时采集了苹果花朵在顺光和逆光情况下的图像。由于苹果开花时花叶共存且每一簇花朵的数量较多，分布密集，导致花朵存在遮挡，如图 3-5（a）～（c）所示，本案例同时采集了无遮挡、花朵遮挡、叶片遮挡和其他遮挡 4 种情况的花朵图像。

（a）顺光　　　　　　　　　　　　　　（b）逆光

图 3-4　不同光照情况

彩图

试验数据如表 3-1 所示，晴天、多云、阴天、小雨情况下的图像数量分别为 1611、512、519 和 363 幅，顺光和逆光条件下的图像数量分别为 1830 和 1175 幅，有遮挡和无遮挡情况下的图像数量分别为 1602 和 1403 幅。将采集到的 3005 幅图像按照 6：2：2 的比例分为训练集（1803 幅）、验证集（601 幅）和测试集（601 幅）进行模型训练与测试。

（a）无遮挡　　　　　　　　　　（b）花朵遮挡

（c）叶片遮挡　　　　　　　　　　（d）其他遮挡

彩图　　　　　　　　　　　　图 3-5　不同遮挡情况

表 3-1　拍摄图像详细信息

序号	影响因素	拍摄条件	图像数量/幅
1	天气情况	晴天	1611
		多云	512
		阴天	519
		小雨	363
2	光照情况	顺光	1830
		逆光	1175
3	遮挡情况	有遮挡	1602
		无遮挡	1403

3.3.1.2　数据集的标注

将获取的 3005 幅图像随机裁剪为不同分辨率，进行重新编号处理，准备两个文件夹，分别用于存放图像文件和标签文件，如图 3-6 所示，通过 LabelImg 工具进行标注，通过对花苞和花朵目标进行标注将自动生成相应的标签文件。本案例仅限于花苞和花朵目标识别，因此在标签制作过程中仅将图像分为花朵、花苞、背景三类，只对花苞和花朵进行标注，图像其他部分 LabelImg 自动标注为背景，保存为 PASCAL VOC 格式，最终生成 xml 标签文件。

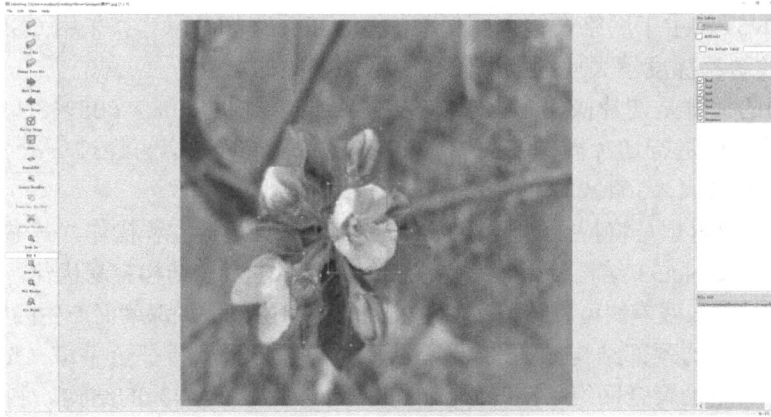

图 3-6　花朵花苞标注图像

3.3.2　基于深度学习的苹果花朵检测网络训练

3.3.2.1　基于 YOLOv5s 的苹果花朵检测网络训练

以 YOLOv5s 网络为例，将利用 LabelImg 工具标注完成的苹果花朵图像送入 YOLOv5s 目标检测网络，实现苹果花朵的准确快速检测。图 3-7 所示为 YOLOv5s 的网络模型，分别为输入端、主干网络、颈部和预测四个部分。主干网络为网络的主干部分，其主要作用是特征提取，将提取到的图像信息提供给后面的网络进行运算。颈部是连接主干网络和预测的部分，其作用是有利于网络更好地利用主干网络部分提取到的特征。预测利用网络提取到的特征进行预测，获得网络输出信息。

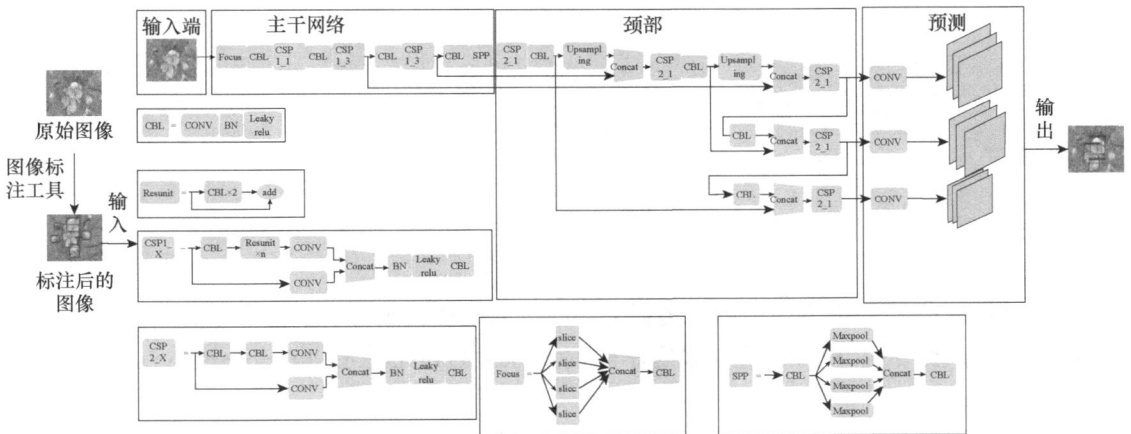

图 3-7　总体技术路线图

YOLOv5s 网络的主干分为输入端、主干网络、颈部和预测 4 个部分，每个框表示一个部分。Focus 为切片操作，CBL 为 CONV+BN+Leakyrelu，CONV 为卷积操作，BN 为归一化操作，Leakyrelu 为非线性激活函数，SPP 为空间金字塔池化结构，Upsampling 为上采样操作，Concat 为特征融合函数，slice 为切片后的特征图，Maxpool 为最大池化操作

（1）YOLOv5s 的输入端沿用了 YOLOv4 的 Mosaic 数据增强方法，对不同的图像进行堆积缩放、裁剪、排布以后再进行拼接。采用自适应锚框计算方法，在每次训练时自适应地计算不同训练集中的最佳锚框值。

（2）YOLOv5s 的主干网络在输入图像前加入了 Focus 切片操作，采用 CSPDarkNet53 结构，可以在有效缓解梯度消失问题的同时减少网络参数的数量。

Focus 结构的关键是切片操作。YOLOv5s 的 Focus 结构将 $608 \times 608 \times 3$（像素×像素×通道数）的原始图像进行切片操作变成 $304 \times 304 \times 12$ 的特征图，再经过一次 32 个卷积核的卷积操作，变换为 $304 \times 304 \times 32$ 的特征图。

CSPNet 的主要思想是将特征图拆分为两部分，一部分进行卷积操作，其卷积结果与另一部分进行连接。DarkNet53 结构使用了残差网络 Residual，残差结构容易优化，且可以通过增加深度来提高准确率，残差块可以缓解在深度神经网络中由于增加深度而产生的梯度消失问题。

（3）YOLOv5s 的颈部结构如图 3-8 所示，颈部部分采用特征金字塔（feature pyramid network，FPN）+路径聚合网络（path aggregation network，PAN）的结构。利用网络检测物体时，浅层网络的目标位置准确但特征语义信息较少，深层网络的目标位置粗略但特征语义信息丰富。

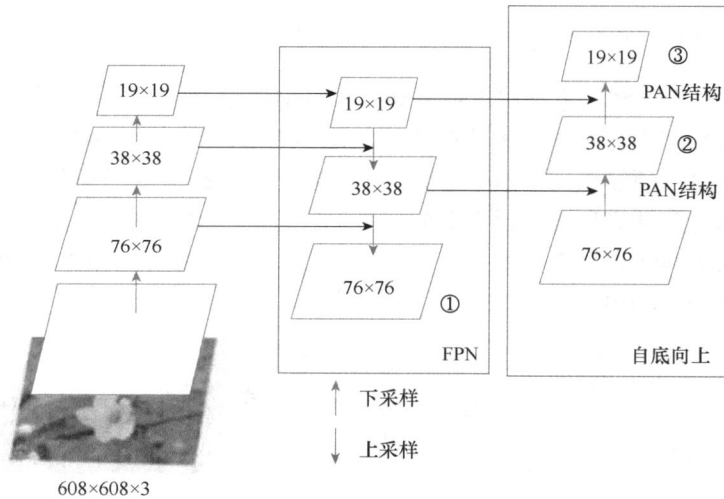

图 3-8　FPN+PAN 结构

注：①、②、③分别指相应大小的特征图

（4）YOLOv5s 的损失函数由分类损失函数、回归损失函数和置信度损失函数这三部分构成。在目标检测的后处理过程中采用非极大值抑制（non maximum suppression，NMS）获取局部最大值。

YOLOv5s 的分类损失函数为 BCEcls_loss，回归损失函数为 GIoU_loss，置信度损失函数为 BCE_logits_loss。

深度学习中通常采用检测评价函数（IoU）作为检测物体准确度的标准，如图 3-9 所示，图 3-9（a）黄色框 A 为预测框的位置，蓝色框 B 为实际标注框的位置，图 3-9（b）黄色部分为两个框的交集 $A \cap B$，图 3-9（c）绿色部分为两框的并集 $A \cup B$，IoU 的计算如式（3-4）所示。

$$\text{IoU} = \frac{A \cap B}{A \cup B} \tag{3-4}$$

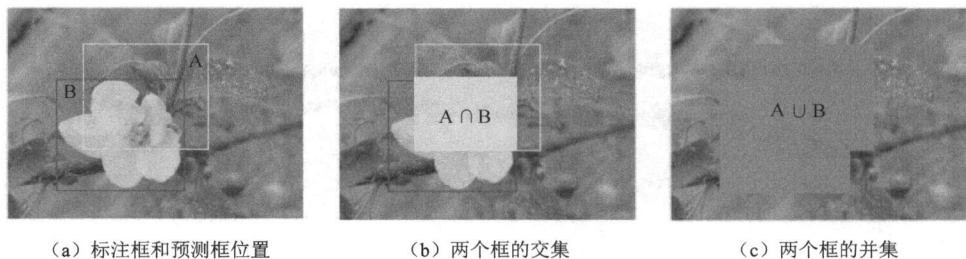

（a）标注框和预测框位置　　　　（b）两个框的交集　　　　（c）两个框的并集

图 3-9　IoU 的计算过程　　彩图

图 3-10 为 GIoU 的计算过程，如图 3-10（a）所示，首先画出预测框 A 与实际框 B 的并集 D 的最小外接矩形 C，用该最小外接矩形减去两个框的并集 D 得到 C 与 D 的差集，如图 3-10（b）中的绿色部分所示。GIoU_loss 的计算公式如式（3-5）所示。YOLOv5s 的损失函数计算公式如式（3-6）所示。

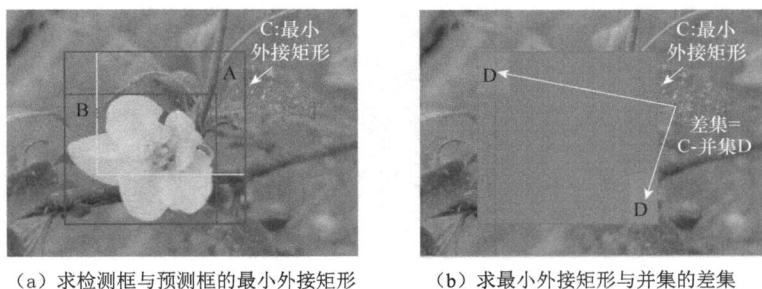

（a）求检测框与预测框的最小外接矩形　　　　（b）求最小外接矩形与并集的差集

图 3-10　GIoU 的计算过程　　彩图

$$\text{GIoU\_loss} = 1 - \text{GIoU} = 1 - \left(\text{IoU} - \frac{|C-D|}{|C|} \right) \tag{3-5}$$

$$\text{Loss} = \text{BCEcls\_loss} + \text{GIoU\_loss} + \text{BCE\_logits\_loss} \tag{3-6}$$

NMS 用于获取局部最大值，对于原始图像上产生的多个预测框，运用 NMS 算法选择最优框的过程如下所示。

步骤 1：将所有预测框的置信度排序，选出置信度最高的预测框 M。

步骤 2：定阈值 t，遍历剩下的所有预测框，若剩余预测框中存在预测框与 M 框的 IoU 大于 t，删除该预测框。

步骤 3：从未处理的预测框中继续选择置信度最高的预测框，重复上述过程。

本案例试验过程在 Win10 操作系统下进行，处理器型号为英特尔酷睿 i7-10700K，显卡英伟达 GeForce RTX 2080Ti。深度学习框架采用 PyTorch1.6，编程平台为 PyCharm，编程语言为 Python3.8，所有对比算法均在相同环境下运行。

网络模型共训练 300 轮次，网络训练结果如图 3-11 所示，在模型训练初期，模型学习效率较高，loss 曲线收敛速度较快，当迭代次数达到 265 次左右时，模型学习效率逐渐达到饱和，损失在 0.046 左右波动。最终训练模型的 P 值为 85.27%，R 值为 0.94，mAP（IoU=0.5）为 95.14%。

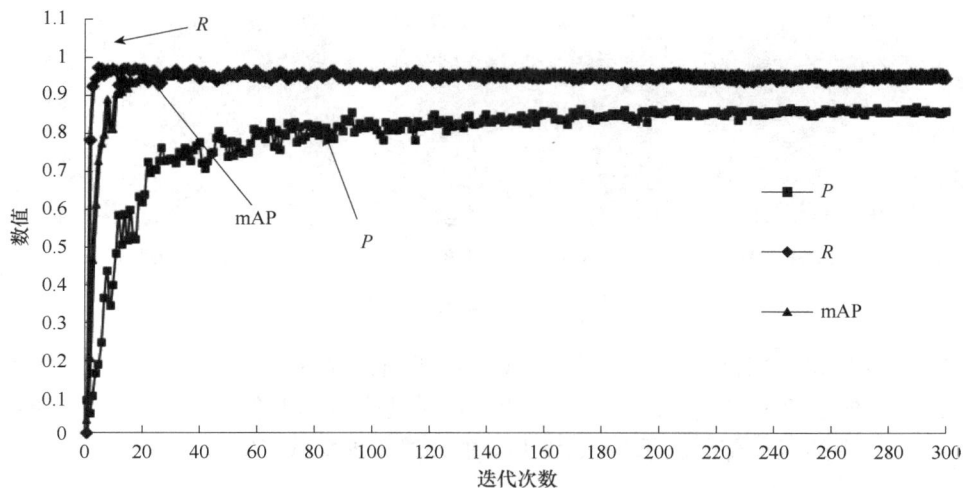

（a）*P*、*R*、mAP 随迭代次数变化

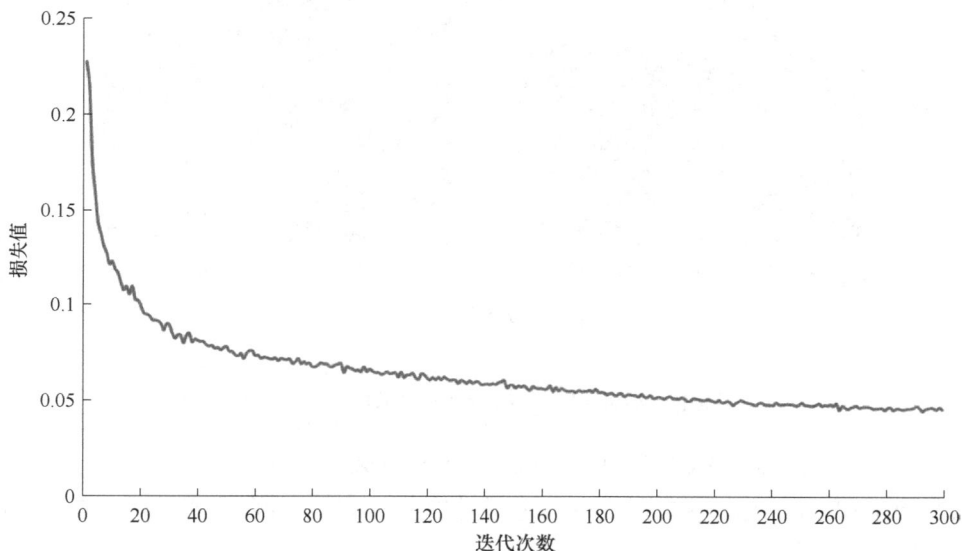

（b）损失值随迭代次数变化

图 3-11　训练结果

P、*R* 和 mAP 分别表示精确率、召回率和平均精度均值。

　　为了验证 YOLOv5s 网络检测苹果花朵的有效性，对测试集中的 601 幅苹果花朵图像进行了测试，测试结果表明，该方法检测苹果花朵的 *P* 值为 87.70％，*R* 值为 0.94，mAP 值分别为 97.20％，模型大小为 14.09 MB，检测速度为 60.17 帧/s。

　　YOLOv5s 目标检测算法检测苹果花朵的效果如图 3-12 所示，其检测的置信度在检测框上方显示，图中每个花朵和花苞均可准确识别，且置信度皆在 0.90 以上，表明该算法可以有效地检测出苹果花朵和花苞，且检测的置信度较高。如图 3-13 所示，在更为复杂的场景中，如花朵数量较多、存在部分遮挡和背景复杂的情况，YOLOv5s 目标检测算法亦可实现准确检测。

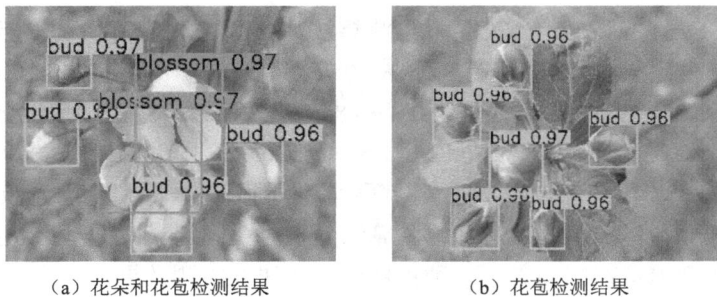

（a）花朵和花苞检测结果　　　　　　　（b）花苞检测结果

图 3-12　苹果花朵识别效果图

彩图

检测框上的信息分为 2 个部分：检测类别和置信度。其中"bud"表示检测类别为花苞，"blossom"表示检测类别为花朵，类别后面的数字表示检测置信度值。

（a）数量较多　　　　　　（b）部分遮挡　　　　　　（c）背景复杂

图 3-13　复杂情况下的花朵识别效果图

彩图

3.3.2.2　苹果花朵检测对比网络训练

为了评价 YOLOv5s 网络对苹果花朵的检测效果，在相同条件下，分别基于 YOLOv4、SSD 和 Faster R-CNN 目标检测算法对苹果花朵训练集进行训练，训练轮次选择为 300，再利用测试集对上述 4 种检测算法的性能进行评估，表 3-2 列出了 YOLOv5s、YOLOv4、SSD 和 Faster R-CNN 4 种目标检测算法的性能比较。

表 3-2　4 种目标检测算法的性能比较

算法	P/%	R	mAP/%	模型大小/MB	检测速度/（帧/s）
YOLOv5s	87.70	0.94	97.20	14.09	60.17
YOLOv4	89.56	0.87	89.05	244.32	26.54
SSD	88.58	0.79	87.45	91.11	45.48
Faster R-CNN	71.28	0.87	87.52	108.16	14.63

由表 3-2 可知，YOLOv5s、YOLOv4、SSD 和 Faster R-CNN 4 种目标检测算法检测苹果花朵的 P 值分别为 87.70%、89.56%、88.58%、71.28%，R 值分别为 0.94、0.87、0.79、0.87，mAP 值分别为 97.20%、89.05%、87.45%、87.52%，模型大小分别为 14.09MB、244.32MB、91.11MB、108.16MB，检测速度分别为 60.17 帧/s、26.54 帧/s、45.48 帧/s、14.63 帧/s。分析测试结果可以得出：YOLOv5s 目标检测算法的检测精确率虽然比 YOLOv4 和 SSD 目标检测算法分别低 1.86 和 0.88 个百分点，比 Faster R-CNN 目标检测算法高 16.42%，但其 R 值分

别比 YOLOv4、SSD 和 Faster R-CNN 目标检测算法高 0.07、0.15、0.07，mAP 分别比 YOLOv4、SSD 和 Faster R-CNN 目标检测算法高 8.15%、9.75%、9.68%，其模型大小分别比 YOLOv4、SSD 和 Faster R-CNN 目标检测算法小 94.23%、84.54%、86.97%，检测速度分别比 YOLOv4、SSD 和 Faster R-CNN 目标检测算法快 126.71%、32.30%、311.28%。

将测试集中的 601 幅图像按照不同花朵颜色、不同天气情况和不同光照情况进行分类，在相同试验条件下，利用上述 4 种目标检测算法分别对不同场景下的苹果花朵图像测试集进行了测试，表 3-3 列出了不同场景下 4 种目标检测算法的检测效果。

表 3-3　不同场景下 4 种目标检测算法的检测效果

算法	场景	类别	P/%	R	mAP/%
YOLOv5s	花朵颜色	白色	84.70	0.93	96.40
		粉色	91.70	0.94	97.70
		玫红	89.40	0.93	96.50
		红色	86.90	0.93	97.90
	天气情况	晴天	86.20	0.93	97.50
		多云	87.00	0.94	97.30
		阴天	87.90	0.94	96.80
		小雨	86.80	0.94	97.60
	光照情况	顺光	88.20	0.94	97.40
		逆光	86.40	0.93	97.10
YOLOv4	花朵颜色	白色	92.70	0.92	93.25
		粉色	95.74	0.94	95.67
		玫红	91.80	0.94	95.56
		红色	98.27	0.97	98.95
	天气情况	晴天	92.09	0.93	95.26
		多云	93.44	0.91	93.30
		阴天	94.70	0.95	96.06
		小雨	93.01	0.91	92.73
	光照情况	顺光	92.89	0.90	91.45
		逆光	92.79	0.91	93.31
SSD	花朵颜色	白色	90.76	0.78	86.99
		粉色	93.26	0.87	93.55
		玫红	90.46	0.85	91.70
		红色	97.12	0.86	96.46
	天气情况	晴天	91.00	0.84	91.50
		多云	91.76	0.79	87.48
		阴天	91.54	0.88	93.48
		小雨	91.12	0.82	90.48
	光照情况	顺光	89.44	0.80	88.31
		逆光	89.83	0.81	88.36

续表

算法	场景	类别	P/%	R	mAP/%
		白色	71.11	0.88	88.09
	花朵颜色	粉色	79.45	0.93	93.64
		玫红	73.94	0.95	94.82
		红色	86.54	0.98	98.27
Faster		晴天	71.11	0.93	92.63
R-CNN	天气情况	多云	76.00	0.88	88.23
		阴天	75.02	0.95	95.73
		小雨	74.48	0.91	92.43
	光照情况	顺光	76.58	0.93	93.11
		逆光	72.33	0.90	90.18

由表 3-3 可知，对于不同花朵颜色、不同天气情况和不同光照情况，YOLOv5s 模型的 P 值比 YOLOv4 和 SSD 模型略低，但优于 Faster R-CNN 模型。针对不同花朵颜色、不同天气情况，YOLOv5s 模型的 R 值与 YOLOv4、Faster R-CNN 模型相当，优于 SSD 模型，针对不同光照情况，YOLOv5s 模型的 R 值高于其他 3 种模型。针对不同花朵颜色，YOLOv5s 模型检测白色、粉色和玫红色花朵的 mAP 值均高于其他 3 种目标检测模型，检测红色花朵的 mAP 优于 SSD 模型，但低于 YOLOv4 和 Faster R-CNN 模型，针对不同天气情况和不同光照情况，YOLOv5s 模型的 mAP 值均高于其他 3 种模型。

结果表明，应用 YOLOv5s 目标检测算法能够实现苹果花朵的快速检测，且该目标检测算法模型较小，考虑到机械疏花对精度要求相对不高，该网络在保持较高识别精度的前提下，通过牺牲部分精度指标而大幅降低模型大小并提升其运算性能，更有利于模型的迁移应用，可为疏花器械的发展提供一定的技术支持。

3.3.3　复杂背景下苹果花朵检测结果

本节将展示 YOLOv5s 网络模型在苹果花朵处于不同的复杂环境下的检测效果图，表明在不同天气情况、不同颜色、不同光照强度下的苹果花朵图像都能实现高效检测。

3.3.3.1　不同天气情况下的苹果花朵检测性能对比

该网络对不同天气下的花朵检测效果如图 3-14（a）～（d）所示，分别为晴天、多云、阴天、小雨天气下的苹果花朵检测效果，经测试，本方法检测晴天、多云、阴天、小雨天气下的苹果花朵的 P 值分别为 86.20%、87.00%、87.90%、86.80%，R 值分别为 0.93、0.94、0.94、0.94，mAP 值分别为 97.50%、97.30%、96.80%、97.60%，结果表明，在不同天气情况，YOLOv5s 网络仍然可以准确识别出苹果花朵且检测的置信度较高。

3.3.3.2　不同颜色的苹果花朵检测性能对比

为了验证模型对不同颜色花朵的识别效果，本案例利用 YOLOv5s 目标检测算法对表 3-1 中的不同颜色花朵进行了测试，如图 3-15 所示为不同颜色花朵的检测效果，图 3-15（a）～（d）

（a）晴天　　　　　　　　　（b）多云

（c）阴天　　　　　　　　　（d）小雨

彩图

图 3-14　不同天气情况下的花朵检测效果图

（a）白色　　　　　　　　　（b）粉色

（c）玫红色　　　　　　　　（d）红色

彩图

图 3-15　4 种不同颜色的花朵的检测效果

分别为白色、粉色、玫红色、红色花朵的检测效果，经测试，本方法对白色、粉色、玫红色和红色花朵的 P 值分别为 84.70%、91.70%、89.40%、86.90%，R 值分别为 0.93、0.94、0.93、0.93，mAP 值分别为 96.40%、97.70%、96.50%、97.90%，结果表明，YOLOv5s 目标检测算法可以准确识别出不同颜色的苹果花朵且检测的置信度较高。

3.3.3.3　不同光照强度下的苹果花朵检测性能对比

不同光照强度下的苹果花朵检测效果如图 3-16 所示，图 3-16（a）～（b）分别为顺光和逆光条件下的苹果花朵检测效果，经测试，本方法检测顺光和逆光条件下苹果花朵的 P 值分别为 88.20%、86.40%，R 值分别为 0.94、0.93，mAP 值分别为 97.40%、97.10%，结果表明，对于不同的光照强度，YOLOv5s 目标检测算法均可以准确识别出苹果花朵且检测的置信度较高。

（a）顺光　　　　　　　　　　　　　（b）逆光

图 3-16　不同光照情况下的花朵检测效果图

彩图

3.3.4　苹果花朵误检和漏检分析

如图 3-17 所示为部分花朵被漏检和误检的情况，图 3-17（a）中左下角箭头所指的 4 个花苞被漏检，图 3-17（b）中左下角箭头所指的 2 个花苞被漏检，图 3-17（c）中左下角箭头所指花朵被漏检，图 3-17（d）中图像上方箭头所指花朵被漏检，左下角箭头所指花朵被误检为花苞。分析出现花朵漏检和误检的可能原因如下所示。

（a）图像边缘虚化导致的漏检　　　　　　　　（b）图像边缘虚化导致的漏检

（c）花朵过于密集导致的漏检　　　　　　　　（d）花朵密集导致的漏检和误检

图 3-17　漏检和误检的效果图

彩图

（1）苹果花朵图像的采集设备为智能手机，拍摄图像时会存在一定程度的背景虚化，导致处于图像中心的花朵细节明显，而处于图像边缘的花朵细节模糊，苹果花朵检测模型在处理图像边缘的花朵时难以提取其特征，导致检测时出现部分图像边缘的模糊花朵漏检。

（2）数据集中的苹果花朵种类较多，形态各异，苹果花朵检测模型对于形状较规则且分布较稀疏的苹果花簇的检测效果较好，对于花朵形状复杂且分布密集的花簇，如图 3-17（c）和 3-17（d）所示，花朵之间存在互相遮挡的情况，且花朵之间互相挤压导致花朵的形状不规则，由于相互遮挡的花朵外观相似，某一花朵的预测框可能会移至与其外观相似的另一花朵上，导致目标定位不准确，从而造成花朵的漏检和误检。

3.3.5　结论

本案例基于 YOLOv5s 深度学习网络进行苹果花朵检测识别训练，与对比算法相较最终试验表明本案例能够实现复杂生长背景下苹果花朵的实时高效检测，主要结论如下所示。

（1）YOLOv5s 算法检测苹果花朵的 P 值为 87.70%，R 值为 0.94，mAP 为 97.20%，模型大小为 14.09 MB，检测速度为 60.17 帧/s。与 YOLOv4、SSD 和 Faster R-CNN 目标检测算法进行对比，YOLOv5s 算法的 R 值相较其他 3 种算法分别高 0.07、0.15、0.07，mAP 相较其他 3 种算法分别高 8.15、9.75 和 9.68 个百分点，且在模型大小和检测速度方面优势明显，在模型训练的过程中可以较大程度上减小内存的消耗，更有利于模型的迁移应用。

（2）针对不同颜色、不同天气情况和不同遮挡情况下的苹果花朵，本案例提出的苹果花朵检测方法都能较好地识别苹果花朵，说明基于 YOLOv5s 的苹果花朵检测方法具有较好的鲁棒性。

（3）本方法的检测精确率虽然略低于 YOLOv4 和 SSD 目标检测算法，但机械疏花对精度的要求相对不太苛刻，该网络能够在保持较高识别精度的前提下，牺牲部分精度指标而大幅降低模型大小并提升其运算性能，更有利于模型的迁移应用，可为疏花器械的发展提供一定的技术支持。

（4）本方法对于花朵形状复杂且分布密集的花簇则存在部分花朵被漏检和误检的情况。后续可以探索新的多尺度特征融合算法，将低层特征与高层特征更有效地融合，提高复杂情况下的苹果花朵的检测效果。

视频

3.4　拓展与思考

3.4.1　应用拓展

（1）基于 YOLOv5s 的深度学习在苹果花朵检测中的应用，同时结合机器学习、智能算法等核心技术对目标物体进行检测识别，通过与以往传统的目标检测算法相比，其算法在鲁棒性、泛化性及模型的检测时间等方面性能大大提升，通过其网络自身的优越性加快了农业产业智能化、自动化和规模化的发展。在本案例的思路引导之下，还可将其应用到其他农业产业，带动农业智能发展，例如，苹果的全生长期检测识别以实现果园智能化远程管理、猕猴桃花朵或者梨花朵的检测识别以实现前期疏花操作。除将其应用在农业领域，也可应用在人脸识别方面，实现生活智能化管控。

（2）自从谷歌推出基于深度学习原理的 AlphaGo 机器人打败职业围棋选手后，机器学习变成热门话题，深度学习也成为机器学习的热门领域，现在人工智能和大数据也越来越贴近人们的生活，越来越多的人工智能开始部署到移动端上。本案例基于 YOLOv5s 深度学习目标检测算法进行苹果花朵目标识别，其模型能够在保持较高识别精度的前提下，牺牲部分精度指标而大幅降低模型大小并提升其运算性能，更有利于模型的迁移应用，可将其部署至移动端，大幅度降低开发的运营和服务成本。

3.4.2 思考

（1）本案例基于深度学习的目标检测算法进行田间苹果花朵的目标检测，查阅相关资料思考传统的目标检测算法有哪些？如何进行目标检测？深度学习目标检测算法与以往传统目标检测算法相比其优势是什么？

（2）随着基于深度学习的目标检测网络的改进发展，果实检测方面主要以单阶段目标检测算法为主，通过本次案例单、双阶段目标检测算法在苹果花朵检测识别中的应用，思考单阶段目标检测算法相对于双阶段目标检测算法其优势是什么？

（3）本案例基于 YOLOv5s 深度学习网络对田间苹果花朵进行识别，使用测试集图像进行网络识别效果的测试，由测试结果可知花朵的密集程度对检测结果影响极大，查阅深度学习网络相关资料，思考如何修改网络可解决花朵密集情况下造成的目标漏检和误检。

（4）在本案例的思路引导下，基于深度学习的目标检测算法能否进行梨花、猕猴桃花朵等其他果蔬花卉的识别？仿照苹果花朵复杂的识别环境，查阅其他花朵生长环境资料，思考需要注意哪些因素？能否仿照本案例流程框架对其他花卉进行目标识别？

（5）随着人工智能逐渐走进生活，思考基于深度学习网络训练的苹果花朵目标检测模型如何进行迁移部署，能够更加简单方便地助农智农？

参 考 文 献

包晓敏，王思琪，2022. 基于深度学习的目标检测算法综述. 传感器与微系统，41（4）：5-9.

雷晓晖，吕晓兰，张美娜，等，2019. 三节臂机载式疏花机的研制与试验. 农业工程学报，35（24）：31-38.

李科岑，王晓强，林浩，等，2022. 深度学习中的单阶段小目标检测方法综述. 计算机科学与探索，16（1）：41-58.

牛广彦，梁爽，齐小松，等，2016. 苹果的人工疏花疏果四环节. 落叶果树，48（5）：24.

尚钰莹，张倩如，宋怀波，2022. 基于 YOLOv5s 的深度学习在自然场景苹果花朵检测中的应用. 农业工程学报，38（9）：222-229.

许德刚，王露，李凡，2021. 深度学习的典型目标检测算法研究综述. 计算机工程与应用，57（8）：10-25.

Jiang B, Luo R, Mao J, et al., 2018. Acquisition of localization confidence for accurate object detection. In: Proceedings of the European Conference on Computer Vision (ECCV): 784-799.

Redmon J, Divvala S, Girshick R, et al., 2016. You only look once: Unified, real-time object detection. In: Proceedings of the IEEE Conference on Computer Vision and Pattern Recognition: 779-788.

Redmon J, Farhadi A, 2017. YOLO9000: better, faster, stronger. In: Proceedings of the IEEE Conference on Computer Vision and Pattern Recognition: 7263-7271.

案例四 基于深度学习的非接触式白羽肉种鸡体重智能估测方法

4.1 案例简介

动物体重是畜禽养殖所关注的主要生长指标之一，体重随时间的变化趋势体现了动物的健康情况。传统的动物体重测量方式主要是采用体重箱、电子秤或地磅等仪器进行直接测量，耗时耗力，且使动物产生较大应激。为减轻人力负担，提高体重测量的效率，学者们结合日益成熟的图像处理技术与人工智能算法（Brandl et al.，1996；何东健等，2016），利用动物的胸围、体高、体长等外在特征参数来进行分析与建模，估算动物体重（李卓等，2015；李卓，2016；朱让东等，2020；牛金玉，2018）。而家禽类具有个体小，应激大等特点，使用传统的称重方法容易造成惊吓（沈明霞等，2014）。在家禽体重估测的研究中，有基于智能检测设备的测量和非接触式体重测量两种。学者们针对不同对象的研究证明，不同鸡种的体尺特征与体重间皆存在较大相关性（廖娟等，2018；刘小辉等，2015；吴锦波等，2017；李尚民等，2016），此为基于图像的非接触式体重估测的依据。非接触式体重估测方法的关键问题是对二维图像进行准确分割（Wang et al.，2008；陈佳等，2021；郝雪萍，2015），消除复杂环境中的干扰噪声，建立鸡体特征与体重间的拟合模型。这些方法可望实现真实养殖环境中的非接触式肉种鸡体重测量，为精准养殖的发展提供技术支撑。

4.2 基础知识

本案例主要涉及基于深度学习的实例分割算法，包括 Mask R-CNN 和 YOLACT，进行种鸡个体的定位与分割；其次通过基于自适应掩膜的椭圆拟合方法对种鸡背部像素投影进行处理，具体方法包括质心算法和最小二乘法拟合椭圆，保证结果稳定性；在此基础上，使用 SPSS 进行双变量相关性分析，得到鸡体质量估测模型，实现对单鸡和群鸡的体重估测。

4.3 实施过程及其结果

4.3.1 鸡背部图像分割

4.3.1.1 基于 Mask R-CNN 算法的鸡背部图像分割

Mask R-CNN 沿用了 Faster R-CNN 的框架，在基础特征网络后加入了全连接的分割子网，在分类与回归外，又加入了分割的新功能。它是一个两阶段的框架，第一阶段扫描并生成建议框，第二阶段对建议框进行分类，并形成边界框与掩膜。图 4-1 为 Mask R-CNN 的框架图，通过残差网络（residual network，ResNet）的跨层连接方式实现卷积层下采样，结合特征金字塔网络（feature pyramid network，FPN），融合不同采样层得到的特征图，并送达给下一步操作。区域推荐网络（region proposal network，RPN）用于获取若干个 anchor box（锚框）并进行调整从而更好地拟合目标，如果多个 anchor box 互相重叠，则根据针对前景的评分来选择最优 anchor box 进行传递，赋予由感兴趣区域池化层（ROI Pooling）改进而来的 ROI Align 进行池化，最后通过全连接网络来实现边界框、掩膜的预测。

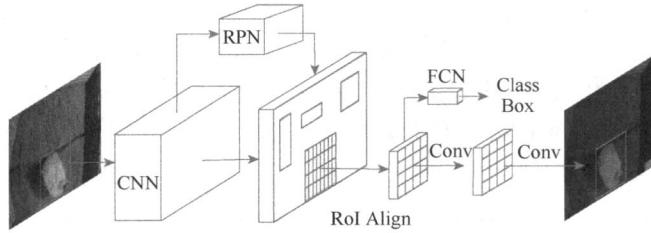

图 4-1　Mask R-CNN 框架图

Class Box 为含有分类边界框；Conv 为卷积操作

4.3.1.2　基于 YOLACT 算法鸡背部图像分割

YOLACT 是一种一阶段式的实例分割方法，在目标检测网络基础上加入掩膜分支。但与常见的串行式方法不同，该方法摒弃了特征的定位这一步骤，将实例分割任务划分为两个并行的子任务来提高效率，分别为原型掩膜分支（ProtoNet）与目标检测分支，前者采用全卷积网络（fully convolutional network，FCN）的网络结果生成一系列可以覆盖全图的原型掩膜，后者则在检测分支的基础上预测掩膜的系数，从而得到图像中实例的坐标位置，以及非极大值抑制（non-maximum suppression，NMS）筛选。并通过两个分支的线性组合来得到最后的预测结果，通过 Crop 操作将边界外的掩膜清除，再通过 Threshold 操作将生成的掩膜二值化。图 4-2 为 YOLACT 的框架图，与其他网络类似，该方法同样通过主干网络（backbone）和 FPN 来进行特征提取，多层 FPN 一部分用于原型掩膜分支中的原型掩膜生成，另一部分则通过预测网络（prediction head）进行检测定位与掩膜系数等信息的计算，再通过 NMS 进行筛选，处理结果与生成的原型掩膜进行组合运算，并得到最终结果。

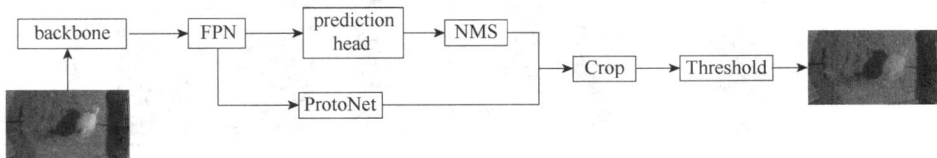

图 4-2　YOLACT 框架图

4.3.1.3　分割网络训练与结果对比

试验对象为 28 周龄与 48 周龄的白羽肉种鸡公鸡，随机选取 20 种编号的肉种鸡作为训练集进行实例分割与线性回归模型构建，并将剩余肉种鸡作为测试集来验证模型效果，为保证结果的可靠性，每种编号的肉种鸡样本数量均为随机决定。单鸡试验一共采集 55 组视频数据，每组持续时间 1min。通过 C 语言自编代码进行分帧处理，每 30 帧进行一次存储操作，一共获取 4873 组数据。剔除无效数据后余计 4500 组数据，并使用开源图像标注软件 Labelme 进行图像标注。 Mask R-CNN 采用 Resnet101 网络结构，头分支训练 20 轮，学习率 0.001，全层训练 40 轮，学习率 0.0001，每轮训练 1000 迭代，共计 60 000 迭代。YOLACT 采用 Resnet50 网络结构，训练 60 000 迭代，初始学习率为 0.001，分别在第 20 000 代和第 40 000 代进行衰减，衰减为当前学习率的 0.1 倍。

以一组包含 200 张图片的测试集对两种实例分割算法进行测试。表 4-1 为 Mask R-CNN 与 YOLACT 在本试验中的实例分割效果，包括定位、分类、和掩膜三部分，可在实际环境中精准识别种鸡个体并进行感兴趣区域（region of interest，ROI）与掩膜提取，去除环境噪声干扰，为后续处理提供可靠稳定的数据基础。其中 YOLACT 的平均精准率为 0.96，平均交并比为 0.95；Mask R-CNN 的平均精准率为 0.96，平均交并比为 0.92。

表 4-1 不同模型分割效果对比

模型	编号	原图	结果图	掩膜提取	ROI 二值化
Mask R-CNN	29				
	36				
	18				
YOLACT	29				
	36				
	18				

4.3.2 基于背部像素投影椭圆拟合的体重估计

4.3.2.1 背部像素投影椭圆拟合

实例分割算法可以准确地从复杂环境中提取出肉种鸡个体，获取其像素投影面积等信息。但肉种鸡鸡头活动频繁，易造成形变，鸡尾分为垂尾和翘尾两种，同样会造成像素投影面积上的误差，为保证结果的稳定性，去除鸡体行动时形变造成的偏差，体长、体宽数据可整合为鸡体面积（无鸡头鸡尾）。

以图像范围内最大连通域为目标进行细化，其质心计算公式为

$$x = \frac{\sum_{i=1}^{n} m_i x_i}{\sum_{i=1}^{n} m_i}; \quad y = \frac{\sum_{i=1}^{n} m_i y_i}{\sum_{i=1}^{n} m_i} \tag{4-1}$$

目标内视作均匀分布，即每点质量相同，故公式可简化为

$$x = \frac{\sum_{i=1}^{n} x_i}{n(1+n)/2}; \quad y = \frac{\sum_{i=1}^{n} y_i}{n(1+n)/2} \tag{4-2}$$

式中，(x_i, y_i) 为点 i 坐标；m_i 为点 i 质量；n 为区域内点的数量。

由上式计算得到鸡体质心，并求得鸡体边缘到质心的最短距离 d。椭圆拟合中，为去除种鸡头尾的影响，使用以质心为圆心，$d \times \rho$ 为半径的圆盘掩膜覆盖鸡身部分，掩膜中数据维持不变，掩膜外置零。其中 ρ 为一个可控系数，在这里设置为 1.5。

掩膜内的鸡体边缘点为所需的身体部分的边缘点，即椭圆拟合所需的测量点。先构造圆锥曲线方程如公式（4-3）所示：

$$x_i^2 + p_1 x_i y_i + p_2 y_i^2 + p_3 x_i + p_4 y_i + p_5 = 0 \tag{4-3}$$

式中，p_1、p_2、p_3、p_4、p_5 为拟合系数。根据最小二乘原理，构造椭圆拟合的目标函数为

$$F(p) = \sum_{i=1}^{N} (x_i^2 + p_1 x_i y_i + p_2 y_i^2 + p_3 x_i + p_4 y_i + p_5)^2 \tag{4-4}$$

式中，N 为测量点个数。目标函数最优情况为 $F(p) = 0$，即 $F(p)$ 越小越好。因此须使：

$$\frac{\partial F}{\partial p_1} = \frac{\partial F}{\partial p_2} = \frac{\partial F}{\partial p_3} = \frac{\partial F}{\partial p_4} = \frac{\partial F}{\partial p_5} = 0 \tag{4-5}$$

由此可得方程：

$$\begin{bmatrix} \sum x_i^2 y_i^2 & \sum x_i y_i^3 & \sum x_i^2 y_i & \sum x_i y_i^2 & \sum x_i y_i \\ \sum x_i y_i^3 & \sum y_i^4 & \sum x_i y_i^2 & \sum y_i^3 & \sum y_i^2 \\ \sum x_i^2 y_i & \sum x_i y_i^2 & \sum x_i^2 & \sum x_i y_i & \sum x_i \\ \sum x_i y_i^2 & \sum y_i^3 & \sum x_i y_i & \sum y_i^2 & \sum y_i \\ \sum x_i y_i & \sum y_i^2 & \sum x_i & \sum y_i & N \end{bmatrix} \begin{bmatrix} p_1 \\ p_2 \\ p_3 \\ p_4 \\ p_5 \end{bmatrix} = - \begin{bmatrix} \sum x_i^3 y_i \\ \sum x_i^2 y_i^2 \\ \sum x_i^3 \\ \sum x_i^2 y_i \\ \sum x_i^2 \end{bmatrix} \tag{4-6}$$

求解可得拟合系数矩阵 $\boldsymbol{P}$，并通过式（4-7）、式（4-8）、式（4-9）算出拟合椭圆的长短边与面积。

$$a = \sqrt{\frac{2(p_1 p_3 p_4 - p_2 p_3^2 - p_4^2 + 4 p_2 p_5 - p_1^2 p_5)}{(p_1^2 - 4 p_2)\left[p_2 + 1 - \sqrt{p_1^2 + (1 - p_2)^2} \right]}} \tag{4-7}$$

$$b = \sqrt{\frac{2(p_1 p_3 p_4 - p_2 p_3^2 - p_4^2 + 4 p_2 p_5 - p_1^2 p_5)}{(p_1^2 - 4 p_2)\left[p_2 + 1 + \sqrt{p_1^2 + (1 - p_2)^2} \right]}} \tag{4-8}$$

$$S = \pi a b \tag{4-9}$$

式中，a 为椭圆长半轴；b 为椭圆短半轴；S 为椭圆面积。

通过最小二乘法拟合出的椭圆可以根据鸡体情况自适应变化，面积近似于鸡体面积。结果如图 4-3 所示，编号为 6 的种鸡在不同头部动作下存在像素投影面积上的差异，椭圆拟合可以较好地消除这种差异，仅保留参考价值较大的鸡体背部像素投影面积。表 4-2 为种鸡在不同姿态下的背部像素投影面积标准差与椭圆拟合面积标准差，单位为 pt，可见在椭圆拟合后不同姿态的背部像素投影面积离散程度较小，该处理在一定程度上提高了面积特征提取的稳定性。

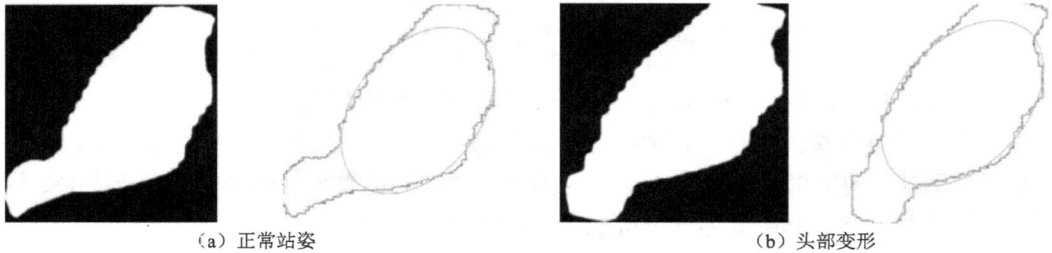

(a) 正常站姿 　　　　　　　　　　　(b) 头部变形

图 4-3　椭圆拟合效果

表 4-2　背部像素投影面积标准差　　　　　　　　　　（单位：pt）

| 周龄 | 编号 | 伸头 | | 扭头 | | 歪头 | | 理想姿态 | | 部分遮挡 | | 平均 | |
		原始面积	椭圆拟合	原始面积	椭圆拟合	原始面积	椭圆拟合	原始面积	椭圆拟合	原始面积	椭圆拟合	原始面积	椭圆拟合
28	8	32 289	13 409	11 316	1 586	9 286	8 735	10 782	2 143	33 710	9 102	71 584	36 767
	9	61 381	23 309	69 730	14 836	60 916	28 721	76 064	24 654	38 899	21 518	81 837	33 601
	15	18 605	1 966	20 054	7 747	17 103	7 842	22 514	10 885	17 218	10 735	34 176	17 714
	17	8 465	2 651	21 435	3 646	17 207	7 473	16 462	5 668	4 917	2 178	21 591	7 486
	18	17 488	11 248	20 240	18 473	20 245	15 314	28 247	15 142	62 699	8 341	36 127	18 584
	19	24 105	9 699	8 231	2 813	10 648	12 021	27 646	11 627	39 996	20 761	54 041	29 034
	20	75 378	20 953	29 710	13 993	18 482	5 876	27 250	12 883	63 003	24 015	70 687	28 016
	21	25 721	18 165	11 141	6 232	30 553	17 371	33 667	12 483	33 927	20 944	57 031	24 237
48	35	23 228	15 915	45 938	25 413	68 228	18 201	40 677	21 338	15 144	9 086	41 475	21 153
	37	3 147	3 298	14 249	4 733	31 659	17 456	30 431	12 821	12 402	6 590	44 659	16 456
	38	34 826	19 024	23 822	9 951	17 732	8 216	48 416	21 139	20 313	9 559	35 907	17 304
	44	5 714	4 046	7 504	7 583	9 823	1 080	11 219	9 848	9 557	3 582	14 353	10 996

4.3.2.2　基于面积回归的鸡体重估测模型

本试验所采集的数据包括俯拍图像数据和体尺、体重手工测量数据两部分，其中体尺手工测量数据包含 3 类：体长、体宽、体高。表 4-3 是部分的试验统计数据，表 4-4 是使用 SPSS 进行双变量相关性分析的结果。

表 4-3　白羽种鸡测量数据

编号	体长/cm	体宽/cm	体高/cm	体重/g
1	28	14	15	2 488
2	30	17	16	3 166
3	31	18	18	3 746
4	28	17	18	3 138
5	32	16	16	3 422
6	31	16	19	3 506
7	32	16	17	3 370
8	31	16	18	3 250
9	32	17	20	3 528
10	33	17	18	3 612
11	32	17	17	3 478
12	32	16	15	3 300
13	32	16	17	3 336
14	30	14	16	3 126
15	31	16	16	3 136

表 4-4　双变量相关性分析结果

	体长	体宽	体高	体重
体长	1	0.14	−0.078	0.529[**]
体宽	0.14	1	0.405[**]	0.457[**]
体高	−0.078	0.405[**]	1	0.202
体重	0.529[**]	0.457[**]	0.202	1

[**] 表示在 0.01 水平上显著相关

　　由表 4-4 可见，体重与体长、体宽呈显著相关，体高与体宽呈显著相关。因此，估测体重所需的特征主要为体长数据与体宽数据，两者可共同组成肉种鸡背部投影面积特征。试验中按同一高度进行拍摄，故图像中的像素面积与实际面积均符合同一比例尺，肉种鸡背部投影面积特征可由其背部像素投影面积特征替代，该特征由俯拍图像能直接呈现，方便提取。

　　通过椭圆拟合，可以得出同一高度下的肉种鸡背部投影像素拟合面积，计算得出的部分抽样数据如表 4-5 所示。

表 4-5　种鸡背部投影像素拟合面积与真实体重对应统计

编号	拟合面积/pt	真实体重/g
6	201 033.084 9	3 506
7	149 274.244 5	3 370
8	133 306.134 1	3 250
9	210 099.557 9	3 528
10	276 448.358 2	3 612
13	145 687.609 8	3 336

编号	拟合面积/pt	真实体重/g
14	108 679.841 7	3 126
18	242 451.879 7	3 668
19	225 490.426 4	3 614
20	191 211.082 1	3 494

可见肉种鸡背部投影像素拟合面积与体重成正比关系，利用最小二乘法进行线性回归，目标函数为

$$f(p)=\sum_{i=1}^{N}[y_i-(q_1 x_i+q_2)]^2 \tag{4-10}$$

式中，q_1、q_2 为线性回归方程系数。目标函数要求越小越好。同椭圆拟合时的方法，令：

$$\frac{\partial f}{\partial q_1}=\frac{\partial f}{\partial q_2}=0 \tag{4-11}$$

即求解：

$$\begin{bmatrix} \sum x_i^2 & \sum x_i \\ \sum x_i & N \end{bmatrix}\begin{bmatrix} q_1 \\ q_2 \end{bmatrix}=\begin{bmatrix} \sum x_i y_i \\ \sum y_i \end{bmatrix} \tag{4-12}$$

从而得出鸡体面积与体重间的线性回归模型。

4.3.2.3 椭圆拟合进行体重估测试验

进行体重估测前需先对实例分割得到的肉种鸡个体投影掩膜进行预处理。白羽肉种鸡公鸡体重与其身体数据息息相关，且考虑到白羽肉种鸡公鸡头部活动较多，尾羽姿态不同等情况会对投影面积造成影响的干扰项，本试验使用结合自适应掩膜的椭圆拟合来去除头尾影响，得到受姿态干扰较小的肉种鸡背部投影像素拟合面积。

图 4-4 为提取特征椭圆拟合前后的体重估测效果对比图。由图 4-4 可见，采用椭圆拟合后，体重估测精度有较明显提高，整体稳定性也有了一定提高，这是因为椭圆拟合去除了头

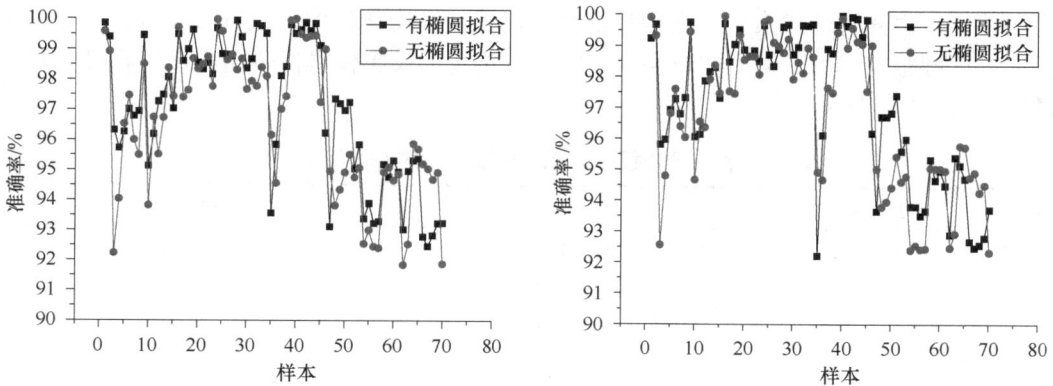

（a）Mask R-CNN 提取特征椭圆拟合前后效果对比　　（b）YOLACT 提取特征椭圆拟合前后效果对比

图 4-4　椭圆拟合前后体重估测效果对比

尾部分的影响,对同一编号不同姿势的肉种鸡起到了消除误差的作用。该方法除了通过略去鸡头鸡尾的干扰来减少姿势不同的误差外,也在一定程度上减少了特征提取时的精度要求,提高模型速度,适用于无人工干预的现实养殖环境。

4.3.3 单鸡体重估测

试验以 28 周龄与 48 周龄的白羽肉种鸡公鸡为研究对象,对不同编号的样本在不同姿态、遮挡情况下的体重估测结果进行对比与分析。通过对姿态与遮挡情况分类,列出了理想姿态、伸头、扭头、部分遮挡 4 种情况,如图 4-5 所示。被遮挡面积小于自身的 1/3 定义为部分遮挡。表 4-6 与表 4-7 为部分对比结果。从表中统计数据可见,在不同姿态与部分遮挡的情况下,本案例所提出的方法均能较为精准地进行体重估测,YOLACT 进行特征提取的体重估测平均准确率均在 91% 以上,Mask R-CNN 则存在若干精度低于 90% 的情况。在理想姿态下,对大多数编号的肉种鸡体重估测平均准确率可达到 95% 以上,而在伸头、扭头等头部形变,以及部分遮挡的情况下,椭圆拟合的使用提高了本方法的鲁棒性,平均准确率可保持在 90% 以上。综合评价中,以 Mask R-CNN 进行特征提取的体重估计平均准确率为 97.23%,以 YOLACT 进行特征提取的体重估计平均准确率为 97.49%。28 周龄以上白羽种公鸡成长较为平稳,从表中对 28 周龄和 48 周龄的白羽肉种鸡公鸡的统计数据可见,针对成熟后的种公鸡该方法均可取得较好效果,体现本方法的良好适用性。

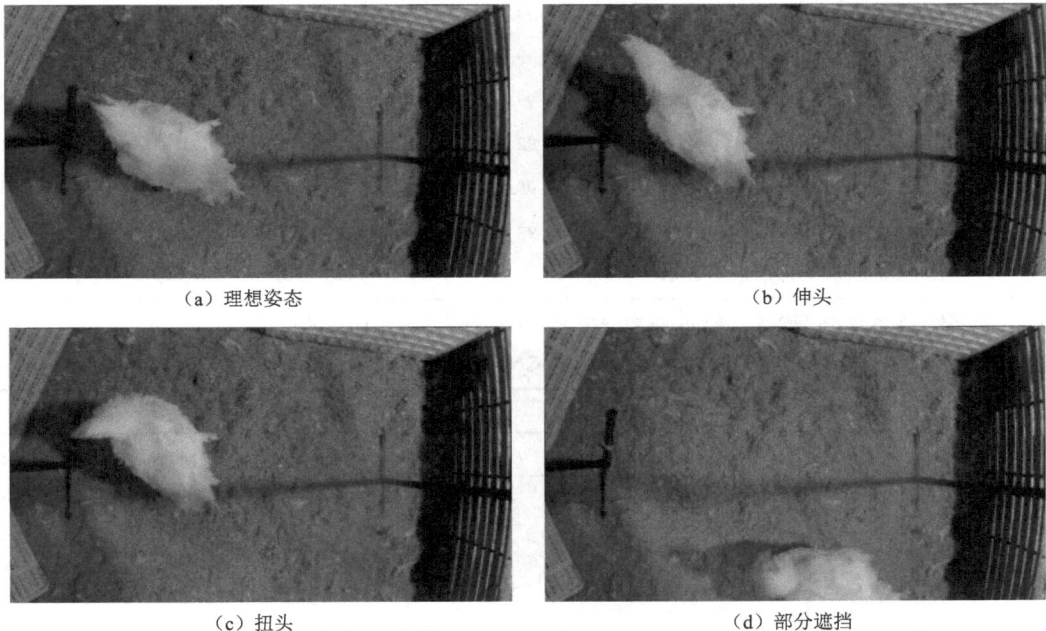

（a）理想姿态　　　　　　　　　　　　　　（b）伸头

（c）扭头　　　　　　　　　　　　　　（d）部分遮挡

图 4-5　种鸡不同姿态

在体重估测环节,单张图片的最大处理时间在 0.5s 左右,YOLACT 特征提取的用时在 0.4s 左右,Mask R-CNN 稍慢,两者全过程运行均在 1s 左右,能够快速准确地识别肉种鸡并进行体重估测,满足实际应用中的实时性要求。

表 4-6　YOLACT 部分试验结果

周龄	编号	理想姿态/%			伸头/%			扭头/%			部分遮挡/%		
		min	max	aver	min	max	aver	min	max	aver	min	max	aver
	8	94.75	96.92	95.34	91.02	98.05	92.94	92.85	94.88	94.12	93.74	99.49	97.96
	12	93.99	99.36	97.02	92.10	96.83	95.17	98.30	99.91	99.10	92.12	99.78	97.17
	13	92.07	98.25	94.55	93.99	97.12	94.83	92.37	98.17	94.82	93.37	98.75	95.86
	14	90.39	92.90	91.71	90.15	94.54	92.34	90.16	95.19	92.14	90.40	99.89	94.18
	15	90.24	96.91	91.86	94.70	97.37	96.04	90.69	92.07	91.35	92.69	95.76	93.74
	18	93.27	99.94	97.05	95.29	99.66	98.38	95.19	98.22	96.70	92.28	98.06	95.00
28	19	92.52	99.66	97.82	96.07	98.98	97.78	97.65	99.84	98.74	90.43	99.11	95.18
	20	94.81	99.30	97.81	92.05	99.96	97.12	93.41	99.73	98.21	91.88	98.69	95.10
	21	95.48	98.50	97.34	93.41	99.89	96.87	94.39	96.81	95.85	94.05	99.18	96.71
	23	92.24	99.02	95.53	93.66	93.66	93.66	91.05	98.91	95.89	92.14	99.96	95.83
	24	92.71	97.33	95.03	91.69	91.69	91.69	92.74	99.17	95.16	90.06	92.35	91.01
	28	94.77	99.75	97.93	96.81	96.81	96.81	96.13	99.99	97.95	94.29	97.61	96.97
	29	91.08	99.93	95.02	93.01	99.99	96.89	94.07	99.70	98.42	92.67	98.72	95.30
	1	90.40	99.80	93.58	91.05	96.65	94.39	91.23	98.89	94.81	90.02	94.12	91.28
	2	95.59	99.96	98.19	99.41	99.97	99.78	97.22	99.52	98.34	95.97	99.93	98.86
	4	91.12	98.25	96.79	95.30	98.43	97.39	94.85	99.94	96.99	92.49	99.95	98.24
48	6	90.42	97.05	93.84	92.39	92.39	92.39	92.62	93.85	93.11	91.56	99.83	96.19
	7	92.59	99.64	96.92	90.67	97.70	95.01	90.66	97.90	94.25	91.15	99.67	95.57
	8	94.11	98.83	95.66	98.20	99.48	98.74	94.37	99.46	96.28	92.12	98.20	94.52
	9	92.41	99.60	94.37	91.43	99.17	93.30	91.29	99.42	94.05	92.49	96.37	93.86

注：min 表示最低准确率，max 表示最高准确率，aver 表示平均准确率；下同。

表 4-7　Mask R-CNN 部分试验结果

周龄	编号	理想姿态/%			伸头/%			扭头/%			部分遮挡/%		
		min	max	aver	min	max	aver	min	max	aver	min	max	aver
	8	95.20	97.74	95.92	90.56	99.66	93.69	92.53	94.94	93.95	96.30	99.85	98.51
	12	93.81	99.77	96.58	93.05	98.80	95.41	85.64	85.64	85.64	90.80	99.83	96.39
	13	91.20	99.34	94.83	93.11	96.94	94.82	90.19	98.56	94.91	93.30	99.86	95.81
	14	91.93	94.19	92.80	93.90	93.90	93.90	90.89	94.68	92.74	90.78	97.25	94.35
28	15	90.57	96.81	92.45	93.69	97.15	95.42	90.29	92.74	91.37	93.33	96.69	95.01
	18	93.45	99.98	97.40	94.60	99.82	98.14	95.14	98.79	96.96	92.76	98.68	95.73
	19	94.11	99.56	97.78	94.86	99.42	97.89	97.58	99.88	98.73	90.12	99.54	96.02
	20	96.27	99.84	98.54	95.21	99.93	98.02	93.94	99.99	98.60	90.33	98.79	95.37
	21	94.02	99.64	98.37	93.94	99.73	96.81	91.03	96.39	94.16	92.94	99.98	95.77

续表

周龄	编号	理想姿态/%			伸头/%			扭头/%			部分遮挡/%		
		min	max	aver	min	max	aver	min	max	aver	min	max	aver
28	23	93.21	99.63	95.90	93.86	93.86	93.86	92.91	98.94	96.26	91.39	99.71	94.95
	24	93.30	98.01	95.59	91.93	91.93	91.93	93.11	99.45	95.52	90.64	93.25	91.61
	28	94.10	99.93	97.62	96.24	96.24	96.24	94.27	99.10	97.15	94.28	97.26	96.06
	29	92.48	99.60	95.23	93.34	99.87	96.73	93.37	99.87	98.66	91.72	98.95	94.74
48	1	90.06	98.43	92.69	95.41	96.00	95.70	90.20	96.10	92.83	90.03	96.24	91.61
	2	93.00	99.95	97.25	90.59	99.53	97.88	93.05	99.80	96.90	95.11	99.66	98.41
	4	90.11	98.63	96.81	95.07	98.82	97.48	94.07	99.48	96.82	92.10	99.99	97.80
	6	93.37	95.78	94.26	92.27	95.42	93.50	94.26	97.32	95.79	93.06	99.90	96.24
	7	91.81	99.94	95.80	93.41	97.88	95.19	90.63	97.77	95.12	91.25	98.53	95.61
	8	93.36	99.97	95.49	98.89	99.98	99.47	93.88	99.39	96.51	91.98	97.96	94.79
	9	91.67	98.63	94.23	90.86	98.22	93.03	90.79	99.67	94.02	91.59	96.01	93.64

　　图 4-6 为以两种实例分割方法获取的投影为特征进行体重估测的效果误差棒。由图 4-6 可见，两种模型的效果均较稳定，体现了肉种鸡背部像素投影面积与体重进行关联的可行性。但 YOLACT 的准确率略高，稳定性更好，这是因为它能获取更准确的目标掩膜，为椭圆拟合提供更好的观测点。

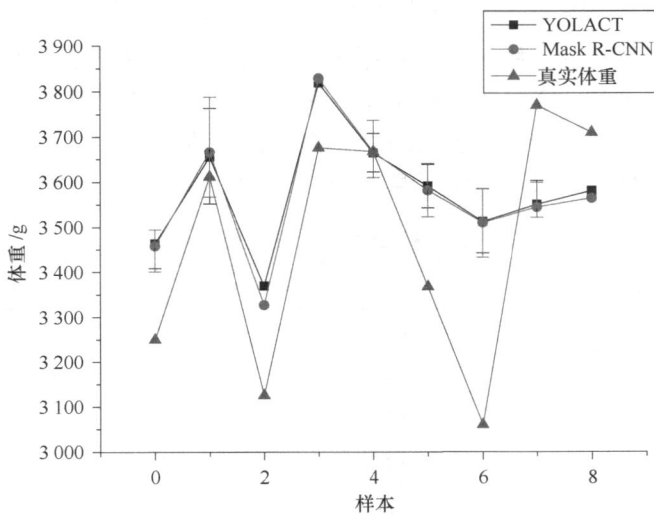

图 4-6　体重估测模型效果误差棒

　　为对比基于深度学习的实例分割算法的效果，并验证本案例所提出的椭圆拟合处理与体重估测模型有效性，将随机抽取部分样本进行测试，与类实例分割方法特征提取进行对比。此处使用的对比类实例分割方法为一种结合 YOLOv3 定位与 Otsu 算法、形态学优化等图像处理技术的目标分割算法，通过 YOLOv3 进行肉种鸡定位，获取感兴趣区域后进行局部自适应二值化处理，并结合形态学优化操作和滤波去除残留的环境噪声，以实现近似于 Amraei 等提出的类实例分割算法。

利用三种算法进行肉种鸡个体分割，相较结合目标定位与 Otsu 算法的类实例分割方法，基于深度学习的实例分割能够更好地从复杂环境中分割出肉种鸡个体，且保留边缘细节。在特征提取后进行体重估测的对比结果如图 4-7 所示，可见在大部分情况中，Mask R-CNN 与 YOLACT 提取的特征都能更好地应用于体重估测中，体现了基于深度学习的实例分割算法在投影特征获取上的优越性。

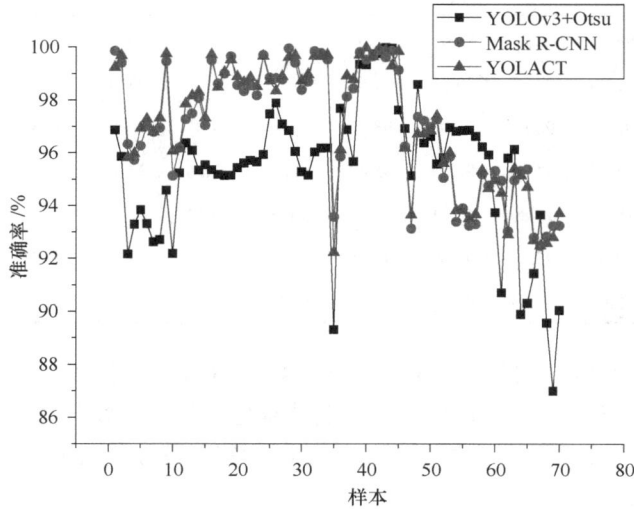

图 4-7　三种方法效果对比

与此同时，针对不同编号种鸡的体重估测数据统计如表 4-8 所示。应用 Mask R-CNN 进行特征提取的体重估测最低准确率为编号 8 的 92.46%，最高准确率为编号 12 的 99.94%，最低平均准确率为编号 14 的 93.56%，最高平均准确率为编号 19 的 99.32%。应用 YOLACT 进行特征提取的体重估测最低准确率为编号 14 的 92.21%，最高准确率为编号 19 的 99.96%，

表 4-8　三种算法效果统计

编号	Mask R-CNN/%			YOLACT/%			YOLOv3+Otsu/%		
	min	max	aver	min	max	aver	min	max	aver
8	92.46	95.36	93.60	92.46	95.13	93.43	87.00	93.64	90.26
12	95.13	99.94	98.26	95.81	99.75	98.40	92.16	97.88	95.27
14	93.56	93.56	93.56	92.21	92.21	92.21	89.30	89.30	89.30
18	95.84	95.84	95.84	96.11	96.11	96.11	97.67	97.67	97.67
19	98.11	99.87	99.32	98.77	99.96	99.54	95.65	99.97	98.69
23	93.11	96.22	94.67	93.64	96.17	94.91	95.12	96.90	96.01
24	93.23	97.35	95.34	93.50	97.38	95.39	95.56	98.58	96.69
28	93.02	95.30	94.64	92.88	95.32	94.45	90.69	96.21	94.47
29	94.95	94.95	94.95	95.39	95.39	95.39	96.12	96.12	96.12

最低平均准确率为编号 14 的 92.21%，最高平均准确率为编号 19 的 99.54%，在不同编号的种鸡的体重估测中均体现出良好的估测性能。

而在类实例分割算法进行特征提取的体重估计中，最低准确率为编号 8 的 87%，最高准确率为编号 19 的 99.97%，最低平均准确率为编号 14 的 89.3%，最高平均准确率为编号 19 的 98.69%。此结果一方面表明了类实例分割方法的不稳定性，与基于深度学习的实例分割方法相比可能造成较大误差，另一方面也体现了种鸡背部像素投影面积与体重之间的强关联性，以及本案例所提出的椭圆拟合优化方法对体重估测模型的稳定效果。

4.3.4　群鸡体重估测

通过上述试验验证了所提出的体重估测算法对单鸡的效果，本节针对群鸡环境进行试验与结果分析。试验设置了两种模拟环境以模拟现实中养鸡场养殖密度。其中场景 1 为每平方米 3 只，场景 2 为每平方米 2 只。试验以 YOLACT 进行特征提取与肉种鸡 ROI 获取，通过 ROI 对肉种鸡个体进行分割，从而获取单鸡目标。再根据上述的单鸡体重估测方法分别估计体重，从而实现多鸡体重估测。

图 4-8 是 YOLACT 进行实例分割的结果，可见该算法可以正确识别图片中的肉种鸡并进行掩膜覆盖。图 4-9 为 ROI 提取结果，可通过 YOLACT 的定位提取出各只肉种鸡所在的 ROI，从而分割出各个肉种鸡的投影。

（a）场景 1 实例分割结果

（b）场景 2 实例分割结果

图 4-8　群鸡实例分割结果

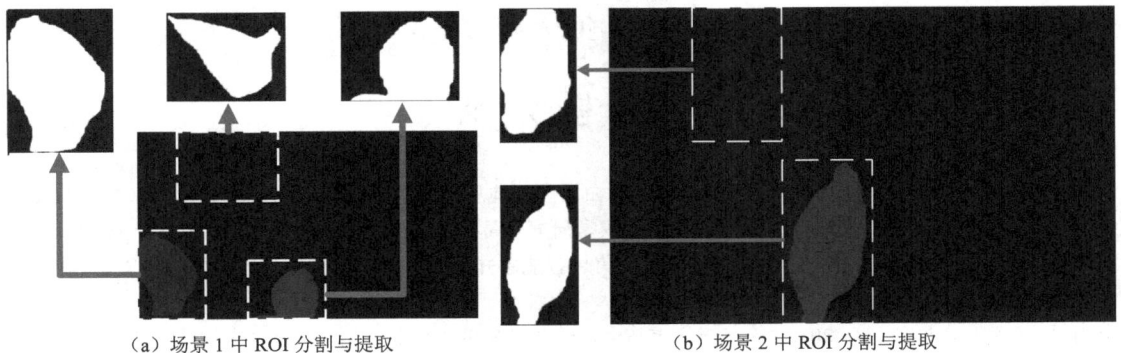

彩图

（a）场景 1 中 ROI 分割与提取　　　　　　　　（b）场景 2 中 ROI 分割与提取

图 4-9　群鸡 ROI 分割与提取

表 4-9 为体重估测结果，场景 1 内的肉种鸡编号分别为 2、3、4，准确率分别为 94.74%、90.5% 和 94.03%；场景 2 内的肉种鸡编号分别为 1 和 2，体重估测准确率分别为 95.46% 和 90.63%，相较单鸡体重估测效果略有下降。由统计结果可见，在群鸡非粘连环境中，体重估测精度仍能保持较好程度，具有一定实际应用价值。

表 4-9　群鸡场景体重估测结果

场景	编号	真实体重/g	估测体重/g	准确率/%
	2	3 166	3 332.48	94.74
场景 1	3	3 746	3 389.99	90.50
	4	3 138	3 325.35	94.03
场景 2	1	3 088	3 228.11	95.46
	2	3 166	3 462.62	90.63

4.4　拓展与思考

4.4.1　应用拓展

结合图像处理技术与人工智能算法，利用动物的胸围、体高、体长等外在特征参数来进行分析与建模，是估算动物体重的一个典型案例。当前的研究主要以中、大型动物为主，比如利用生猪背部投影信息并结合体高等深度映射信息来估算生猪质量，以及通过机器视觉结合模糊逼近算法，三维点云数据结合回归模型来估算奶牛体重，同时，深度学习等智能算法也被应用于伊犁马和杜泊羊等体型较大的动物的体重估测，效果良好。与上述动物相比，禽类具有个体小，应激大等特点，使用传统的称重方法容易造成惊吓。针对这点，本案例提出方法衍生到群鸡体重估测中，以期实现真实养殖环境中的非接触式肉种鸡体重测量，为精准养殖的发展提供技术支撑。

4.4.2　思考

（1）在采集肉种鸡背部图像时，传感器的分辨率大小、距离等因素对体重估测精度有什么样的影响？

（2）对大型畜牧对象，如牛、羊等，采用同样的思路进行体重估测，你认为还有什么因素要考虑。试给出一个对肉牛体重进行估测的方案。

参 考 文 献

陈佳，刘龙申，沈明霞，等，2021. 基于实例分割的白羽肉鸡体质量估测方法. 农业机械学报，52（4）：266-275.
郝雪萍，2015. 基于图像处理的杜泊羊体重估算模型研究. 武汉：武汉理工大学硕士学位论文.
何东健，刘冬，赵凯旋，2016. 精准畜牧业中动物信息智能感知与行为检测研究进展. 农业机械学报，47（5）：231-244.
李尚民，王克华，曲亮，等，2016. 徐海鸡体重与体尺性状指标的主成分分析. 家畜生态学报，37（12）：66-69.
李卓，2016. 基于立体视觉技术的生猪体重估测研究. 北京：中国农业大学博士学位论文.

李卓，毛涛涛，刘同海，等，2015. 基于机器视觉的猪体质量估测模型比较与优化. 农业工程学报，31（2）：155-161.

廖娟，王钢，喻世刚，等，2018. 黄杂鸡体重和体尺性状的测定与相关分析. 四川畜牧兽医，45（2）：29-30.

刘小辉，李祥龙，逯春香，等，2015. 基坝上长尾鸡体重体尺性状相关及回归分析. 甘肃畜牧兽医，45（2）：42-45.

牛金玉，2018. 基于三维点云的奶牛体尺测量与体重预测方法研究. 杨凌：西北农林科技大学硕士学位论文.

沈明霞，刘龙申，闫丽，等，2014. 畜禽养殖个体信息监测技术研究进展. 农业机械学报，45（10）：245-251.

吴锦波，何世明，杜华锐，等，2017. 阿坝州藏鸡体重和体尺性状的相关与回归分析. 四川畜牧兽医，44（7）：21-24.

朱让东，张太红，郭斌，2020. 基于 RBF 神经网络的伊犁马体重估测模型. 计算机技术与发展，30（3）：198-203.

Brandl N, Jørgensen E, 1996. Determination of live weight of pigs from dimensions measured using image analysis. Computers and electronics in agriculture, 15 (1): 57-72.

Wang Y, Yang W, Walker L T, et al., 2008. Enhancing the accuracy of area extraction in machine vision-based pig weighing through edge detection. International Journal of Agricultural and Biological Engineering, 1 (1): 37-42.

案例五　基于 Django 的水产养殖模型智能管理系统

5.1　案例简介

当前水产养殖行业在物联网支持下向集约化、智慧化发展，精准溶解氧预测、水产品实时识别追踪、水产病虫害识别等智能模型如雨后春笋般涌现。当前水产养殖模型和数据集多种多样，模型依赖的框架、环境不尽相同，因此水产养殖行业的数据集和模型缺乏统一的标准规范，导致数据集和模型管理困难，难以充分利用算法团队的研究成果。此外，水产养殖模型训练是一个专业要求高、环节流程多的机器学习任务，对于超参数调优等不涉及模型设计和修改的训练任务也需要算法工程师参与，无疑增加了算法团队的人力负担，增加了模型训练成本。针对上述问题，我们需要实现水产养殖模型和数据集的统一集中管理、模型训练和模型部署测验等。

5.2　基础知识

本案例首先进行了水产养殖模型及数据集规范与模型构建研究，涉及深度学习中的 VGGNet、GoogLeNet、ResNet、DenseNet 等卷积神经网络及 RNN 等循环神经网络、迁移学习等知识；在基于客户/服务器（C/S）架构的水产养殖模型部署应用中，探索了一套基于 Android 客户端和 Linux 服务器的水产养殖模型远程部署应用方案，主要用到基于 Python 的服务器开发框架 Django 和 Android 开发技术等相关知识；另外还以数据库、前端框架 Vue、浏览器/服务器（B/S）架构等主要知识为基础，设计并实现了一款基于 B/S 架构的水产养殖模型智能管理系统。

5.3　实施过程及其结果

5.3.1　水产养殖模型及数据集规范与模型构建研究过程及结果

5.3.1.1　数据处理

水产养殖数据集相比于一般的数据集而言更加难以收集，并且由于光线折射、水的波动等问题，水下相机拍摄的图像往往存在较大的形变及噪声干扰，在水产养殖模型构建之前对数据集进行预处理是十分常见的手段，可以在预处理阶段对数据集进行降噪、增强等处理，以提高模型的训练质量。

本案例在构建水下鱼类识别模型时尝试采用 Ground-Truth 公开数据集训练模型，数据集包含由海洋生物学家手动标记的 23 种鱼类共计 27 370 幅水下图像，图 5-1 展示了数据集的每种鱼类的图像和数量。在训练过程中，将数据集图像分成 80% 的训练数据集（21 896 幅图像）和 20％的验证数据集（5474 幅图像），并使用随机水平翻转、随机旋转、颜色抖动等数据增强技术扩大样本大小，图像被缩放到 260×260 像素作为模型输入，图 5-2 展示了一张图像的部分数据增强情况。

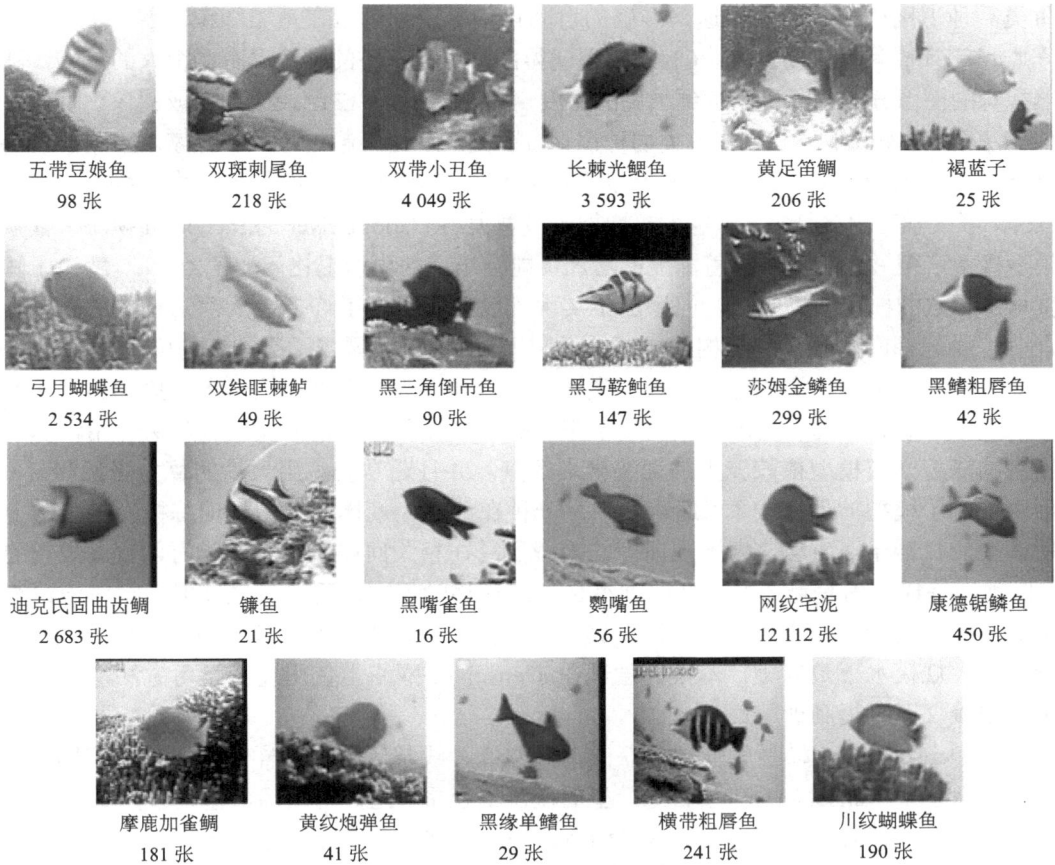

五带豆娘鱼 98 张　双斑刺尾鱼 218 张　双带小丑鱼 4 049 张　长棘光鳃鱼 3 593 张　黄足笛鲷 206 张　褐蓝子 25 张

弓月蝴蝶鱼 2 534 张　双线眶棘鲈 49 张　黑三角倒吊鱼 90 张　黑马鞍鲀鱼 147 张　莎姆金鳞鱼 299 张　黑鳍粗唇鱼 42 张

迪克氏固曲齿鲷 2 683 张　镰鱼 21 张　黑嘴雀鱼 16 张　鹦嘴鱼 56 张　网纹宅泥 12 112 张　康德锯鳞鱼 450 张

摩鹿加雀鲷 181 张　黄纹炮弹鱼 41 张　黑缘单鳍鱼 29 张　横带粗唇鱼 241 张　川纹蝴蝶鱼 190 张

图 5-1　Ground-Truth 数据集的样本及数量

图 5-2　鱼类数据集数据增强处理示意图

彩图

5.3.1.2　模型结构设计

在构建水产养殖模型之前一般需要先明确模型的研究意义以及研究目的，对于具体的水下鱼类品种识别模型，研发快速、准确的自动化鱼类识别模型在鱼类知识科普、混合养殖、海洋监管等领域具有重要意义。CNN 模型使得图片分类任务的准确率有了很大的提高，基于机器视觉的图像分类已经可以达到很高的精度，CNN 系列算法已经成为完成图像识别任务的最佳算法之一，深度学习方法在鱼类物种识别方面的表现已经超过了人类专家。但不同的 CNN 模型有不同的特点，没有一种模型可以在所有场景下都优于其他模型，如 VGG-Net 相比 AlexNet 可以学习更多特征，但也大幅增加了模型大小；GoogLeNet 的 Inception 模块大幅减少了模型参数，但并没有解决随着深度的增加可能会出现的模型退化问题；ResNet 解决了随着深度增加导致的梯度消失问题，但增加了实现难度并且引入了许多需要手工设置的权重。面对众多可供选择的基础模型结构，如何选择和评价 CNN 模型成了必须考虑的问题。

此外，由于不同鱼类的生存水域和生活习性差异很大，收集大规模水下鱼类图像并不容易，水下鱼类数据集的不足严重制约了水下鱼类识别模型的性能和精度。从头开始训练一个高精度的深度学习模型依赖庞大的训练样本数量，并且通常会占用大量的算力资源和时间，无形中增加了模型的训练成本。迁移学习是一种在经过大规模训练的预训练模型的基础上训练新模型的机器学习方法，由于预训练的模型已经在相关问题上经过了长时间、大规模的训练，以预训练模型为起点迁移到新的训练任务的迁移学习方法可以有效降低模型对于训练集大小的依赖，适合计算资源紧张、数据集不多的情形。在水下鱼类识别模型的构建过程中，由于缺乏大规模水下数据集，本案例尝试在 DenseNet 网络上使用迁移学习方法，降低对数据量的依赖，同时提高训练质量。

由于 DenseNet169 模型较低层捕获的图像边缘、线条等特征同样适用于鱼类识别任务，所以案例保留了 DenseNet169 预训练模型的低层次权重，通过对最后的全连接层进行微调适配水下鱼类识别任务。具体而言，本案例所采用的网络模型由密集连接层、复合功能层和过渡层组成，密集连接增加了层之间的信息流，任何层的特征都直接连接到所有后续层，复合功能层和过渡层沿用了 DenseNet169 原有的网络结构。本案例将图像的输入尺寸统一调整至 260×260 像素，相比于 DenseNet169 原来的 224×224 像素可以保留更多特征细节，以获取更高精度的识别模型。用于鱼类识别的详细模型结构如表 5-1 所示。

表 5-1　DenseNet169 鱼类识别模型网络结构

层	输出尺寸/像素	详细情况
卷积层	260×260	7×7 卷积核，步长 2
池化层	130×130	3×3 最大池化，步长 2
稠密块　（1）	130×130	$\left[\begin{array}{ll}1\times1 & 卷积\\ 3\times3 & 卷积\end{array}\right]\times6$
过渡层　（1）	130×130	1×1 卷积
	65×65	2×2 平均池化，步长 2
稠密块　（2）	65×65	$\left[\begin{array}{ll}1\times1 & 卷积\\ 3\times3 & 卷积\end{array}\right]\times12$

层	输出尺寸/像素	详细情况
过渡层 （2）	65×65	1×1 卷积
	32×32	2×2 平均池化，步长 2
稠密块 （3）	32×32	$\begin{bmatrix}1\times1 & 卷积\\ 3\times3 & 卷积\end{bmatrix}\times32$
过渡层 （3）	32×32	1×1 卷积
	16×16	2×2 平均池化，步长 2
稠密块 （4）	16×16	$\begin{bmatrix}1\times1 & 卷积\\ 3\times3 & 卷积\end{bmatrix}\times32$
分类层	1×1	7×7 全局平均池化 23 种类全连接，softmax 激活函数

5.3.1.3　超参数配置

在水产养殖模型构建过程中一般需要配置训练轮数、学习率、损失函数等超参数，为了获得最佳的模型，本案例针对部分超参数的具体设置进行了实验研究。

1. 学习率配置

学习率（Lr）会直接影响模型的收敛速度和精度，为了获取最佳的学习率值，本案例在 DenseNet169 网络结构基础上，采用 Adam 优化策略和交叉熵损失函数，将学习率分别设置为 10^{-2}、10^{-3}、10^{-4} 和 10^{-5}，训练 30 轮验证模型在训练集和验证集上的精度，试验过程中训练集和验证集的精度变化如图 5-3 所示，训练 30 轮后各个模型的训练集、验证集精度和 F_1 值如表 5-2 所示。从图 5-3（a）中可以清楚地看到，不同学习率的识别模型在训练集上都可以达到收敛，当学习率为 10^{-4} 时，模型的训练集精度最高。从图 5-3（b）中可以发现，学习率为 10^{-2} 时的模型在验证集上不收敛。从表 5-2 可以看出当学习率为 10^{-4} 时模型在验证集上表现出了最高的识别精度和 F_1 值。

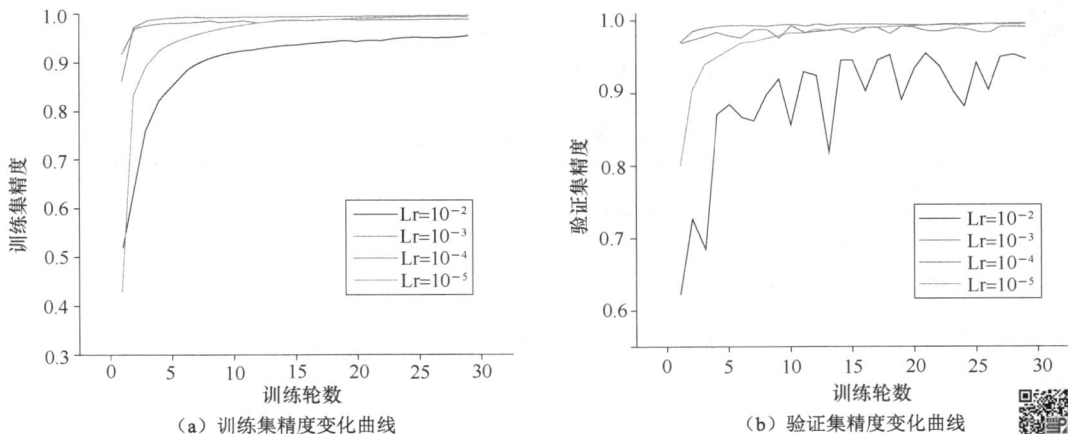

（a）训练集精度变化曲线　　　　　　　　　　　（b）验证集精度变化曲线

图 5-3　不同学习率的训练集和验证集精度变化曲线

彩图

表 5-2　不同学习率的鱼类识别模型训练结果

模型名	学习率	训练集精度/%	验证集精度/%	F_1 值/%
模型 a	10^{-2}	95.68	73.83	68.57
模型 b	10^{-3}	99.10	99.24	92.49
模型 c	10^{-4}	99.87	99.51	97.18
模型 d	10^{-5}	99.65	99.48	96.01

2. 优化器和损失函数配置

为了进一步提高模型质量，在鱼类识别模型的构建中，本案例将训练轮数固定为 30 轮，学习率设置为 10^{-4}，尝试使用 SGD、RMSprop、Adam、Ranger 优化器进行对比实验研究，各个优化器在验证集上的精度变化如图 5-4 和表 5-3 所示，可以看出 SGD 优化器无法使模型收敛，RMSprop 优化器的使用使得精度曲线波动较大，无法达到收敛状态，相比之下 Adam 和 Ranger 优化器的精度曲线显示出相似的趋势，但使用 Ranger 优化器结合 Label Smoothing 平滑策略的验证精度曲线更稳定且验证集精度、召回率、F_1 值均高于其他模型。

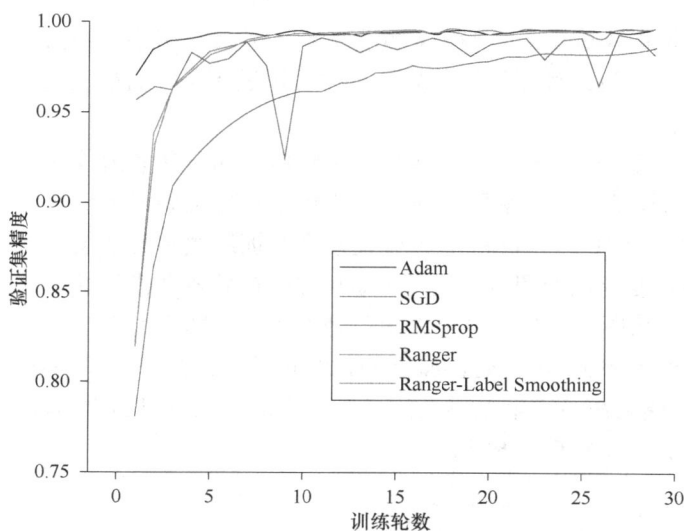

彩图

图 5-4　各个优化器在验证集上表现

表 5-3　不同优化器效果对比表

模型	优化器	损失函数	训练集精度/%	验证集精度/%	召回率/%	F_1 值/%
模型 a	Adam	Cross Entropy	99.87	99.51	96.67	98.07
模型 b	SGD	Cross Entropy	98.02	98.52	83.98	90.67
模型 c	RMSprop	Cross Entropy	99.30	99.29	91.60	95.29
模型 d	Ranger	Cross Entropy	99.87	99.59	96.56	98.05
模型 f	Ranger	Label Smoothing	99.90	99.64	96.77	98.18

根据上述试验结果，最终本次鱼类识别模型训练的详细超参数设置如表 5-4 所示。

表 5-4　超参数配置表

超参数	值
训练轮数	30
批处理大小	64
学习率	0.0001（10^{-4}）
优化器	Ranger
学习率衰减	cosine
损失函数	Label Smoothing 交叉熵

5.3.1.4　结果与讨论

图像分类模型识别预测效果一般需要通过准确率、精确率和召回率来衡量，在比较模型的优劣时还需要和其他 CNN 模型进行对比，通过具体数据证明模型的优势。本案例根据表 5-4 超参数设置，分别在 AlexNet、GoogLeNet、ResNet50、DenseNet169 上进行模型训练，并在验证集上测试了模型准确率、精确率、召回率等。

准确率的计算公式为

$$准确率 = \frac{TP + TN}{TP + TN + FP + FN} \tag{5-1}$$

精确率的计算公式为

$$精确率 = \frac{TP}{TP + FP} \tag{5-2}$$

召回率的计算公式为

$$召回率 = \frac{TP}{TP + FN} \tag{5-3}$$

其中，TN（true negative）表示被模型预测为负的负样本数量，FN（false negative）表示被模型预测为负的正样本数量，FP（false positive）表示被模型预测为正的负样本数量，TP（true positive）表示被模型预测为正的正样本数量。

分别计算模型每一个类别的准确率、精确率、召回率，然后计算模型整体的算术平均值，试验结果如图 5-5 和表 5-5 所示。

由表 5-5 可以看出基于 ResNet50 训练的模型验证集精确率最高达到了 99.26%，略高于 DenseNet169 模型，但 ResNet50 召回率低于 DenseNet169 且模型参数量较大。一般的分类问题模型验证集准确率越高说明模型分类效果越好，但由图 5-1 可以看出本案例所采用的 Ground-Truth 数据集存在严重的数据不平衡问题，最少的黑嘴雀鱼只有 16 张，最多的网纹宅泥鱼则多达 12 112 张，相差 750 多倍，此种情况下即使模型将所有鱼类分类成网纹宅泥鱼也会得到很高的准确率，仅依靠准确率指标已经无法准确评估模型效果。相比较而言，F_1 值更适合用于评估本案例模型，通常精确率越高，召回率就会越低，F_1 值是精确率（P）、召回率（R）两种指标的综合计算，能够更全面地衡量本案例模型的优劣，F_1 的计算公式为

$$F_1 = \frac{2 \times P \times R}{P + R} \tag{5-4}$$

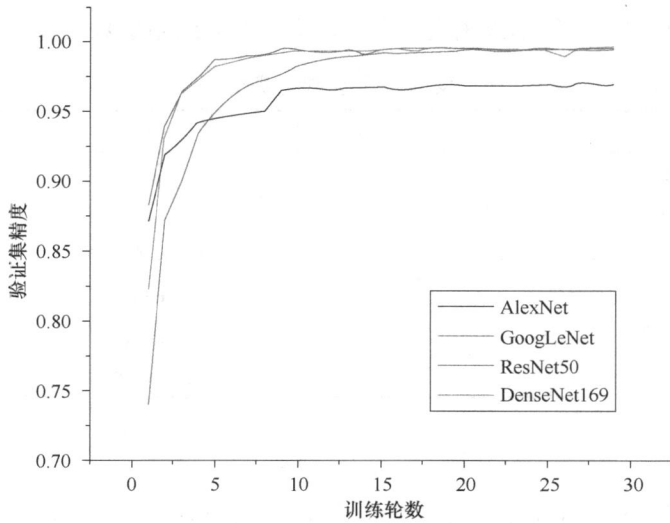

图 5-5　模型训练过程

彩图

表 5-5　试验结果对比表

模型	训练集精度/%	验证集表现		
		准确率/%	精确率/%	召回率/%
AlexNet	99.42	99.08	95.59	93.76
GoogLeNet	99.81	99.51	98.37	94.75
ResNet50	99.83	99.58	99.26	96.64
DenseNet169	99.90	99.64	99.21	96.77

根据表 5-5 的试验结果，进一步计算各个模型整体的 F_1 值结果如表 5-6 所示。

表 5-6　不同卷积神经网络模型的 F_1 值统计表

模型	整体 F_1 值
AlexNet	0.9449
GoogLeNet	0.9537
ResNet50	0.9739
DenseNet169	0.9742

由表 5-6 可见，DenseNet169 模型整体 F_1 值达到了 0.9742，是本案例中识别效果最好的模型。至此，本案例以水下鱼类识别模型为例完成了从数据处理到模型构建和对比试验的完整水产养殖模型的迁移学习构建过程，对水产养殖模型的构建过程理解充分对于水产养殖模型智能管理系统的设计及实现至关重要，为实现水产养殖模型的迁移学习训练提供支撑。

5.3.2　水产养殖模型部署应用开发

5.3.2.1　整体方案设计

将鱼类识别模型部署到服务器只需要在服务器程序开发时将模型的训练、初始化等代码固化到程序中即可，但将智能模型的部署代码固化到服务器将严重影响系统的灵活性和扩展性。为了实现一种更加通用的水产养殖模型部署应用系统，本案例在设计和实现鱼类远程识别系统时采用了水产养殖模型文件规范，探索一种将水产养殖模型部署到服务器并由 Android 终端通过网络进行调用的远程调用水产养殖智能模型部署方案。该方案服务器程序通过 Python 的自省机制动态地加载和调用模型文件中的 Python 脚本文件来完成模型的加载和调用，以此来增加系统的灵活性和扩展性。鱼类识别系统的整体设计如图 5-6 所示，用户可以通过调用 Android 手机摄像头采集鱼类图像信息，通过网络上传鱼类图像至服务器进行识别，服务器在成功识别鱼类品种后查询鱼类信息数据库获取鱼的简介、分布、习性、生长周期等鱼类知识库信息返回给 Android 客户端显示。

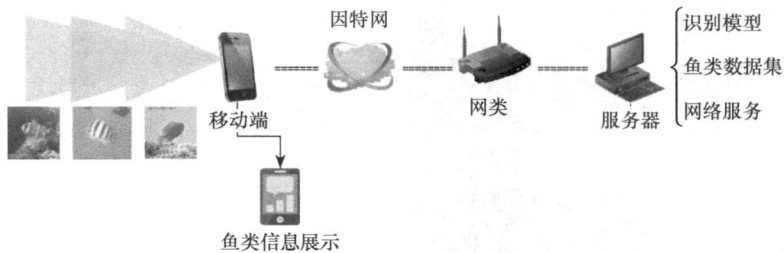

图 5-6　鱼类识别系统整体方案设计

5.3.2.2　系统运行及测验

1. 系统运行

用户进入系统之后可以选择拍照识别和实时识别两种模式，下面分别对两种模式下的运行情况进行介绍。

1）拍照识别模式　在拍照模式下用户需要手动点击拍摄按钮完成相机信息的采集，在用户点击拍照按钮后系统将采集的图像信息通过后台线程发送给服务器请求识别，如果识别成功系统会显示详细的鱼类介绍信息，如果识别失败系统会提示用户识别失败。此外，用户可以在前置和后置摄像头之间进行切换，也可以直接从相册中选择此前拍摄的图像。鱼类识别系统拍照识别模式的运行界面如图 5-7 所示。

2）实时识别模式　在实时识别模式下系统会自动连续捕捉相机帧，在后台线程中将捕获的相机图像传递给后台服务器请求识别。与拍照识别模式不同，实时识别模式下识别结果会在右上角实时刷新，识别成功后用户可以点击"查看更多"查看所属鱼类的详细介绍，在实时识别模式下也支持前置和后置摄像头的切换。实时识别模式的运行界面如图 5-8 所示。

2. 系统测验

1）测验环境　软件环境：鱼类在线识别系统 V1.0。

移动终端：红米 K40。

服务器环境：配备英特尔酷睿 i7-8700 处理器和英伟达 GTX1650 显卡的联想台式机。

网络环境：校园局域网 WiFi。

场地环境：实验室环境，40W 荧光灯下。

2）测验方法　本案例通过在程序中加入耗时计算代码测试识别过程耗时、计量模型识别耗时，以及从手机终端发出网络请求到收到识别信息的总时延，具体操作方法为在红米

K40 手机上安装 APP，在拍照识别模式下利用后置摄像头对验证集中的鱼类图片进行拍照识别，测试示意图如图 5-9 所示。

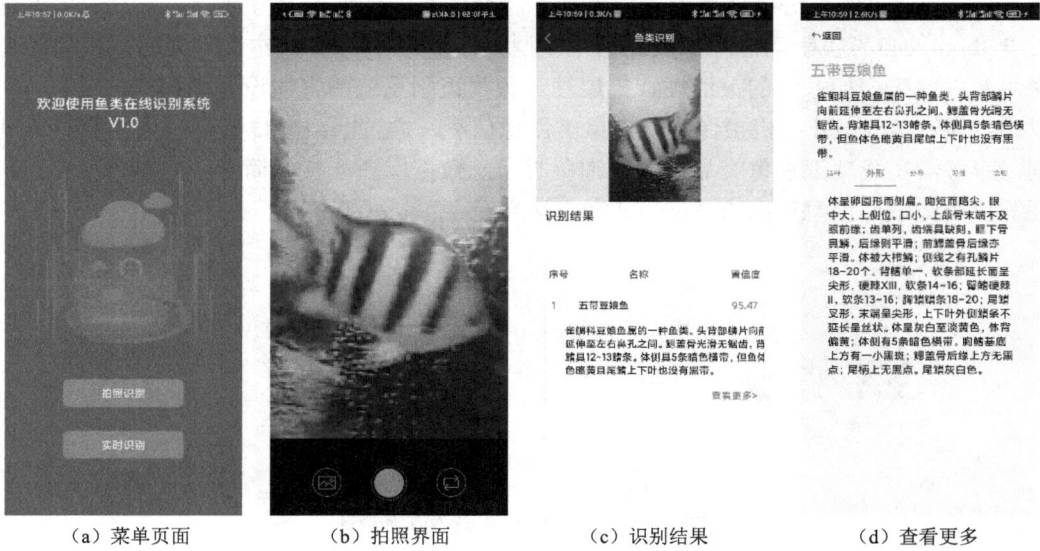

(a) 菜单页面　　(b) 拍照界面　　(c) 识别结果　　(d) 查看更多

图 5-7　鱼类识别系统拍照识别模式运行界面

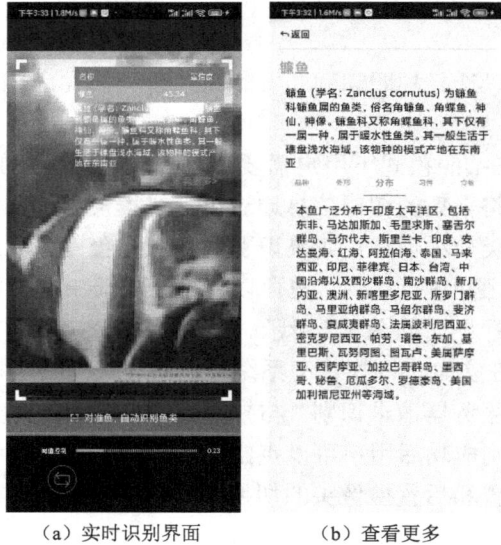

(a) 实时识别界面　　(b) 查看更多

图 5-8　鱼类识别系统实时识别模式运行界面

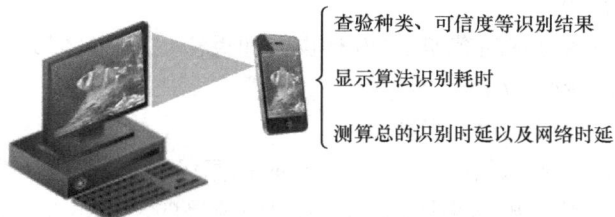

查验种类、可信度等识别结果

显示算法识别耗时

测算总的识别时延以及网络时延

图 5-9　鱼类识别系统测试示意图

3）测验结果　使用上述环境和方法进行应用的实际测验，测验结果如表 5-7 所示。

表 5-7　鱼类识别系统测验结果表

鱼种类	可信度/%	识别耗时/s	网络耗时/s	总耗时/s
网纹宅泥鱼	96.69	0.064	0.079	0.143
双带小丑鱼	99.62	0.058	0.128	0.186
长棘光鳃鱼	97.01	0.059	0.137	0.196
迪克氏固曲齿鲷	91.77	0.061	0.111	0.172
弓月蝴蝶鱼	95.97	0.059	0.105	0.164
康德锯鳞鱼	87.64	0.057	0.100	0.157
莎姆金鳞鱼	85.23	0.072	0.191	0.263
横带粗唇鱼	99.46	0.064	0.128	0.192
双斑刺尾鱼	97.22	0.060	0.108	0.168
黄足笛鲷	97.20	0.058	0.077	0.135
川纹蝴蝶鱼	91.46	0.057	0.105	0.162
摩鹿加雀鲷	92.97	0.065	0.114	0.179
五带豆娘鱼	98.47	0.074	0.135	0.209
黑三角倒吊鱼	99.39	0.061	0.107	0.168
鹦嘴鱼	97.98	0.059	0.112	0.171
双线眶棘鲈	85.08	0.071	0.115	0.186
黑鳍粗唇鱼	95.52	0.062	0.113	0.175
黄纹炮弹鱼	87.25	0.059	0.159	0.218
黑缘单鳍鱼	94.46	0.061	0.117	0.178
黑马鞍鲀鱼	99.30	0.058	0.138	0.196
褐蓝子鱼	78.66	0.056	0.118	0.174
镰鱼	88.06	0.060	0.099	0.159
黑嘴雀鱼	87.49	0.058	0.131	0.189
平均值	93.21	0.061	0.119	0.180

由表 5-7 可见在上述测试环境下，APP 可以在百毫秒级准确识别鱼类图片，并且延迟的主要原因是网络传输耗时，基本可以满足日常鱼类识别应用需要。

5.3.3　基于 B/S 架构的水产养殖模型智能管理系统设计与实现

5.3.3.1　系统功能模块设计

系统被设计为基于浏览器/服务器架构（B/S 架构）的软件系统，软件系统的主要功能模块包括用户系统、数据集管理、模型管理、模型训练、模型部署测验功能模块。模块之间可能存在依赖关系，例如，模型训练需要依赖已经上传的模型和数据集，模型部署依赖模型成功训练,模型测验之前需要先部署模型。根据需求分析梳理的平台的功能模块如图 5-10 所示, 系统对每一个功能模块都需要进行完整、详细的功能设计。

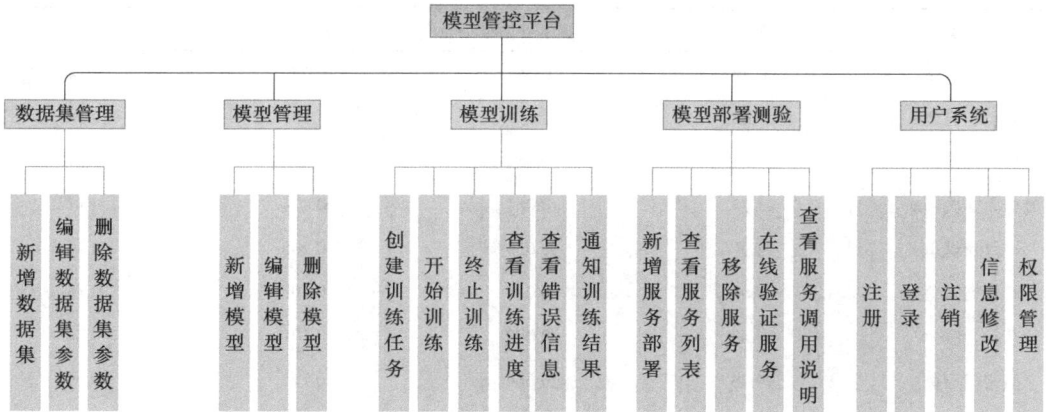

图 5-10　平台的功能模块图

1. 用户系统模块

进入系统页面时系统检测用户是否登录,如果未登录则跳转到登录界面,根据用户名和密码发送到服务端请求获取 token(口令),服务器生成 token 返回给浏览器,浏览器接收完 token 保存到 cookie(小型文本文件)中,这样当再次打开页面的时候如果 token 还在有效期内可以直接登录,如果 token 失效则需要再次登录。在用户角色设计方面,本案例设计了普通用户、专业算法人员、管理员三类角色,各个角色的核心业务操作如下所示。

1)专业算法人员　专业算法人员属于精通机器学习技术的算法专家。算法专家可以将自己研究的创新性算法模型按照平台规则上传到系统纳入平台统一管理;算法专家还可以上传和管理自己的数据集,并使用数据集进行迁移学习训练,训练成功的模型可以一键部署,进行在线的服务验证;算法专家还可以选择自己的模型是否对普通用户可见等。

2)普通用户　普通用户可以上传和管理自己的数据集,可以使用专业算法人员公开的模型创建训练任务,如果训练成功,用户可以向管理员申请发布成远程服务,管理员同意后模型会自动部署到服务端,用户可以使用网络请求对模型进行在线调用,查看模型预测结果。

3)管理员　管理员可以对所有的数据集和模型进行管理,可以进行用户管理,并且负责审核普通用户服务的发布请求,审核通过的服务才能被部署到系统。

2. 数据集管理模块

系统将数据集按照数据集适用类型的不同分成了图像识别、目标检测、图像分割和数据预测四个类别,每种数据集都需要按照特定的文件格式来组织,数据集被压缩打包成一个文件上传。在上传数据集时需要填写数据集的名称、简介、类别等信息,并且选择数据集是否对他人可见,系统会检查填写的信息是否合法,并且根据 md5 检查数据库文件是否已经上传过以及文件是否完整,上传过的数据集不会再重复上传,校验不完整的数据集会上传失败,需要用户重新选择文件上传。上传成功后系统会将数据集信息存入数据库中保存,提示用户添加成功并刷新数据集列表。

3. 模型管理模块

专业算法人员把自己研究的模型打包好后可以上传到平台，上传时需要填写模型名、简介、版本号、模型框架、模型类别等信息并上传模型压缩包，上传完成后可以在模型列表中实时查看上传的模型，并且可以对自己上传的模型进行编辑和删除操作。当前主流的机器学习框架有 TensorFlow、PyTorch、Paddle 等，不同框架模型的运行环境、使用方法有很大差异，所以平台设计了一套模型文件规范来统一模型管理。模型文件同样被分类为图像识别、目标检测、图像分割和数据预测四个类别。模型文件需要经过压缩打包上传到系统平台，模型文件的上传流程图如图 5-11 所示。

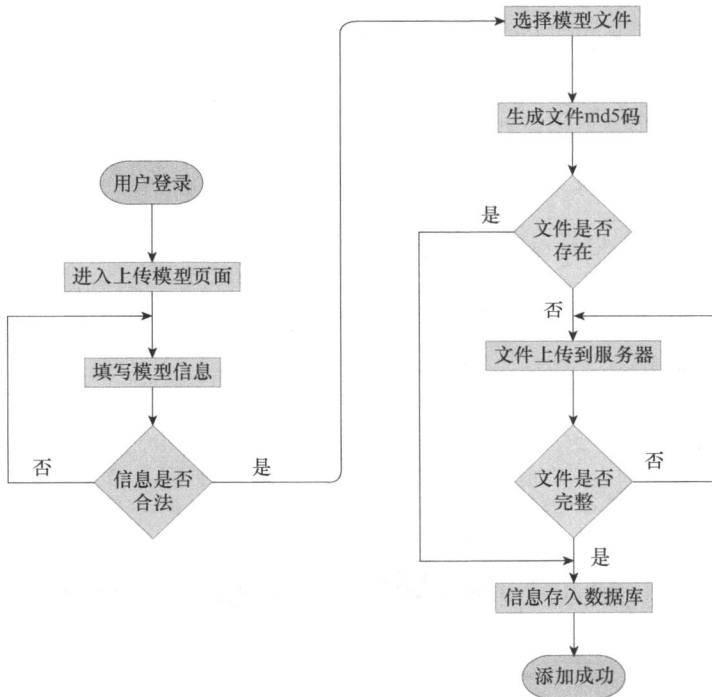

图 5-11 新增模型文件流程图

4. 模型训练模块

模型训练是平台的难点和核心功能，专业算法人员和普通用户都可以创建模型训练任务进行迁移学习训练，创建训练任务需要填写任务名、简介、选择使用的模型和数据集、设置训练轮数、批处理大小等模型中指明的超参数。专业算法人员设计好模型结构，按照系统规范要求添加模型的调用脚本等文件信息，并上传到系统管理，随后就可以在系统进行可视化的训练，方便地切换数据集、修改训练轮数、学习率、损失函数等；普通用户则可以使用专业算法人员公开的模型结合自己的数据集进行迁移学习定制自己的专属模型。训练结果可以通过注册邮箱通知到相关用户，如果训练失败则用户可以查看详细的错误日志，用户可以根据错误日志信息调整训练任务的配置和参数再次尝试训练，如果训练成功，用户可以进行模型部署和验证的相关操作。

5. 模型部署测验模块

成功训练的模型可以申请部署到系统，经过管理员审批通过后可以进行在线的服务验证，用户可以参考服务的使用指导页面进行模型服务的调用验证，如果模型效果不理想，则用户可以创建新的训练任务重新训练模型；如果模型效果非常理想，则用户可以选择将模型文件导出，在其他的项目之中应用。用户使用平台训练、部署和验证模型的流程图如图 5-12 所示。

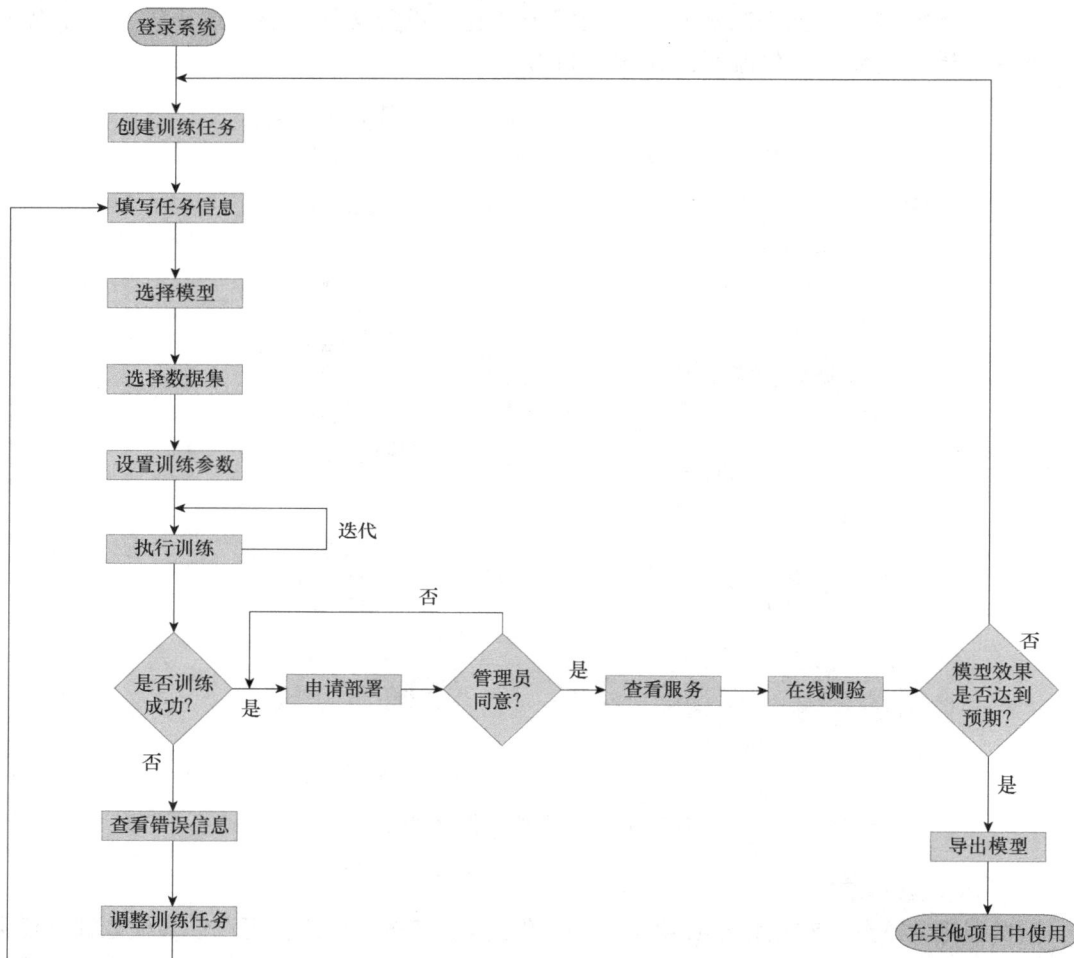

图 5-12　模型训练及部署测验整体流程图

5.3.3.2　系统实现

1. 开发环境

系统的服务端的开发主要使用 Python 语言进行开发，为了加速机器学习的训练过程，在实验室台式机上安装了英伟达 GT1650 独立显卡并安装了 Ubuntu 操作系统及相关显卡驱动，在 Anaconda 创建虚拟环境并配置了 Django、PyTorch、Gunicorn 等开发环境，最终在 PyCharm 中完成软件的开发。服务端程序具体的开发环境配置如下所示。

操作系统：Ubuntu 20.04。

开发环境：Python 3.8、CUDA 11.2、PyTorch 1.7.0、Anaconda 2.0.3、Django 3.2.4、Gunicorn 20.0.4。

开发工具：PyCharm Professional 2019.2。

数据库：Sqlite 数据库、Navicat Premium 15.0.28。

除了上述整体环境，在服务器开发过程中还需要引入众多 Django 中间件和来支撑系统的开发，系统使用的 Django 中间件如表 5-8 所示。

表 5-8　水产养殖模型智能管理系统的中间件

序号	中间件	作用
1	CorsMiddleware	为 Django 提供跨域访问支持，解决跨域问题
2	SecurityMiddleware	为网络请求提供一些加强的安全控制选项
3	WhiteNoiseMiddleware	为 Django 提供静态文件服务支持
4	SessionMiddleware	自动生成 django_session 表提供 session 支持
5	CommonMiddleware	提供非标准 URL 的规范化重写等
6	CsrfViewMiddleware	为 POST 表单添加隐藏字段，增加跨站伪造请求保护
7	AuthenticationMiddleware	为每个 HttpRequest 对象添加 user 属性明确当前用户
8	XFrameOptionsMiddleware	用于应对跨 Frame 的点击劫持攻击

2. 数据集管理实现

系统支持对规范化处理后的数据集进行管理，数据集管理需要提供数据集的增加、删除、修改、查询操作，用户点击数据集菜单可以进入数据集管理界面，数据集管理界面可以显示当前用户自己的以及其他人公开的数据集，用户可以对自己的数据集进行编辑、删除等操作，也可以上传新的数据集，数据集管理的实现界面如图 5-13 所示。

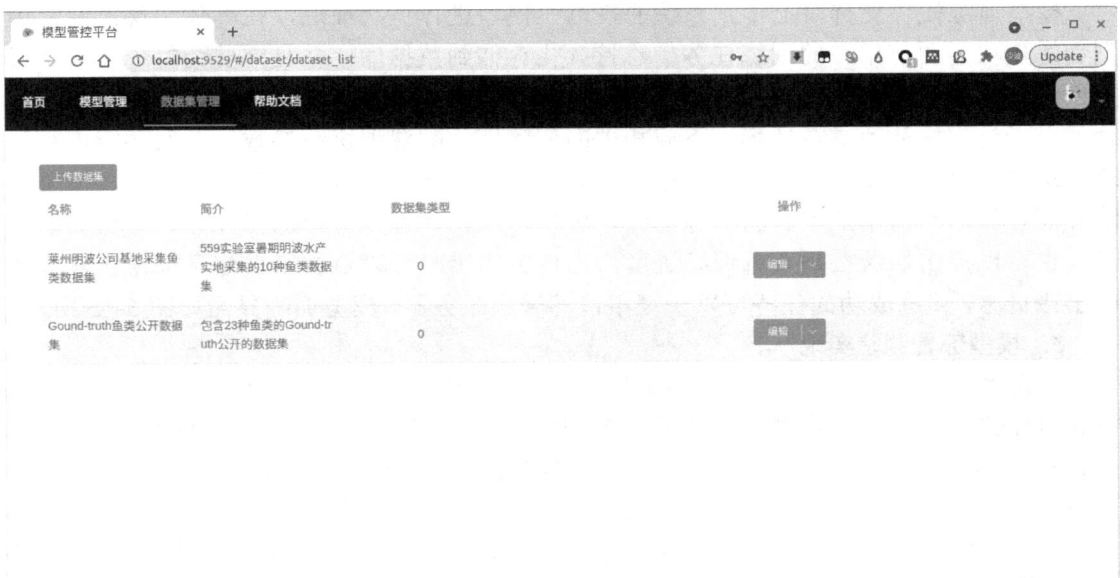

图 5-13　数据集管理界面

3．模型管理实现

系统支持对规范化处理后的模型进行管理，模型管理接口需要提供模型的增加、删除、修改、查询操作，用户点击模型菜单可以进入模型管理界面，模型管理界面可以显示当前用户自己的以及其他人公开的模型，用户可以对自己的模型进行编辑、删除等操作，也可以上传新的模型，模型管理界面如图 5-14 所示。

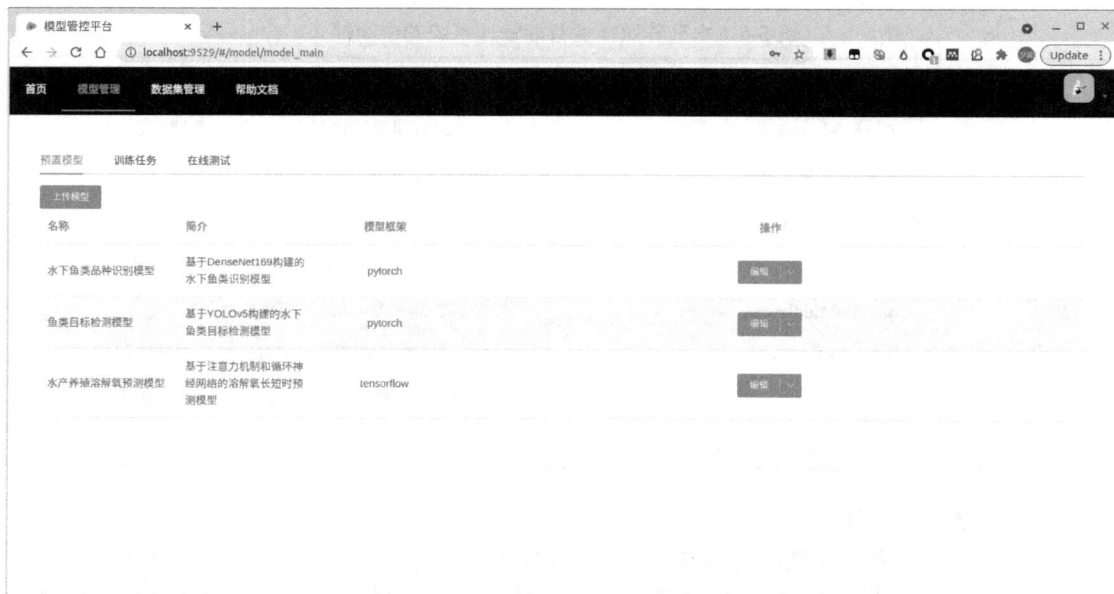

图 5-14　模型管理界面

4．模型训练实现

模型训练模块支持对上传到系统的规范化模型进行再次训练，在具体实现方面，模型训练模块需要将用户的训练任务信息持久化存储到数据库，并且需要为每一个训练任务创建独立的虚拟环境，因为训练模型属于长时间的耗时操作，在训练时需要创建子进程，在子进程中激活虚拟环境、下载相关的依赖库、配置训练超参数，然后才能进行训练。用户可以进入模型管理界面后选择"训练任务"选项卡进入模型训练界面，模型训练界面会显示当前用户所有的训练任务，用户可以在训练任务中选择开始、终止训练任务，也可以点击刷新按钮查看训练进度，当任务出错时可以点击错误信息按钮查看详细的出错日志，训练成功的任务可以一键申请部署到服务器，模型训练界面如图 5-15 所示。

5．模型部署测验实现

在模型训练成功后用户可以在训练任务选项卡中申请将模型部署到服务器，接着点击"在线测试"选项卡进入模型在线测试菜单，用户可以选择任意一个已部署的模型，选择模型后按照页面提示传递模型输入数据远程调用模型，页面右侧会实时显示识别结果信息，模型在线测试界面如图 5-16 所示。

除了在网页在线测试模型效果之外，还可以在任意可上网终端通过网络请求执行模型调用，系统根据模型的 xml 描述文档生成了模型的调用指南，模型的调用指南界面如图 5-17 所示。

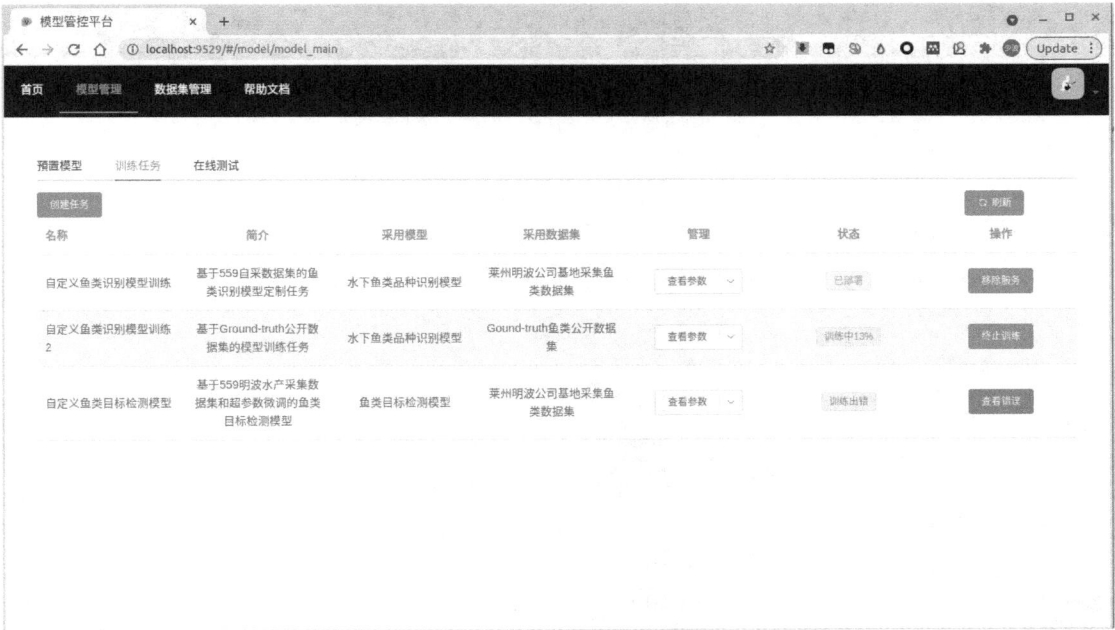

图 5-15　模型训练界面

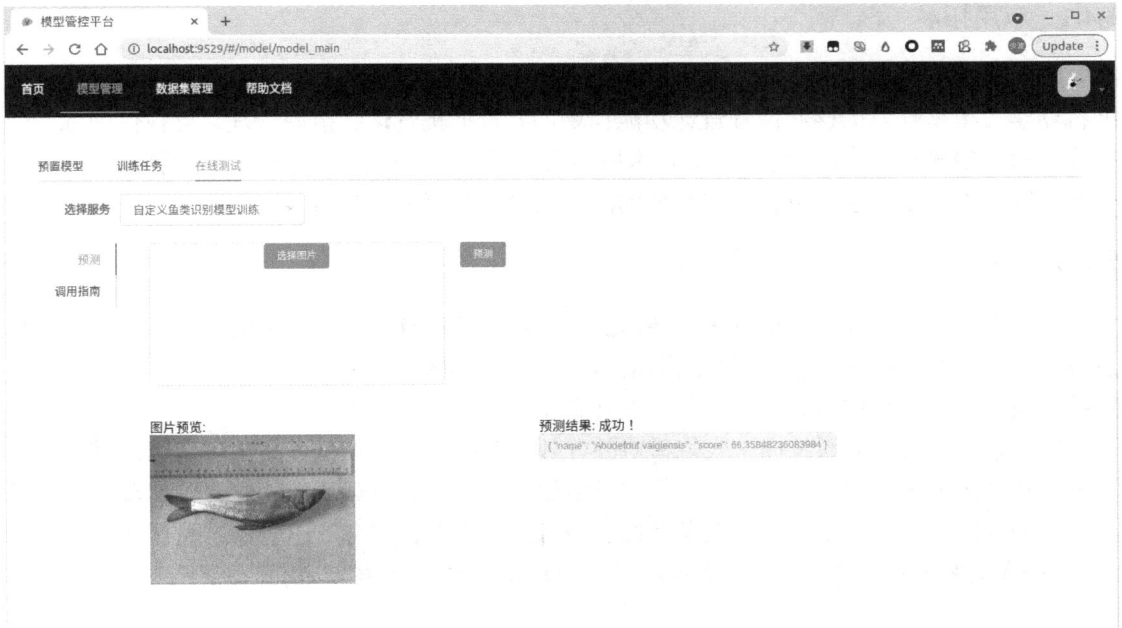

图 5-16　模型在线测试界面

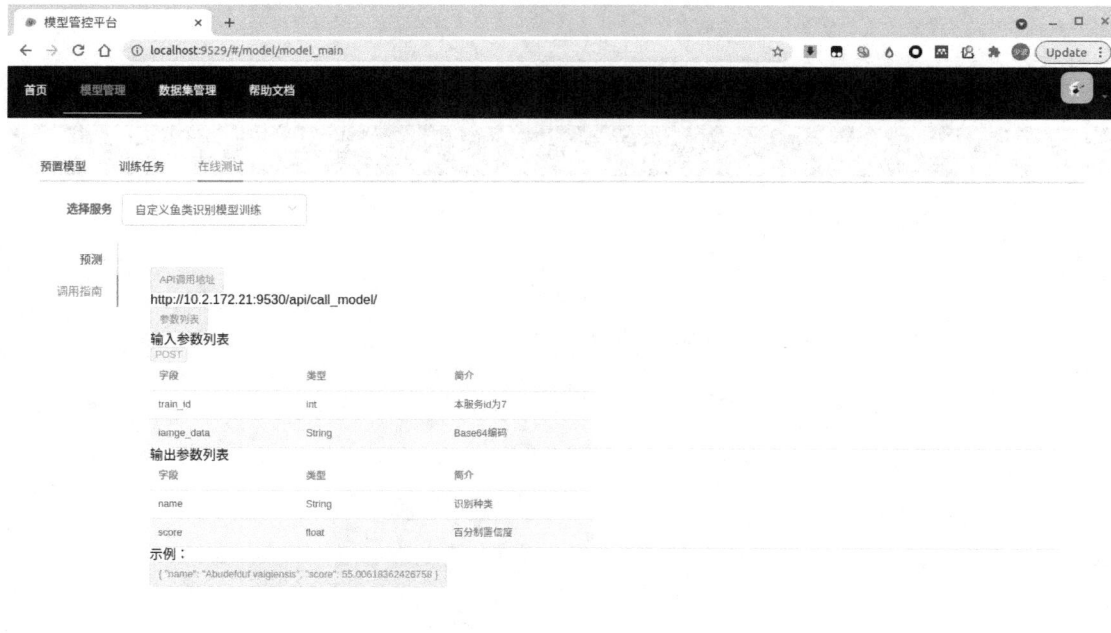

图 5-17 模型调用指南界面

视频

5.4 拓展与思考

5.4.1 应用拓展

本案例基于 Django 框架设计并实现了一套完整的水产养殖模型智能管理系统，系统依据机器学习模型开发的核心流程设计功能模块，即数据集管理、模型管理、可视化训练、模型部署和在线测验。案例中所使用的技术框架还可以拓展运用到检测鱼类的数量、繁殖情况、生病状况等方面上，也可以移植到其他的海洋生物，如鲨鱼、海豚等。

5.4.2 思考

（1）本案例的可视化训练系统是基本的超参数调优训练，支持训练轮数、损失函数等超参数的修改调整，系统无法对模型的网络结构本身进行修改微调，如何将模型结构本身的调整纳入系统，构建更完善、功能更强大的迁移学习训练平台呢？

（2）本案例研究的系统尚未大规模对外开放，系统当前是单机模式部署运行，系统处理海量用户请求能力有限，那么在实际的应用中如何做到考虑负载均衡、分布式部署等形式增加系统的并发性能呢？如果多台服务器联合对外提供服务的时候，还应该考虑什么问题呢？

（3）本案例提到的几种技术是否可以运用到其他生物上，如花、动物的类别检测？为什么？

参 考 文 献

李博，2017. 机器学习实践作用. 北京：人民邮电出版社.

周志华，2016. 机器学习. 北京：清华大学出版社.

Al-Saffar A A M, Tao H, Talab M A, 2017. Review of deep convolution neural network in image classification. In: 2017 International Conference on Radar, Antenna, Microwave, Electronics, and Telecommunications (ICRAMET), IEEE: 26-31.

Bhatia G S, Ahuja P, Chaudhari D, et al., 2019. FarmGuide-One-stop solution to farmers. Asian Journal for Convergence in Technology (AJCT), 5 (1): 1-5.

Deng W, Zheng Q, Wang Z, 2014. Cross-person activity recognition using reduced kernel extreme learning machine. Neural Networks, 53:1-7.

Ertosun M G, Rubin D L, 2015. Probabilistic visual search for masses within mammography images using deep learning. In: 2015 IEEE International Conference on Bioinformatics and Biomedicine (BIBM), IEEE: 1310-1315.

Hu H, Yang Y, 2017. A combined GLQP and DBN-DRF for face recognition in unconstrained environments. In: 2017 2nd International Conference on Control, Automation and Artificial Intelligence (CAAI 2017): 553-557.

Krizhevsky A, Sutskever I, Hinton G E, 2012. Imagenet classification with deep convolutional neural networks. Advances in Neural Information Processing Systems, 25: 1097-1105.

Li H, Shi Y, Liu Y, et al., 2012. Cross-domain video concept detection: A joint discriminative and generative active learning approach. Expert Systems with Applications, 39 (15): 12220-12228.

Lin C, Lin C, Wang S, et al., 2019. Multiple convolutional neural networks fusion using improved fuzzy integral for facial emotion recognition. Applied Sciences, 9 (13): 2593.

Long M, Cao Y, Wang J, et al., 2015. Learning transferable features with deep adaptation networks. In: International Conference on Machine Learning (PMLR): 97-105.

Mihalkova L, Huynh T, Mooney R J, 2007. Mapping and revising markov logic networks for transfer learning. AAAI, 7: 608-614.

Novaković J D, Veljović A, Ilić S S, et al., 2017. Evaluation of classification models in machine learning. Theory and Applications of Mathematics & Computer Science, 7 (1): 39-46.

Wei Y, Zhu Y, Leung C W K, et al., 2016. Instilling social to physical: Co-regularized heterogeneous transfer learning. In: Thirtieth AAAI Conference on Artificial Intelligence.

Zhao Z, Chen Y, Liu J, et al., 2011. Cross-people mobile-phone based activity recognition. In: Twenty-second International Joint Conference on Artificial Intelligence.

案例六 林区无人机航拍病虫害监测系统

6.1 案例简介

森林作为陆地生态系统的主体，是人类赖以生存及社会发展不可或缺的资源。而林业虫害对森林资源的危害非常严重，因此林业虫害防治形势十分严峻，科学有效地对林业虫害信息进行监测则是解决这一问题的重要前提。目前，常用的林业虫害监测方法主要为人工直接测量法、引诱剂诱集法、卫星遥感测量法，以及无线传感器网络监测法。然而，现有监测方法仍存在一定的缺陷，人工直接测量法监测效率低、实时性差且存在安全隐患；引诱剂的诱集效果会受诱捕器悬挂高度和生态环境类型的影响；卫星遥感测量法不能精确测量局部微观信息；无线传感器网络监测法只能进行地面监测，监测范围有限（赵铁良等，2003；新疆维吾尔自治区林业有害生物防治检疫局，2011）。为了避免上述问题，利用小型化无人机作为监测载体的方法逐渐取得了学者们的广泛关注。其中，多旋翼无人飞行器作为一种低空遥感平台，具有结构简单、制造维护成本低、便于携带和易于操作等特点，可以实时、高效地低空采集林区植被图像信息（袁菲等，2012）。如何从图像中有效地提取出健康林区与虫害区域则是研究的关键。

本案例的相关技术可用于森林病害的自动发现、检测、识别、诊断中，也可服务森林病害预警，辅助病害管理。

6.2 基础知识

本案例包括一个无人机遥感平台，两个技术方法，主要分为无人机信息采集、信息智能处理、病虫害区域识别等 3 个方面，涉及的基础知识有飞行器硬件平台、全卷积神经网络、语义分割、迁移学习等。

6.2.1 飞行器平台

为在对林区病虫害进行检测时获取更佳的图像视角以及更为全面的图像参数，本案例自主设计了八旋翼飞行器用于执行林区虫害检测图像的采集与监测任务。

6.2.1.1 无人机系统硬件组成

本案例所采用的是八旋翼无人机飞行器，其本身的硬件构成由众多如加速度计陀螺仪、GPS 模块及电机云台等模块构成，从而辅助无人机完成低空飞行并采集林区虫害图像的相关工作，本案例设计并采用的无人机如图 6-1 所示。

6.2.1.2　坐标系定义

采用大地平面假设，建立相对于地球静止的惯性坐标系（{E}）和相对于飞行器本体的机体坐标系（{B}），具体如图6-2所示。其中机体坐标系 X 轴为飞行器前进与后退方向，轴向与电机 M4 和 M8 所在轴重合；Y 与 Z 轴垂直；Z 轴为垂直机体本身方向。采用欧拉角（俯仰角、横滚角、偏航角）对飞行器姿态进行描述（韩欢庆，2018）。

图 6-1　八旋翼无人机实物图　　　　　　图 6-2　八旋翼飞行器机体坐标系

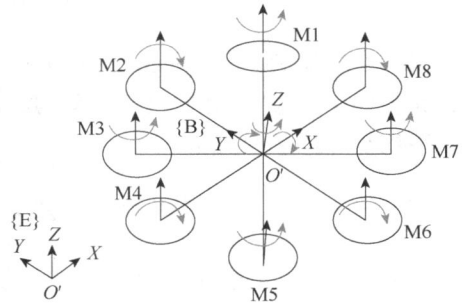

6.2.2　卷积神经网络

全卷积网络（fully convolutional network，FCN）是 Jonathan Long 等于 2015 年在"Fully Convolutional Networks for Semantic Segmentation"一文中提出的用于图像语义分割的一种框架，是深度学习用于语义分割领域的开山之作。FCN 将传统 CNN 后面的全连接层换成了卷积层，这样网络的输出将是热力图而非类别；同时，为解决卷积和池化导致图像尺寸的变小，使用上采样方式对图像尺寸进行恢复（Luck，2008）。

其核心思想为不含全连接层的全卷积网络，可适应任意尺寸输入；反卷积层增大图像尺寸，输出精细结果；结合不同深度层结果的跳级结构，确保鲁棒性和精确性。

6.2.3　迁移学习

迁移学习是运用已有的知识，对不同但是相关的领域求解的方法。迁移学习针对不同的数据量有不同的训练方式，针对小数据量，一般去掉原始 softmax 层，定义新的 softmax 层，并开放全连接层，冻结所有卷积层的参数，用新的样本训练全连接层网络参数；针对中等数据量的样本，一般需要逐步开放全连接层之前的卷积层，数据量越多，开放的层数越多；数据量较大时，可以将原始的网络参数作为初始参数进行训练，使模型更快收敛。

6.2.4　识别精度评价指标

为了合理评估虫害区域识别精度，本方法采用像素准确率、平均准确率、平均交并比、频率加权平均交并比 4 个指标对模型性能进行评价，4 个指标数值越大说明识别效果越好。像素准确率 R_{PA}（pixel accuracy，PA）是最简单的评价指标，代表正确分类的像素数量占总像素的比例，假设有 $k+1$ 个类别，具体公式为

$$R_{PA} = \frac{\sum_{i=0}^{k} p_{ii}}{\sum_{i=0}^{k} \sum_{j=0}^{k} p_{ij}} \times 100\% \qquad (6-1)$$

式中，p_{ij} 为类别 i 的像素预测为类别 j 的数量；p_{ii} 为预测正确像素数量。

平均准确率 R_{MPA}（mean pixel accuracy，MPA）对像素准确率做了简单提升，首先计算每个类别被正确预测的像素数比例，然后对所有类别取平均值，具体公式为

$$R_{MPA} = \frac{1}{k+1} \sum_{i=0}^{k} \frac{p_{ii}}{\sum_{j=0}^{k} p_{ij}} \times 100\% \qquad (6-2)$$

平均交并比 R_{MIoU}（mean intersection over union，MIoU）能够反映虫害区域识别的准确性和完整性，是最常用的评价指标，其计算两个集合的交集和并集之比，并求所有类别平均值。平均交并比的公式为

$$R_{MIoU} = \frac{1}{k+1} \sum_{i=0}^{k} \frac{p_{ii}}{\sum_{j=0}^{k} p_{ij} + \sum_{j=0}^{k} p_{ji} - p_{ii}} \times 100\% \qquad (6-3)$$

式中，p_{ji} 为类别 j 的像素预测为类别 i 的数量。

频率加权交并比 R_{FWIoU}（frequency weighted intersection over union，FWIoU）根据每个类别出现的频率设置权值，其公式为

$$R_{FWIoU} = \frac{1}{\sum_{i=0}^{k} \sum_{j=0}^{k} p_{ij}} \sum_{i=0}^{k} \frac{\sum_{j=0}^{k} p_{ij} p_{ii}}{\sum_{j=0}^{k} p_{ij} + \sum_{j=0}^{k} p_{ji} - p_{ii}} \times 100\% \qquad (6-4)$$

6.3　实施过程及其结果

6.3.1　林区虫害检测飞行器平台搭建

为在对林区病虫害进行检测时获取更佳的图像视角以及更为全面的图像参数，本案例自主设计了八旋翼飞行器用于执行林区虫害检测图像的采集与监测任务。其中八旋翼飞行器采用 8 个独立电机驱动，相邻电机旋转方向相反，相对电机旋转方向相同。由于电机旋转导致的扭矩相互抵消，保证了飞行器扭矩平衡不会产生自旋。飞行器通过控制 8 个旋翼的转速变化实现对飞行器 6 个自由度的控制（Gooshbor et al.，2016）。

6.3.1.1　机载航电系统

本案例设计的八旋翼飞行器机载航电系统包括 6 个：飞行控制器、惯性导航系统、数据传输系统、无刷电机调速器、供电系统和信息采集系统，结构框图如图 6-3 所示。其中飞控计算机微处理器采用 STM32F103RCT6 芯片，具有精度高、速度快、硬件性能强及接口资源丰富等优点。惯性导航系统采用 9 轴数字运动处理器（digital motion processor，DMP），相较于多组件方案，DMP 免除了组合陀螺仪和加速器时轴间差的问题。光学图像采集设备使用松下 GH3 单反相机，其搭载在八旋翼飞行器的三轴云台上，可以采集高清、稳定的林区低空航拍图像。

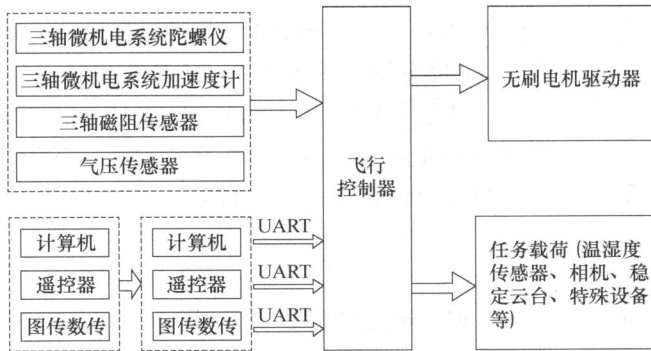

图 6-3 机载航电系统结构框图

UART：通用异步收发传输器

6.3.1.2 姿态控制系统设计

飞行器采用串级比例积分微分（proportion integration differentiation，PID）控制算法设计飞行器控制系统，实现姿态跟踪控制。控制器外环为角度环，内环为角速度环。外环输入量为飞行器欧拉角，给定角度由遥控器或串口控制终端设定，通过 PID 控制器得到输出量角速度，作为指令输入到内环。内环根据输入，利用 PID 控制器输出电机控制信号，通过脉冲宽度调制（PWM）信号发生器控制桨叶电机转速，进而控制飞行器飞行姿态。系统控制结构如图 6-4 所示。

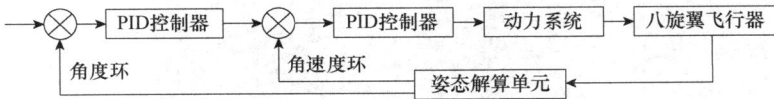

图 6-4 旋翼飞行器系统控制结构图

6.3.2 监测图像采集与标记

6.3.2.1 图像采集

本案例利用八旋翼飞行器针对试验林区进行实地图像采集，该试验林区主要受到松毛虫等物种的侵蚀。侵蚀后树木表现为枯死现象，采集图像及受灾现象如图 6-5 所示，通过对采

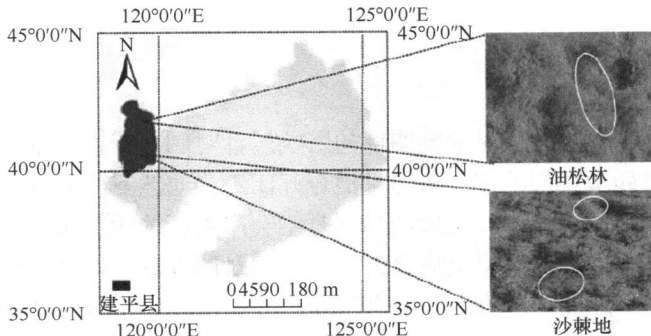

图 6-5 试验林区检测图像效果图

彩图

集图像质量的综合考虑，选取阴天多云天气采集图像。飞行器在监测区域中心起飞，垂直上升过程中飞行器每隔 5m 悬停 5s 采集图像。图像依靠机载单反相机（分辨率为 4608×2592 像素）以正摄图像采集方式得到，共采集高度 30～100m 图像 451 张（其中油松林 167 张、沙棘地 148 张、红松 72 张、白桦 64 张），数据存储大小为 2.58G。综合考虑图像分割对采集图像的像素要求，选取拍摄高度约为 50m 的 8 张监测图像。

6.3.2.2　样本标记

在对图像校正完毕后，还需依据各类地物实地调查得到的先验知识完成对图像样本的标记，为后续特征向量提取和识别分类奠定基础，本案例分别对 512 幅多光谱图像进行了标记。同时，本案例随机选出 400 幅多光谱图像样本作为训练集，并对训练集图像中的每类地物分别选取一定范围作为训练样本，其余 112 幅作为测试集。多光谱图像中主要包括虫害木、健康林木、灌木丛和裸地道路等 4 类地物样本，如图 6-6 所示。4 类地物样本在每一幅样本图像中都有体现，但由于森林的特殊性，不同标准地中的地物样本都是不尽相同的，同一标准地中取得的样本也会存在拍摄角度的差别。不过每一类地物的影像特征是具有共性的，健康林木树冠形状规则，为单簇或多簇的健康针叶，颜色较亮，纹理较为均匀；虫害木树冠形状不规则，无完整的簇状针叶结构或全为枝干，为黄色或灰色，纹理不均匀；灌木丛形状规则，冠部叶片纹理均匀，颜色最亮；裸地道路形状不规则，多为褐色和红褐色（张军国等，2017）。

彩图

图 6-6　四类地物类型

6.3.2.3　图像预处理

为了有效降低噪声与暗纹理对分割图像的影响，针对图像噪声，本案例采用形态学混合开闭重构滤波对图像样本进行处理。形态学混合开闭重构滤波在降低噪声干扰的同时还可以保持图像中剩余连续区域的边缘，在后续分割时不会产生新的轮廓边缘（王艳，2012）。

针对图像暗纹理，本案例采用全局直方图均衡化对图像进行增强处理。具体处理过程如下：假设将图像 $g_{zh}(x,y)$ 的灰度级 r 归一化到区间 $[0,1]$，$r=0$ 时为黑色，$r=1$ 时为白色。

$g_{zh}(x, y)$ 灰度级范围 $[0, L-1]$，像素的总数为 n。则有灰度级为 r_k 的像素个数为 n_k。其全局直方图均衡化对应的变换如式（6-5）所示。

$$S_k = T(r_k) = \sum_{j=0}^{k} p_{(r_j)} = \sum_{j=0}^{k} \frac{n_j}{n} \quad k = 0, 1, 2, \cdots, L-1 \tag{6-5}$$

式中，$T(\cdot)$ 表示变换函数。

对经过图像增强的彩色图像进一步进行灰度变换得到灰度图像，并对其开运算的结果进行闭运算 [图 6-7（a）灰度图像为参考图像，结构元素选为正方形，尺寸为 3×3 像素]，即利用开闭重构得出滤波后的图像。输入图像的灰度图像、开操作图像、闭操作图像分别如图 6-7（a）、图 6-7（b）、图 6-7（c）所示。

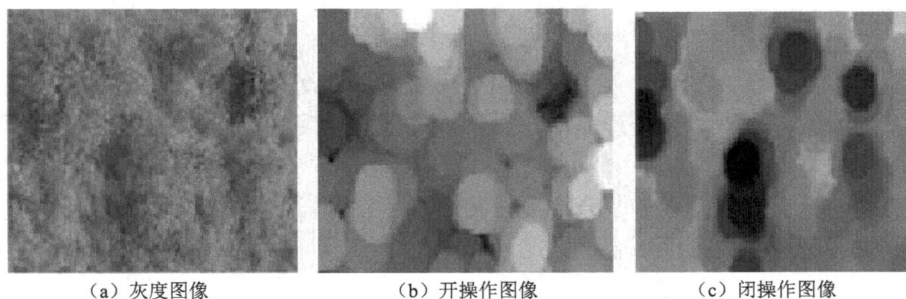

（a）灰度图像　　　　　　　（b）开操作图像　　　　　　　（c）闭操作图像

图 6-7　滤波过程效果图

6.3.2.4　J-M 距离优化的 BP 神经网络进行样本选取

本案例采集的图像样本存在部分重复的现象，并非完全相互独立，传统的 BP 神经网络分类算法容易产生过拟合现象，影响神经网络模型的精度和训练效率。因此，本案例将 J-M 距离引入神经网络训练过程中，建立样本的选取规则。算法关键步骤如下：①计算训练集内各样本图像的 J-M 距离，并据此优化训练集。②提取训练集内各样本图像的颜色及植被指数特征向量。③配置 BP 神经网络参数并训练模型。④得到分类模型后使用测试集对其进行验证。

为有效降低图像的重复现象对虫害区域识别的影响，提升 BP 神经网络分类模型的分类精度和训练效率，本案例首先计算每幅样本图像中各类地物样本之间的 J-M 距离，通过对建模自变量的优化选择来提升网络的训练效率，并降低网络的过拟合现象（Sankarasrinivasan et al.，2015）。J-M 距离能够衡量训练样本的可分离程度，进而确定各个类别之间的差异性，其取值范围为 0～2。J-M 距离 J 的计算公式为

$$J = 2(1 - e^{-B}) \tag{6-6}$$

其中，B 为巴氏距离，$B = \frac{1}{8}(m_1 - m_2)^2 \frac{2}{(\tau_1^2 + \tau_2^2)} + \frac{1}{2}\ln\frac{\tau_1^2 + \tau_2^2}{2\tau_1\tau_2}$。式中，$m_1$、$m_2$ 为类别的特征均值，τ_1、τ_2 为类别的特征标准差。

在对训练集内所有图像的 J-M 距离进行计算后，即可按照以下规则优化训练图像：当训练集图像中任意两类地物之间 J-M 距离均大于 1.8 时，说明样本之间可分离性较好，属于优质样本；当出现小于 1.8 并且大于 1 的情况时，说明该训练图像中对应地物样本之间的可分

离性一般，需要适当调整对应地物的样本区域；当小于 1 时，需要考虑提出该训练图像中对应地物的样本区域。

6.3.3　基于复合梯度分水岭算法的图像分割方法

传统的分水岭图像分割算法对噪声比较敏感，在图像受到复杂噪声干扰及暗纹理影响时，分割结果无法满足需求，甚至会产生严重的过分割现象。此外，虫害区域的分割图像中往往还存在大量的非相关区域，而传统分水岭算法对此缺乏处理能力（齐建东等，2010）。针对以上问题，本案例提出一种基于复合梯度的分水岭图像分割算法对虫害监测图像进行处理（张军国等，2018）。

6.3.3.1　算法步骤

算法关键步骤如下：①对输入图像采用全局直方图均衡化进行增强，并对其进行形态学混合开闭重构滤波；②计算预处理后的灰度图像的复合梯度，提取梯度图像；③利用分水岭变换对梯度图像进行分割，对非林区区域进行提取；④在原始图像的基础上去除非林区区域，进行灰度变换，计算灰度图像的复合梯度，提取梯度图像；⑤利用分水岭变换对梯度图像进行分割提取虫害区域并进行区域合并。

6.3.3.2　非相关区域提取

图像中非相关区域（道路及裸地）的分割结果会对虫害区域分割结果的提取产生干扰，使得分割结果不准确。为解决上述问题，本案例先提取出非相关区域，再对虫害区域进行分割处理。首先对预处理后的灰度图像进行复合梯度的求解。通过计算灰度图像各像素点的复合梯度得到梯度图像，其中单个像素点的复合梯度 C_g 的计算如式（6-7）所示（费运巧等，2017）。

$$C_g = \sqrt{H_g{}^2 + V_g{}^2} \qquad\qquad (6\text{-}7)$$

式中，H_g 和 V_g 分别表示水平复合梯度和垂直复合梯度，它们分别通过微分模板计算即可得到，如矩阵（6-8）所示。

$$
\begin{array}{ccc}
-1 & 0 & 1 \\
-1 & 0 & 1 \\
-1 & 0 & 1 \\
\end{array}
\qquad
\begin{array}{ccc}
-1 & -1 & -1 \\
0 & 0 & 0 \\
1 & 1 & 1 \\
\end{array}
\qquad (6\text{-}8)
$$

$$\text{（水平）}\qquad\qquad\text{（垂直）}$$

水平/垂直微分模板代表相对于像素点水平/垂直方向 0° 与 180°，45° 与 135°，−45° 与 −135° 的邻域像素点灰度值差值相加后取平均值。

统计各梯度层频率，根据当前像素点的梯度信息将其放入排序数组中的合适位置，梯度值越低的像素点存放的位置越靠前，相同梯度值的点为一个梯度层。然后寻找图像的极小区域（此区域通过阈值判定）并对其进行标记，区域的面积为区域中像素点的个数，本案例选取的阈值为整幅图像面积的 1%。若同一梯度层相邻像素点均已标记且标记相同，将 2 个区域合并。去除所有小于特定像素数 H（此处 H 设为 20）的斑点污渍。最后进行分水岭变换，提取出非相关区域图像。

6.3.3.3　虫害区域分割提取以及区域合并

由于非相关区域对虫害区域提取的影响，本案例采用在输入图像的基础上去除非相关区域，所拍摄的图像作为虫害区域分割提取的输入图像。通过对三原色 RGB（red green blue）、色彩模型 Lab（L 代表亮度；通道 a 正值为红色，负值为绿色；通道 b 正值为黄色，负值为蓝色）、颜色模型 HSL（hue saturation lightness）和灰度图像颜色空间效果的比较，采用更能直接反映图像特征的 L 变量（亮度信息），也就是灰度图像作为颜色转换空间。通过计算灰度图像的各像素点的复合梯度，进而提取梯度图像。采用分水岭变换对梯度图像进行分割，实现虫害区域的分割提取。基于复合梯度的分水岭变换所得的虫害提取图像可能仍存在过分割现象，本案例采用对分割后的图像进行区域合并。

首先定义区域 C_i 和 C_j 的综合距离度量 D_{ij} 如公式（6-9）所示。

$$D_{ij} = |u_i - u_j| + (E_{ij} - E) \times |\theta_i + \theta_j| \qquad (6-9)$$

式中，u_i 为区域 C_i 的颜色均值向量；u_j 为区域 C_j 的颜色均值向量；θ_i 为区域 C_i 内 3 个通道颜色均方差的均值；θ_j 为区域 C_j 内 3 个通道颜色均方差的均值；E_{ij} 为区域 C_i 和 C_j 公共边缘归一化均值；E 为所有边缘归一化均值。其中若 C_i 和 C_j 存在邻接关系，且 C_i 和 C_j 的综合距离度量 D_{ij} 小于阈值参数 T，则合并 C_i 和 C_j；若所有存在邻接关系的区域综合距离度量均大于 T，则合并结束。

6.3.4　基于全卷积神经网络的林区航拍图像虫害区域识别方法

6.3.4.1　全卷积神经网络模型构建

以 VGG16 为基础网络构建全卷积神经网络，将 VGG16 模型全连接层替换为卷积层；采用迁移学习预训练网络参数，降低全卷积神经网络样本需求量，减少过拟合，提升收敛速度；通过跳跃结构融合不同层特征，提升虫害区域识别精度（图 6-8）。卷积化实现端到端学习，迁移学习提升模型收敛速度，跳跃结构优化识别精度，三者相辅相成。卷积神经网络对图像特征具有很强的提取能力，较浅的层具有比较小的感受野，能够获取局部的信息，而较深的层具有比较大的感受野，能够获取更多的信息。卷积神经网络是良好的特征提取器，但是卷积神经网络最后几层一般为全连接层，能够较好地得到图像类别，但是也因此丢失了图像的细节，最后很难得到每个像素对应的类别。

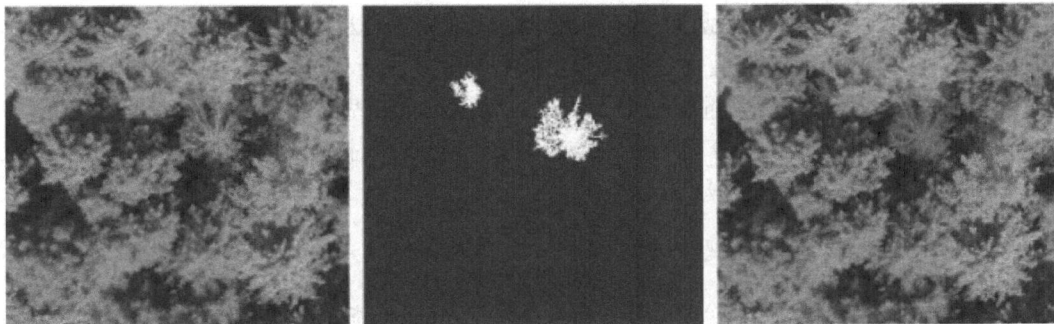

（a）原图　　　　　　（b）人工标注图　　　　　　（c）标注精度检验图

图 6-8　航拍原始图像及人工精确标注图像

彩图

　　传统的卷积神经网络是采用周围的像素块进行预测得到像素级的预测，但是这种方式存储开销大，计算效率非常低。将全连接层用卷积层进行替换，用上采样就可以恢复到原图的尺寸，然后用 softmax 分类器逐像素分类得到每个像素对应的类别，实现语义分割，得到虫害区域识别结果。如图 6-9 所示，将 VGG16 模型最后的全连接层用卷积层替换，并上采样得到最终识别结果，图中 H 为图像高度，W 为图像宽度（Sankarasrinivasan et al.，2015）。

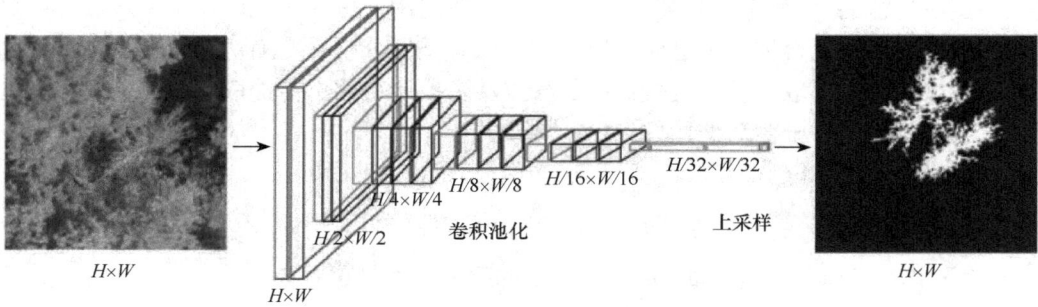

图 6-9　虫害区域识别实现过程

6.3.4.2　模型迁移

　　由于采集的虫害图像样本有限，精确标注的样本更为珍贵，本案例采用迁移学习降低样本需求，提升模型收敛性。本案例数据样本较少，用 ImageNet 数据集训练 VGG16 网络，训练完成后始终冻结卷积层参数，用 ADE20K 数据集预训练全卷积网络反卷积层参数，并将此网络参数作为虫害图像训练的初始值（刁智华等，2013）。

6.3.4.3　模型优化

　　卷积神经网络中浅层的卷积层能获得纹理等低级的语义信息，深层可以获得高级语义信息，通过融合不同的层可以获得多种特征信息，有效提升识别性能。虫害图像不规则，边界复杂，病害区域和健康区域交织在一起，多次池化使得特征图像分辨率降低，直接 32 倍上采样会使得虫害边缘区域的识别效果不理想，而不同卷积层可以获得不同层次的特征，通过融合高层和低层特征能够有效提升识别精度。针对林业虫害图像特点，为了能够获得更多的细节和纹理特征，得到较好的识别效果（刘文定等，2019），本案例采用跳跃结构，通过不同组合融合各层的特征可以形成 5 种全卷积网络，即 FCN-32s、FCN-16s、FCN-8s、FCN4s、FCN-2s。以 FCN-16s 为例，融合时需要保持特征图大小一致，首先将卷积层 8 输出的结果进行 2 倍上采样，和池化层 4 进行融合，经过 2 倍上采样以后，最终得到和原图尺寸大小相同的特征图，然后用 softmax 分类器，逐像素得到每个像素对应的类别。如图 6-10 所示为本案例的 5 种全卷积神经网络结构图。

6.3.4.4　虫害区域识别试验

　　如图 6-11 所示为虫害图像原图、人工标注图和 K-means、脉冲耦合神经网络（pulse coupled neural network，PCNN）、复合梯度分水岭算法（composite gradient watershed algorithm，CGWA）、FCN-32s、FCN16s、FCN-8s、FCN-4s、FCN-2s 等 8 种方法在不同虫害采集样地内

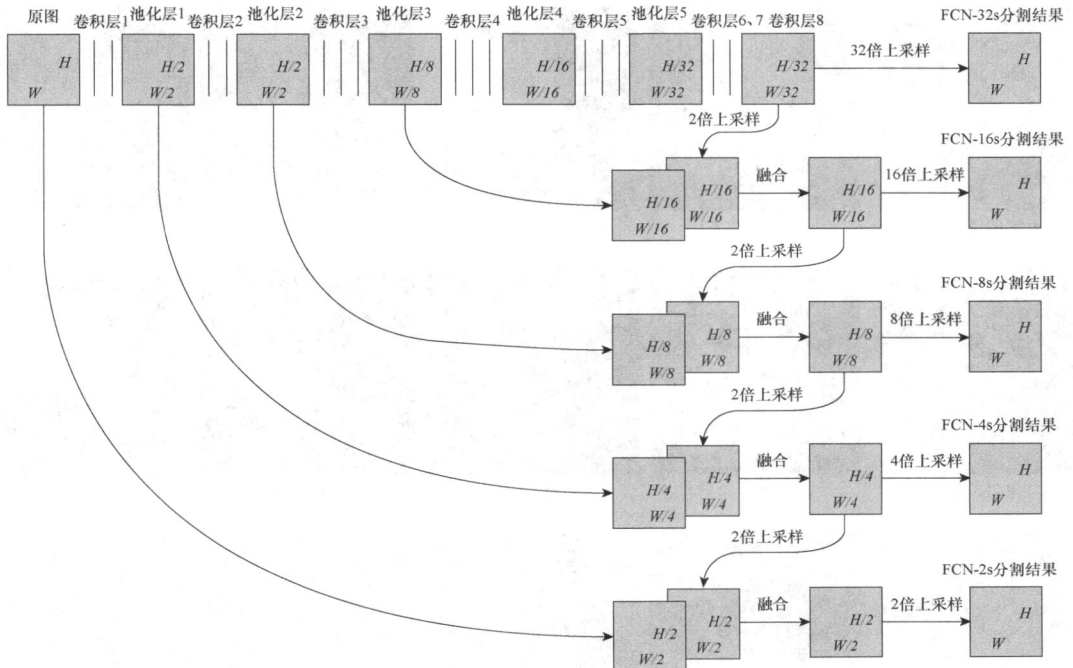

图 6-10　全卷积神经网络跳跃结构示意图

的虫害图像分割结果图。分割结果和人工标注越接近，说明虫害区域识别效果越好（田洪宝，2019）。

6.3.4.5　识别精度比较

选取 20 个试验样地各 5 幅图像作为测试样本，试验结果取 100 幅图像测试结果的平均值。表 6-1 为各算法识别精度对比结果，从表中可以看出，FCN 相比于复合梯度分水岭算法（CGWA）、脉冲耦合神经网络（PCNN）和 K-means 算法，识别精度提升较大，其中 FCN-2s 的像素准确率达到 97.86%，比 CGWA、PCNN、K-means 算法分别高出 6.04、20.73、44.93 个百分点，平均交并比达到 79.49%，比 CGWA、PCNN、K-means 算法分别高出 18.86%、35.67% 和 50.19%。分析 5 种 FCN 算法，可以看出融合的层数越多，得到的语义信息越丰富，识别结果的像素准确率越高。从平均交并比可以看出，FCN-2s 的识别精度在 5 种全卷积神经网络中最好，这是由于林业图像边界复杂，虫害区域不规则，需要融合低级语义特征提升识别精度。

6.3.4.6　识别速度

算法的运行速度也是算法的重要性能，本案例测试了 20 幅图像，所有图像的平均运行时间如表 6-2 所示。由表 6-2 可以看出，本案例算法的运行速度明显快于另外 3 种算法，本案例 5 种算法中 FCN-32s 的识别速度最快，随着融合的层数增多，计算量增大，计算速度逐渐降低，考虑本地端虫害区域识别对算法实时性没有很高要求，FCN-2s 识别速度已经能够满足需求，其运行时间为 4.31s，比 CGWA、PCNN、K-means 算法分别降低 11.39s、19.70s 和 47.54s。

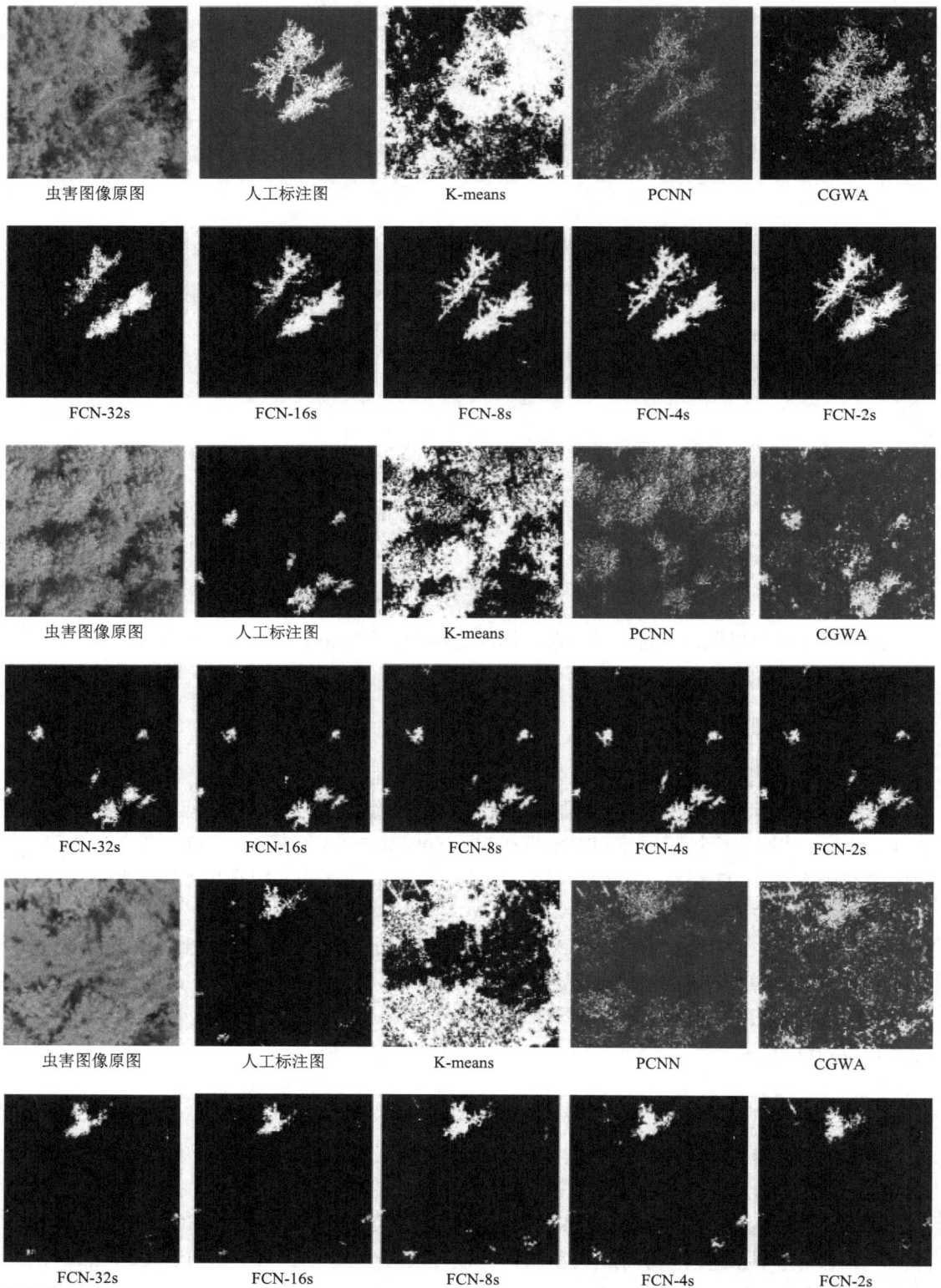

虫害图像原图	人工标注图	K-means	PCNN	CGWA
FCN-32s	FCN-16s	FCN-8s	FCN-4s	FCN-2s
虫害图像原图	人工标注图	K-means	PCNN	CGWA
FCN-32s	FCN-16s	FCN-8s	FCN-4s	FCN-2s
虫害图像原图	人工标注图	K-means	PCNN	CGWA
FCN-32s	FCN-16s	FCN-8s	FCN-4s	FCN-2s

图 6-11　虫害区域识别结果对比

彩图

表 6-1　各算法识别精度比较

算法	像素准确率/%	平均准确率/%	平均交并比	频率加权交并比
K-means	52.93	59.07	29.30	49.21
PCNN	77.13	47.88	43.82	75.21
CGWA	91.82	84.38	60.63	88.71
FCN-32s	96.76	79.22	71.86	94.20
FCN-16s	97.24	79.88	74.11	94.96
FCN-8s	97.46	87.55	77.51	95.49
FCN-4s	97.52	87.85	78.12	95.58
FCN-2s	97.86	87.12	79.49	96.11

表 6-2　各算法单幅图像运行时间

算法	单幅图像运行时间/s
K-means	51.85
PCNN	24.01
CGWA	15.70
FCN-32s	1.31
FCN-16s	1.43
FCN-8s	1.92
FCN-4s	2.48
FCN-2s	4.31

6.3.5　虫害图像分割及其效果

　　以油松林为例，利用本方法对监测图像进行虫害区域分割提取的效果图如图 6-12 所示，其中对输入图像（a）进行图像预处理，得到增强图像（b）和滤波图像（c）；基于复合梯度实现非相关区域图像（d）的提取，如图中白色区域所示；在图像（a）的基础上去除非相关区域图像（d）并将其转化为灰度图像（e），初步显现出虫害区域范围；计算灰度图像（e）的复合梯度得到梯度图像（f），使得虫害区域更加明显；利用分水岭变换对图像（f）进行分割得到虫害区域，如图 6-12（g）所示；最后将非相关区域图像（d）与虫害区域提取图像（g）进行区域合并得到最终分割效果，如图 6-12（h）所示。

6.3.6　算法性能评价与分析

6.3.6.1　不同算法对虫害监测图像分割效果

　　本案例选取虫害侵蚀程度不同的监测图像作为测试样本，侵蚀程度如图 6-13 中不同树

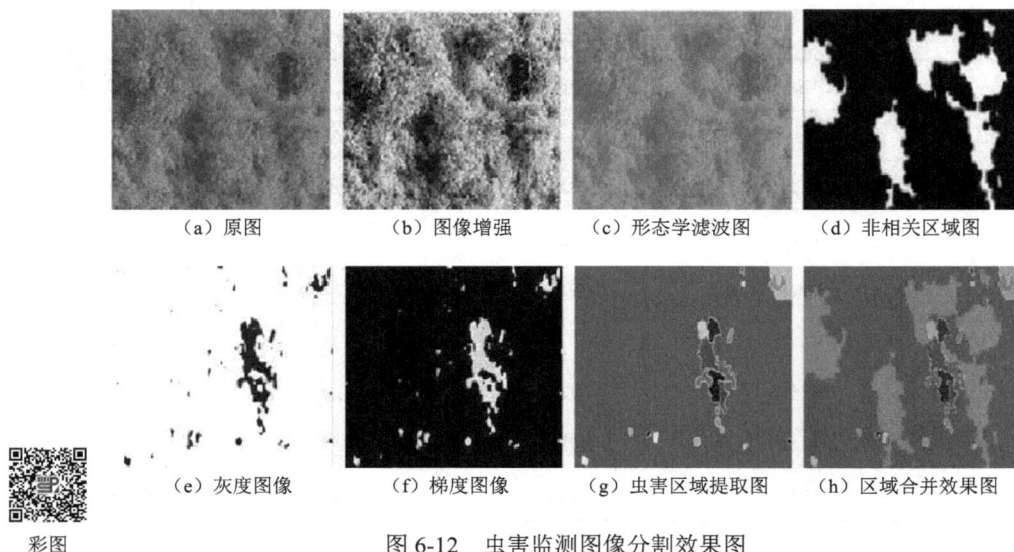

| （a）原图 | （b）图像增强 | （c）形态学滤波图 | （d）非相关区域图 |
| （e）灰度图像 | （f）梯度图像 | （g）虫害区域提取图 | （h）区域合并效果图 |

彩图

图 6-12　虫害监测图像分割效果图

木枯死面积所示。将本案例提出的复合梯度分水岭算法与传统分水岭算法、K-means 聚类分割算法的虫害区域分割的提取效果进行了比较，结果如图 6-13 所示。其中传统分水岭算法在分水岭变换的基础上采用形态学混合开闭重构滤波对分割图像进行去噪；聚类分割算法采用 K-means 聚类算法，参数 K 设定为 20。本案例借助图像拆分器通过手动操作方法标注出虫害位置，计算虫害区域比例作为参照真值。上述 8 组试验结果表明，传统分水岭算法得到的虫害区域明显大于真实情况，错误率较高，同时 K-means 聚类分割算法能够有效提取出虫害区域，但会掺杂非相关区域造成误报。而本案例算法得到的结果与人工筛选结果近似，能够有效地提取出虫害区域与非林区区域，从而计算出健康区域、虫害区域、非相关区域在整幅图像中的占比。

6.3.6.2　图像分割复合梯度分水岭算法性能评价与分析

为了验证本案例算法的有效性，采用相对误差率和相对极限测量精度等作为评价指标。相对误差率 ξ 用于描述分割目标和背景之间的误分辨率。

$$\xi = \sum_{i=0}^{c-1} \frac{\left|N_i - N_i^*\right|}{N} \times 100\% \tag{6-10}$$

式中，N_i 为分割处理后区域 i 的实际像素点数；N_i^* 为区域 i 实际目标像素点数；N 为一幅图像实际像素点数；c 为区域分割所得的总区域数。相对误差率的高低可以表征分割结果的好坏。

相对极限测量精度 σ 用于表示目标区域相对参照真值的偏离程度，表征图像分割性能。

$$\sigma = \frac{\left|w - w_m\right|}{w} \times 100\% \tag{6-11}$$

式中，w 为原图像中待分割区域实际像素点数，即为参照真值；w_m 为采用分割算法分割后所得目标区域像素点数。σ 的值越小，分割性能越好。

针对前面所述的 8 幅虫害监测图像样本，参照真值采用借助图像拆分器人工标注所计算出的虫害比例。本案例算法与传统分水岭算法、K-means 聚类算法对比结果如表 6-3 所示。

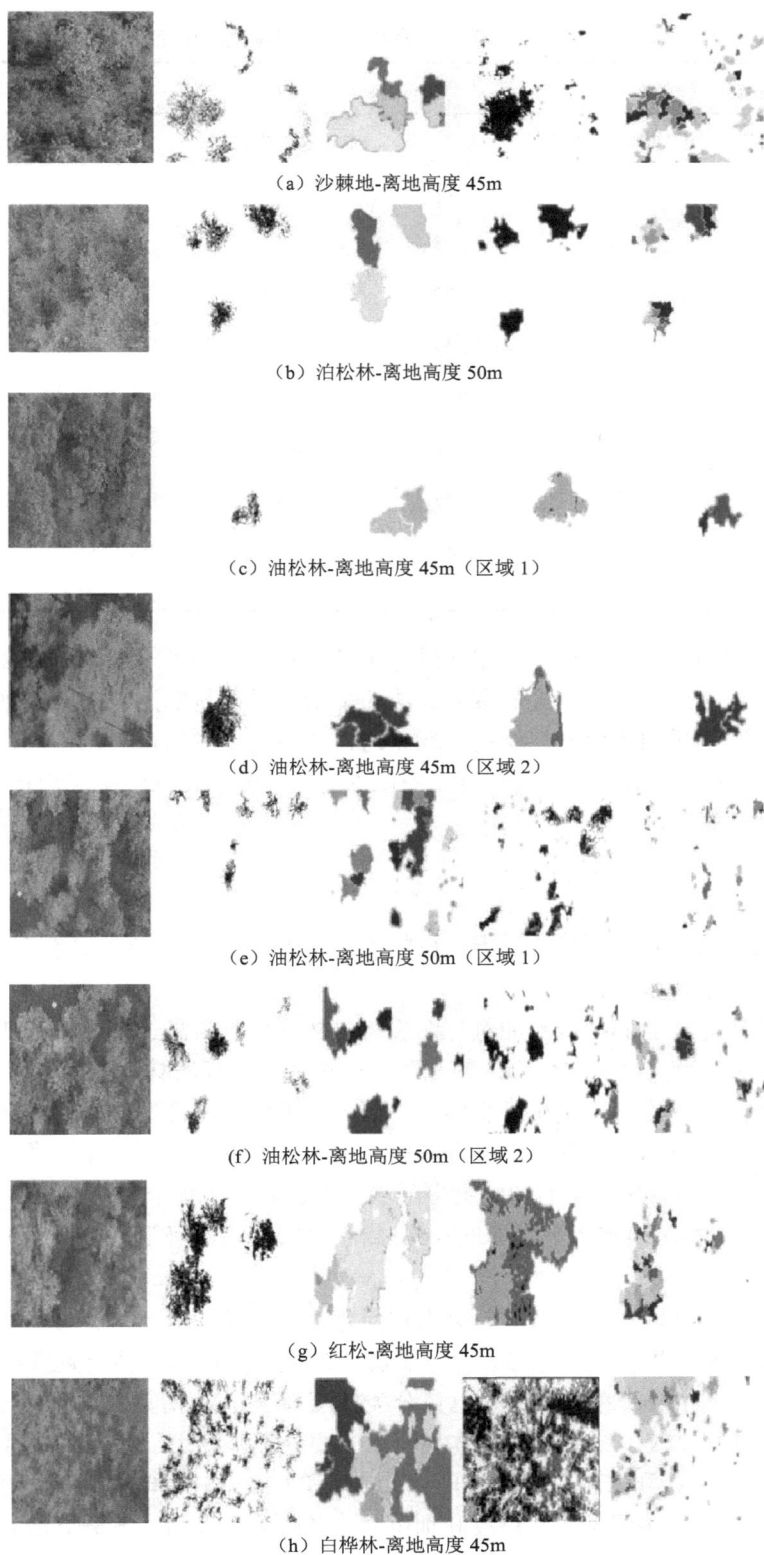

（a）沙棘地-离地高度45m

（b）泊松林-离地高度50m

（c）油松林-离地高度45m（区域1）

（d）油松林-离地高度45m（区域2）

（e）油松林-离地高度50m（区域1）

（f）油松林-离地高度50m（区域2）

（g）红松-离地高度45m

（h）白桦林-离地高度45m

图6-13　虫害监测图像分割效果对比图

彩图

表 6-3　相对误差率与相对极限测量精度测试结果

序号	传统分水岭算法/%		K-means 聚类算法/%		本案例算法/%	
	相对误差率	相对极限测量精度	相对误差率	相对极限测量精度	相对误差率	相对极限测量精度
1	8.43	7.32	3.61	3.71	1.49	1.12
2	7.62	9.14	5.28	4.74	1.55	0.92
3	9.12	8.92	4.32	4.21	1.91	0.87
4	7.38	9.11	3.57	3.27	1.62	1.62
5	8.18	7.48	5.67	3.42	1.63	1.68
6	7.38	8.93	5.83	4.30	1.54	1.10
7	8.12	7.45	4.23	2.82	1.37	1.47
8	9.32	9.64	5.87	3.25	1.94	1.72
均值	8.19	8.50	4.80	3.72	1.63	1.31

通过对以上试验数据的分析，采用传统分水岭算法的平均相对误差率为 8.19%，平均相对极限测量精度为 8.50%；K-means 聚类算法的平均相对误差率为 4.80%，平均相对极限测量精度为 3.72%。而采用本案例算法的平均相对误差率为 1.63%，平均相对极限测量精度为 1.31%。试验结果表明，本案例算法对监测图像虫害区域分割提取结果优于传统分水岭算法、K-means 聚类分割算法。

6.3.7　小结

本案例的工作都是基于在八旋翼无人机的硬件平台上进行开发的，将其运用在林业病虫害的监测方面取得了初步的效果。

（1）试验在针对林业航拍监测图像方面实现了林区虫害信息的实时、高效采集，在此基础上提出了一种基于复合梯度分水岭算法的多旋翼无人飞行器林业虫害监测图像的分割方法。利用本案例所提算法对试验林区实地采集到的虫害监测图像进行处理，并从分割效果、相对误差率及相对极限测量精度 3 个方面与传统分水岭算法、K-means 聚类算法进行比较。试验结果表明，本案例算法对监测图像虫害区域分割提取结果优于传统分水岭算法、K-means 聚类分割算法，其中相对误差率平均降低 6.56% 和 3.17%，相对极限测量精度平均改善 7.19% 和 2.41%。

（2）在针对试验林区虫害区域的分类识别问题上，试验在搭建八旋翼多光谱图像采集平台的基础上，采用无人机近地遥感技术，基于图像的颜色特征和植被指数提出了一种 J-M 距离优化的 BP 神经网络分类模型。并从总体分类精度和 Kappa 指数两方面与传统 BP 神经网络和 SVM 算法进行比较。结果表明，本案例算法的分类精度优于另外两种算法，对 4 类地物样本识别的平均 OAI 和 KIA 分别达到了 94.01% 和 0.92，建模时间相对于传统 BP 神经网络算法也缩短了 38%，实现了分类精度和训练效率的提升，表明本案例算法对于处理自然条件下的高冗余度图像分类具有显著优势。同时，经 3 种算法验证，图像特征和植被指数可以对林区多光谱图像虫害区域的分类识别起到促进作用。综上可得，利用成像技术和基于 J-M 距离的优化神经网络可以实现对试验林区虫害区域的高精度识别。

6.4　拓展与思考

6.4.1　应用拓展

（1）本案例针对试验林区的林业航拍监测图像方面采用的复合梯度分水岭算法，对林区虫害信息进行实时采集的图像进行分割并从相对误差率和极限测量精度这 3 个方面与传统分水岭算法、K-means 聚类算法进行比较，均取得了更优异的试验结果。在此基础上，由于试验中利用无人机所获取的图片大多为远景图片，在所获取的图像中有大量的无效信息，从而在后续图像处理以及模型训练方面的效率较低。后续可以在该算法的基础上添加相应的注意力机制从而提高处理图像的效率。

（2）针对试验林区虫害区域的分类识别，本案例在搭建八旋翼多光谱图像采集平台的基础上，基于图像的颜色特征和植被指数提出了一种 J-M 距离优化的 BP 神经网络分类模型，并从总体分类精度和 Kappa 指数两方面与传统 BP 神经网络和 SVM 算法进行比较。结果表明，本案例算法的分类精度优于另外两种算法，并且在算法运行的时间方面还有大幅缩短。该算法目前相对成熟，在某些领域内可以进行应用。

6.4.2　思考

（1）相比于其他图像检测实验，无人机遥感图像的病虫害检测仅能获取部分虫害的背面，但由于虫害数据量较少，没有充足的各类虫害的不同角度数据，故存在一定比例的漏检和误检。针对此类问题，可使用小样本方法进一步提高针对无人机遥感的林区病虫害图像的检测精度。

（2）针对不同拍摄高度带来的尺度问题，无人机遥感图像所包含信息有所差异，会影响最终模型训练的识别精度。针对以上问题，可以进一步使用多尺度特征融合网络提高针对无人机遥感的林区病虫害图像的检测精度。

参 考 文 献

刁智华，王欢，宋寅卯，等，2013. 复杂背景下棉花病叶害螨图像分割方法. 农业工程学报，29（5）：147-152.

费运巧，刘文萍，骆有庆，等，2017. 森林病虫害监测中的无人机图像分割算法比较. 计算机工程与应用，53（8）：216-223.

韩欢庆，2018. 基于无人机多光谱图像的森林虫害区域分割方法. 北京：北京林业大学硕士学位论文.

刘文定，田洪宝，谢将剑，等，2019. 基于全卷积神经网络的林区航拍图像虫害区域识别方法. 农业机械学报，50（3）：179-185.

齐建东，蒋禧，赵燕东，2010. 基于无线多媒体传感器网络的森林病虫害监测系统. 北京林业大学学报，32（4）：186-190.

田洪宝，2019. 基于深度卷积神经网络的林区航拍图像虫害区域分割. 北京：北京林业大学硕士学位论文.

王艳，2012. 基于物联网的森林病虫害防治智能传感系统研究. 南京：南京林业大学硕士学位论文.

新疆维吾尔自治区林业有害生物防治检疫局，2011. 林业有害生物防控. 北京：中国林业出版社.

袁菲，骆有庆，石娟，等，2012. 不同含量引诱剂对落叶松八齿小蠹及其天敌红胸郭公虫的引诱. 林业科学，48（6）：89-94.

张军国，冯文钊，胡春鹤，等，2017. 无人机航拍林业虫害图像分割复合梯度分水岭算法. 农业工程学报，33（14）：93-99.

张军国，韩欢庆，胡春鹤，等，2018. 基于无人机多光谱图像的云南松虫害区域识别方法. 农业机械学报，49（5）：249-255.

赵铁良，董振辉，于治军，等，2003. 中国森林病虫指数的研究. 林业科学，39（3）：172-176.

Gooshbor L, Bavaghar M P, Amanollahi J, et al., 2016. Monitoring infestations of oak forests by Tortrix viridana (Lepidoptera: Tortricidae) using remote sensing. Plant Protection Science, 52 (4): 270-276.

Luck B, 2008. Unmanned aerial vehicles (UAVs) in pest management: Progress in the development of a UAV-deployed mating disruption system for Wisconsin cranberries. Nucleosides Nucleotides & Nucleic Acids, 27 (5): 449-459.

Sankarasrinivasan S, Balasubramanian E, Karthik K, et al., 2015. Health monitoring of civil structures with integrated UAV and image processing system. Procedia Computer Science, 54: 508-515.

案例七 果园果树靶标信息感知与对靶排肥控制系统

7.1 案例简介

精准施肥是保证果园产量、质量及果园产区土壤健康的有效措施，而按需精准定点施肥是保障肥料高效利用，降低肥料对土壤、果品污染的关键（杨硕，2017）。连续式果园施肥技术存在施肥效率低、劳动强度大、施肥量控制精度低等问题，难以满足规模化果园智能管理与精准作业需求（翟长远等，2015）。

果树变量施肥技术根据果树个体差异施加精准的施肥量，将肥料施加在最佳位置。利用传感器探测和智能分析进行果树靶标探测，可准确获取果树靶标相对位置和果树冠层体积等信息（翟长远等，2012），指导施肥作业，提高肥料利用效率，是农机智能装备的研究热点。综合利用果树靶标探测技术、嵌入式技术、机电一体化技术和电路设计与系统开发等多种学科和技术，解决实际中的果树生长信息获取、果树靶标探测、靶标位置解析、精准变量施用等问题，研发果园对靶变量排肥系统，可应用于果园精准施肥作业，提高肥料的利用效率（翟长远，2012）。但由于果园施肥个体差异、变量施肥控制系统适应性窄及价格高等问题（翟长远等，2022），具有实用性的适应果园农艺要求的果园变量施肥控制系统在我国仍然很欠缺，在部分地区的推广应用困难。

7.2 基础知识

本案例包括 3 个技术环节，主要分为果树靶标探测、果树信息处理、控制系统开发 3 个方面。涉及的基础知识包括果树靶标探测技术、嵌入式技术、机电一体化技术和电路设计与系统开发等。

7.2.1 果树靶标探测技术

果树靶标探测技术主要有基于光学传感器靶标探测技术（Yang et al.，2018）、基于机器视觉靶标探测技术、基于激光雷达靶标探测技术（Cai et al.，2019）和基于超声传感靶标探测技术（Li et al.，2016）等。基于光学传感器靶标探测技术能实时探测出靶标有无，根据靶标存在与否进行对靶控制，可大大降低无靶标投入造成的浪费，但其受靶标枝叶间隙影响较大。基于机器视觉靶标探测技术能直观地探测出靶标的外形，通过对图像及逆行动态获取、分割和表达获得施药对象区块。单目视觉对背景的滤除较困难，稳定性较差；双目视觉数据处理量大、响应速度较慢。基于激光雷达靶标探测技术通过密集发射激光点云测量各个小点到传感器的距离以探测靶标冠层内部几何结构，进而获得靶标外形和枝叶稠密程度信息，能对靶标特征进行较详细描述，但对激光点云数据处理提出较高要求（窦汉杰等，2022）。基于超声传感靶标探测技术通过发射一定面积声波信号的方式快速测量传感器到障碍物的距离，在探测靶标外形轮廓上具有独特的优势。

7.2.2　果园精准施肥技术

果园精准施肥技术主要有两方面的要求：①根据果树个体差异施加精准的施肥量；②将肥料施加在最佳位置。针对我国果园施肥状况，将施肥量按指定量施加到果树最佳位置是最突出的问题。变量施肥主要有基于施肥处方图和基于传感器实时测量系统两种技术。基于施肥处方图的技术对施肥区域网格化划分的处理效果较佳，而由于果园施肥具有施肥靶标明显和施肥位置相对集中的特点，因此基于传感器实时探测系统的应用较多。

7.3　实施过程及其结果

7.3.1　对靶排肥控制系统需求

本案例针对青海省枸杞果园的施肥情况进行果园对靶排肥系统的设计。经实地调查，青海省枸杞果园施肥主要为有机颗粒肥，种植行距普遍大于 3m，株距大于 0.7m。全年主要两个施肥时期，分别为枸杞果树出芽时期（4 月～5 月中旬）和出青果时期（7 月初～7 月中旬），且两时期枸杞树形貌差异明显（图 7-1），春季出芽时期果树树枝上分枝较少，叶子稀疏，少量细枝下垂，果树树干清晰可见；而秋季出青果时期，果树树枝上枝叶繁茂，细枝下垂将树干遮蔽。枸杞果树单株施肥量根据土壤养分、枸杞树龄和品种等因素的影响，排肥量在 0.25～1.0kg 之间变化，传统枸杞条开沟施肥机施肥深度在 15～20cm，作业速度在 0.3m/s 左右。

图 7-1　枸杞果树两个主要施肥时期实景图

针对以上问题和施肥现状，提出系统功能要求如下所示。

（1）设计一种车载自动控制系统，搭载传统的条开沟施肥机，采用条开沟对靶穴施肥的施肥方案，在条开沟的同时进行对靶穴施肥，并进行覆土，具备易于安装和操作简便的特点。

（2）能够实现枸杞果树不同时期的对靶施肥操作，落肥精度控制在穴排肥中心点与果树树冠中心偏距±20cm 的范围内，施肥长度控制在 40cm 左右。

（3）单株排肥量变化范围为 0～1.0kg/穴，通过控制器上的档位旋钮进行排肥量的选择，档位设置为 5 挡，间隔为 0.2kg/穴，肥量控制精准。

（4）对排肥故障进行监测，发生故障时进行报警。

（5）整套系统具有较低价格，较好的可靠性，易于推广。

7.3.2　实验室试验平台搭建

为了模拟果园对靶施肥情况，设计了试验平台（图 7-2）。试验小车由长、宽、高各为 1.3m、0.68m、0.88m 的铝型材框架和四个直径为 0.25m 的轮子组成，其中两个万向轮安装在后端，两个定向轮安装在前端。速度传感器安装在定向轮的前端，并且于轮子的安装螺丝所在圆周的位置，轮子带动安装螺丝旋转，速度传感器在安装螺丝靠近时会产生信号，从而通过计算获得试验平台前进速度。试验小车上层固定立方体形肥箱，长、宽、高分别为 40cm、40cm、30cm。肥箱下端固定排肥器，排肥口距地面距离为 80cm，导肥管横截面积为 66cm^2，长度为 72cm。下层用于承载控制器和蓄电池（直流 12V，8Ah）。红外光电传感器安装在试验小车的前端安装杆上，水平调节范围 1m，竖直方向 1.4m，传感器能够在水平和竖直方向内移动。试验靶标由木质三合板和 PVC 直管组成，分别用于模拟果树树冠和果树树干，标靶位置调节支架能够水平、竖直双向调整。试验时，控制器获得排肥量设置档位和树冠宽度设置档位信息，速度传感器获得速度信号，红外光电传感器获得靶标信号，控制器整合后控制排肥驱动电机进行排肥。

视频

图 7-2　试验平台实物图

7.3.3　排肥流速高速摄影试验

果园排肥时排肥长度要求在 40cm 的范围以内，施肥机行进速度最大不超过 2km/h，则 1kg 颗粒肥的排肥时间最少为 0.72s。排肥流速主要与排肥槽轮出肥口截面积有关，出肥口截面积越大，单位肥料下落时间越短，为了选择合适的排肥槽轮出肥口截面积，进行了高速摄影试验。使用易于剪裁的硬纸板制作了体积为 200cm^3 的 9 种不同截面积的长方体上下通孔出肥装置，垂直地面固定于墙壁上，高速摄像机镜头对准出肥装置正视投影面，设置其合适的记录时间范围。称取 200g 有机颗粒肥（容积密度 1.0g/cm³），由出肥装置上口进入，下口用光滑遮挡板挡住。试验时，高速摄像机的记录触发点为记录时间前后的中心点，故开始抽开遮挡板时触发，记录在不同出肥口截面积下肥料下落的时间，对于每个截面积出肥装置重复进行 3 次试验。用 I-SPEEDSuiteSetup 软件对记录结果进行处理，如图 7-3 所示。

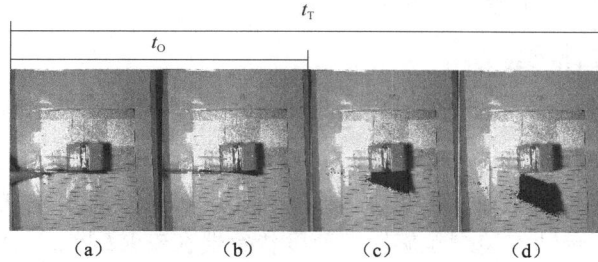

图 7-3　排肥流速高速摄影试验

（a）遮挡板末端进入出肥口；（b）遮挡板末端离开出肥口；（c）肥料下落中；（d）肥料刚好完全离开出肥装置
t_O 为遮挡板完全打开所用时间；t_T 为排肥过程所用总时间

记录在 9 种不同出肥口截面积下遮挡板完全打开所用时间和排肥过程所用总时间，结果如表 7-1 所示，数据处理时，打开遮挡板时间忽略。试验结果可知，在 200cm³ 的单位体积下，横截面积大于 28.6cm² 时，能够实现 0.72s 内的排肥量大于 1kg，满足穴施肥的要求。同时，考虑到截面积越大，导致排肥槽轮的扇叶越细长，实际使用过程中容易变形，最终选择 200cm³ 单位体积下，横截面积为 40cm²，高度为 5cm 的单位排肥槽轮容积。

表 7-1　排肥流速高速摄影试验结果

H/cm	S/cm²	t_O/s	t_T/s	v_S/（g/s）	Q/g
2	100	0.032 0	0.096 0	2 093	1 507
3	66.7	0.030 5	0.107 8	1 858	1 338
4	50	0.028 0	0.112 3	1 782	1 283
5	40	0.020 5	0.113 0	1 773	1 277
6	33.3	0.017 2	0.128 2	1 561	1 124
7	28.6	0.019 3	0.142 8	1 401	1 009
8	25	0.015 7	0.167 8	1 191	858
9	22.2	0.013 5	0.171 2	1 169	842
10	20	0.013 0	0.185 0	1 082	779

表中，H 为出肥装置的高度；S 为 200cm³ 的体积除以 H 所得截面积；t_O 为遮挡板完全打开所用时间；t_T 为排肥过程所用总时间；v_S 为排肥流速，$v_S = \dfrac{200}{t_T}$；Q 为 0.72s 内的流量，$Q = 0.72Sv_S$。

7.3.4　排肥故障监测装置性能试验

为了对排肥故障监测装置性能进行研究，将排肥故障监测装置与直流 5V 电源、发光二极管（LED）通过导线串联形成回路。在排肥过程中，故障监测装置若监测到肥料下落会产生通断变化，使回路导通或断开，表现为 LED 闪烁，闪烁的状态表示感知到肥料下落，闪烁的次数表示每次排肥产生高低电平变化的次数。排肥器由控制器控制，从低排肥量档位到高排肥量档位依次进行穴排肥试验，各排肥档位重复进行 10 次试验，数据如表 7-2 所示。

表 7-2 排肥故障监测装置性能试验

肥量档位	平均闪烁次数	闪烁标准差	最小闪烁次数
1	4.2	1.4	2
2	5.8	0.6	5
3	8.2	1.0	7
4	10.0	0.0	10
5	14.7	2.8	11

试验结果表明故障监测装置在小排肥量穴排肥到大排肥量穴排肥时均能准确感知肥料下落，产生高低电平变化的次数最小为 2 次，排肥监测准确率为 100%。每个肥量档位监测的 LED 闪烁次数平均值依次为 4.2、5.8、8.2、10.0、14.7 次，闪烁次数标准差最大为 2.8 次，较好地说明了排肥故障监测装置运行稳定，工作可靠。

7.3.5 速度测量精度试验

为了对速度探测准确性进行试验，搭建液晶显示屏 LCD1602 显示电路，用于记录和显示 50m 内的各瞬时速度，用秒表记录试验小车行走时间。根据系统设计，要求施肥过程中速度不超过 2km/h。本试验记录了人推动试验小车在 1.08～3.21km/h 的速度，速度测量精度试验结果如表 7-3 所示。

表 7-3 速度测量精度试验

实际速度/（km/h）	系统计算速度/（km/h）	相对误差/%
1.08	1.10	1.85
1.73	1.71	1.16
2.50	2.46	1.60
3.21	3.22	0.31

其中，实际速度为 50m 内的平均速度，系统计算速度为每次试验过程中液晶显示屏显示各瞬时速度值所得平均值。由速度测量精度试验列表可得，速度测量的最小相对误差为 0.31%，最大相对误差为 1.85%，平均相对误差为 1.23%，速度测量的精度较高。

7.3.6 穴排肥精度试验

为了验证穴排肥器在 5 个排肥量档位设置下，排肥量的准确性。使用搭载的试验平台，以直径 40mm 的 PVC 管作为靶标，颗粒肥选用粒状过磷酸钙（容积密度为 $1.06g/cm^3$）进行试验，针对每个排肥量档位设置值，记录 10 次数据，利用称重仪称重，试验过程中，人为推动小车在 1km/h 左右的速度下运行，试验结果如表 7-4 所示。

表 7-4　穴排肥精度试验

肥量档位	理论排肥量/g	平均排肥量/g	排肥量标准差/g	排肥量变异系数/%
1	212	220	10.0	4.6
2	424	427	6.2	1.4
3	636	639	12.8	2.0
4	848	850	5.2	0.6
5	1060	1050	15.1	1.4

其中，排肥量变异系数为同一肥量档位，排肥量标准差与其平均排肥量的比值。由试验数据可知，穴排肥的平均排肥量与理论排肥量的最大误差为10g，排肥量标准差最大为15.1g，最小为 6.2g，不同排肥量档位下的平均排肥量变异系数最大为 4.6%，实现了按排肥量档位控制穴排肥量的目的。

7.3.7　树干探测模式实验室试验

树干探测模式中主要包括细枝排肥程序和对靶精度综合性能试验，树干对靶施肥时对下垂细枝的排除直接影响着后续的施肥操作，准确的细枝排除可以有效地提高对靶排肥精度。

7.3.7.1　细枝排除试验

利用实验平台对控制系统区分树干和下垂细枝的精度进行了试验。通过调研观察得出，枸杞果树树干直径普遍大于 25mm，而在出芽时期，下垂细枝的直径普遍小于 15mm。7 种不同直径的 PVC 管来模拟果树树干和下垂细枝的直径特征，直径范围在 5~40mm 的范围内变动，变动的间隔大小为 5mm。5 个相同直径的 PVC 管列成一条直线放在水平面上，相邻两个 PVC 管的间隔为 1.5m。试验平台在 0.5m/s 左右的速度下沿直线行进，红外光电传感器距离 PVC 管的距离为 1m。穴排肥器的响应情况如表 7-5 所示，试验结果表明，当试验靶标小于 16mm，则系统将判定该靶标为下垂细枝，并进行忽略；当靶标直径大于 25mm，系统将判定该靶标为果树树干；当靶标直径接近于 20mm 时，系统的判定介于下垂细枝和果树树干之间。结果表明，控制器能够可靠地排除下垂细枝的干扰。对于其他的枸杞果树树种，如果枸杞果树直径不同于该树种，则树干判断阈值可根据需要进行改变。

表 7-5　细枝排除试验结果

靶标直径/mm	速度/（m/s）	排肥响应次数	判断准确率/%
5	0.46	0	100
10	0.53	0	100
16	0.46	0	100
20	0.54	1	80
25	0.48	5	100
32	0.49	5	100
40	0.48	5	100

7.3.7.2　树干探测模式对靶精度试验

为了对果树树冠对靶精度进行试验，选取直径为 32mm 的 PVC 管作为靶标，间距 1.5m，试验靶标中心距红外光电探测传感器的探测距离为 1m 左右。5 个肥量档位依次试验，树冠宽度档位设置为 0 挡树干探测工作模式。试验时，试验小车的前进速度为 1km/h 左右，控制器通过红外光电传感器探测靶标并控制穴排肥器将一定量的颗粒肥施加到果树树干位置。将 5 个肥量档位取 10 个连续靶标的试验结果，记录排肥长度（L_1）和施肥偏移中心距离（L_2），如图 7-4 所示。

图 7-4　树干探测模式对靶精度试验

将每个排肥量档位值取平均值，试验结果如表 7-6 所示，试验小车在 0.81～1.17km/h 的范围内变化时，偏移中心距离绝对值最大为 5.5cm，最小为 0.6cm，偏移中心距离标准差平均值为 4.26cm，实现了在一定速度变化下的对靶精度控制，平均排肥长度基本上在 40cm 以内，不同排肥量档位下平均排肥长度标准差最大为 2.6cm，平均排肥长度变异系数最大为 8.9%，满足了果园穴排肥长度要求。

表 7-6　对靶排肥性能实验室试验

肥量档位	行进速度/（km/h）	平均偏移中心距离/cm	偏移中心距离标准差/cm	平均排肥长度/cm	平均排肥长度标准差/cm	平均排肥长度变异系数/%
1	1.15	−5.2	3.9	20.2	1.7	8.3
2	1.17	−4.3	3.9	29.5	2.6	8.9
3	1.04	−4	3.7	33.8	2.3	6.7
4	0.83	−5.5	3.6	39.1	1.1	2.8
5	0.81	−0.6	6.2	40.9	2.1	5.1

注：平均偏移中心距离的"＋"和"－"分别表示表示沿试验小车行进方向，排肥中心点超前或滞后于靶标中心点；平均排肥长度变异系数为同一肥量档位，平均排肥长度标准差与其平均排肥长度的比值。

7.3.7.3 树冠探测模式实验室试验

枸杞园秋季催果时期，树枝上叶子繁茂，细枝下垂遮挡树干，故采用探测树冠的方法进行探测。系统的树冠探测模式主要有区分树冠内部间隙和相邻果树之间间隙、树冠间断情况下的对靶施肥和树冠连续情况下的对靶施肥三个部分。

1. 间隙判别试验

树冠间隙判别试验中，试验靶标放置成行，靶标具有不同间距（L_3），用来模拟在树冠内部或者相邻果树之间的间隙（图7-5）。根据调查可知，枸杞果树内部间隙普遍小于18cm，而相邻树冠之间的间隙普遍大于24cm。模拟靶标的间距（L_3）设置成15～25cm，按照1～2cm增量变化，对每次间距值重复3～5次试验，试验小车的行进速度在1km/h左右，传感器距离靶标的垂直距离为1m。如果控制器识别该间隙为相邻树冠间的间隙，排肥器将在间隙附近进行排肥操作，否则，将不进行排肥。试验结果通过鉴别间隙附近有无进行排肥来实现。

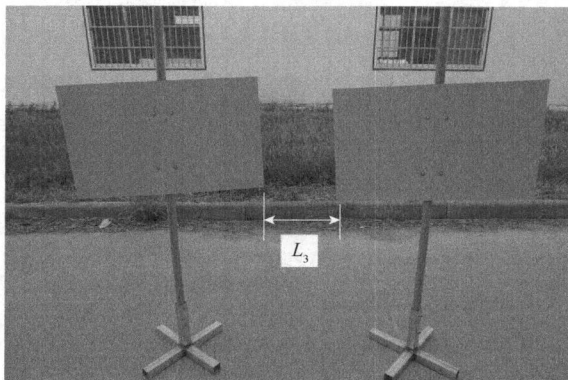

图7-5 树冠探测模式间隙判别试验

试验结果如表7-7所示，试验结果表明，系统能够准确判断小于21cm的间隙为树冠内部间隙，当间隙大于24cm则判断为相邻树冠之间的间隙。而当间隙宽度为22cm或23cm时，系统无法准确判断间隙为树冠内部间隙或相邻树冠间的间隙，导致对靶施肥出现失误。试验结果表明，系统具有一定的判断间隙的能力。

表7-7 树冠间隙判别试验结果

树冠间隙/cm	排肥次数	重复次数	间隙判别准确性/%
15	0	3	100
16	0	3	100
18	0	3	100
20	0	3	100
21	0	3	100
22	3	5	40
23	3	5	60
24	3	3	100
25	3	3	100

2. 间断树冠对靶性能试验

模拟间断树冠的对靶施肥情况，设计了间断树冠对靶性能试验。用不同宽度的木质三合板制成的不同宽度（L_4）的试验靶标。模拟靶标宽度值范围为 30～160cm，递增间隔为 10cm。试验时，对于每个树冠靶标宽度值，控制器的树冠宽度档位值设置成接近靶标真实宽度值，例如，当树冠宽度为 100cm 时，设置树冠宽度档位值为 0.9m。试验小车的行进速度为 1km/h

左右，红外光电传感器距离试验靶标的垂直距离为 1m（图 7-6）。记录穴施肥长度（L_1）和偏移中心距离（L_2），每个树冠宽度值重复 5 次试验，并取得平均值。

试验结果如图 7-7 所示，其中，柱形图表示数据平均值，上限、下限为数据标准差。图 7-7（a）为偏移中心距离（L_2）随靶标宽度值变化的试验结果，从图中可得，数据呈现出波浪式的趋势，而波谷出现在模拟靶标宽度值与控制器档位设置值相等的位置，这种趋势可以说明减小档位

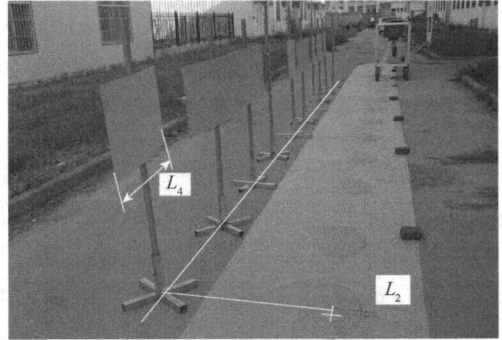

图 7-6 树冠探测模式间断树冠对靶性能试验

设置值变化的间隔可以提高对靶的准确性。试验结果显示出最大偏移中心距离为 21.3cm，所有试验的偏移中心距离平均值为 13.1cm，试验结果表明，系统能够满足枸杞果园间断树冠对靶施肥对对靶精度的要求。图 7-7（b）为相对偏移中心距离（相对值 L_2）随靶标宽度变化的试验结果，结果显示，当靶标宽度小于 50cm 时，相对偏移中心距离小于 33.3%；当靶标宽度大于 60cm 时，相对偏移中心距离小于 21%。图 7-7（c）为施肥长度（L_1）随靶标宽度变化的试验结果，结果表明，施肥长度小于 39.7cm，满足了对靶穴施肥关于施肥长度的要求。

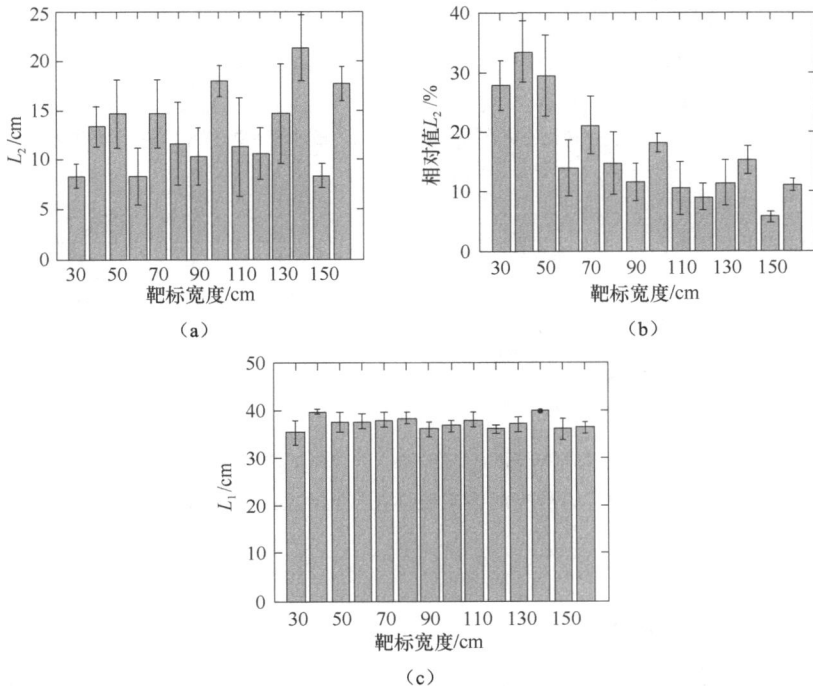

图 7-7 树冠探测模式间断树冠对靶性能试验结果

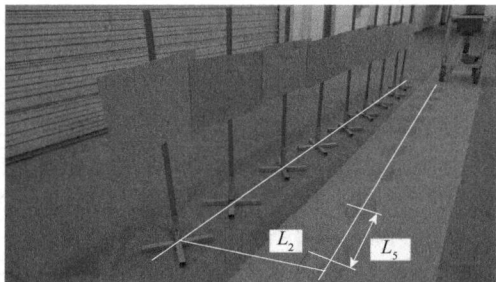

图 7-8　树冠探测模式连续树冠对靶性能试验

3. 连续树冠对靶性能试验

采取将模拟树冠靶标重叠连续放置的方法，进行连续树冠对靶性能试验（图 7-8）。树冠宽度档位分别设置为 30cm、60cm、90cm、120cm 和 150cm，同上试验条件，试验小车的行进速度为 1km/h 左右，红外探测传感器距靶标的垂直距离为 1m，对于每个档位值，重复进行 10 次试验。记录偏移中心距离（L_2）和相邻落肥点中心距离（L_5）数据。

树冠探测模式连续树冠对靶性能试验结果如图 7-9 所示，其中，柱形图表示数据平均值，上限、下限为数据标准差。由试验结果可知，平均偏移中心距离（L_2）小于 11.6cm，所有试验平均偏移中心距离为 9.1cm [图 7-9（a）]，平均相对偏移中心距离（相对值 L_2）小于 28.3% [图 7-9（b）]。当树冠宽度档位值设置为 60cm 时，偏移中心距离波动较大，原因为试验小车运行过程中速度相对波动较大，此时，偏移中心距离标准差为 7.15cm，最大值为 22cm。平均相邻落肥点中心距离（L_5）与树冠宽度档位设置值的关系如图 7-9（c）所示。在每个树冠宽度档位设置下，平均穴施肥长度小于 37.3cm [图 7-9（d）]。试验结果表明，控制系统能够准确地将单个树冠与连续树冠情况区分出来。

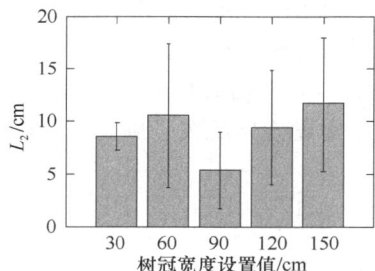

（a）偏移中心距离随靶标宽度变化的试验结果

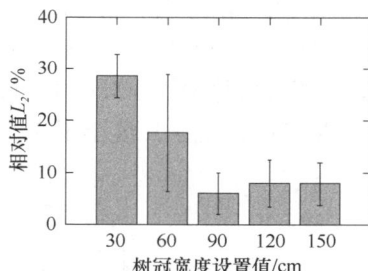

（b）相对偏移中心距离随靶标宽度变化的试验结果

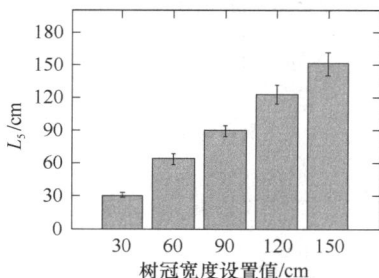

（c）平均相邻落肥点中心距离随靶标宽度变化的试验结果

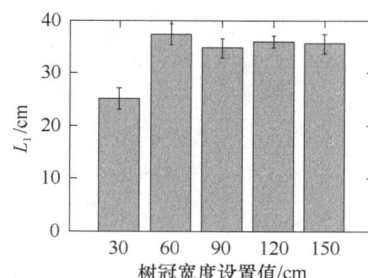

（d）施肥长度随靶标宽度变化的试验结果

图 7-9　树冠探测模式连续树冠探测性能试验结果

7.3.8　果园试验

7.3.8.1　树干探测模式果园试验

田间试验的主要目的是验证对靶排肥的准确性。在青海省海西州德令哈市高原红枸杞种植专业合作社进行枸杞催芽追肥试验，配套安装该支持故障报警的果园对靶排肥系统与普通条开沟施肥机（图 7-10）。

图 7-10　树干探测模式果园试验

视频

根据当地枸杞施肥要求，5 年枸杞果树的排肥量为 0.6～0.8kg/棵，将肥量档位设置为 0.6kg 档，记录连续工作 100 棵的对靶排肥情况。施肥机平均行进速度为 1.0km/h，连续工作的 100 棵枸杞树中，有 97 棵进行了准确排肥；由于部分树干生长畸形，低于靶标探测传感器的探测位置，3 棵未探测到而未排肥，对靶排肥准确率为 97%，满足了条开沟穴排肥的果园工作要求。

7.3.8.2　树冠探测模式果园试验

为了验证系统在树冠探测模式下的对靶排肥性能，在青海省枸杞果园进行了试验（图 7-11）。该果园处于青果时期，树冠枝叶繁茂，其中有些树冠重叠，有些树冠处于间断的情况。根据树冠宽度为 1.0m，行距 2.3m，株距 1.2m，设置树冠宽度档位和肥量档位分别为 0.9m 和 600cm³/穴，肥箱中置入 50kg 颗粒肥（磷酸二铵），其容积密度为 0.97g/cm³。机具行进速度约为 0.4m/s，通过计时和测量距离的方法计算出平均速度为 0.41m/s。试验结果表明，在连续施用 50kg 颗粒肥的过程中，对 92 棵果树施肥，施肥总次数为 95 次，根据肥量档位值设置 600cm³/穴和颗粒肥容积密度 0.97g/cm³ 得出，排肥量准确率为 90.3%。

图 7-11　树冠探测模式果园试验

视频

7.3.9　小结

本案例主要进行了系统的设计及实验研究，主要结论如下所示。

（1）利用高速摄影技术进行了不同排肥口截面积下的排肥流速试验，确定了穴排肥器的排肥口截面积大小，并以此为基础尺寸设计制作了穴排肥器，搭建了实验室试验台。

（2）对关键功能进行了性能试验，包括落肥监测性能试验，试验结果较好地说明了穴排肥控制系统故障监测装置具有较好的可靠性；速度测量精度试验，在 1.08～3.21km/h 的范围内，探测精度较高；穴排肥精度试验，五个排肥量档位下平均排肥量变异系数最大为 4.6%，排肥量控制具有较高的精度。

（3）对系统对靶精度在树干探测模式和树冠探测模式下进行了详细的试验。其中，树干探测模式包括细枝排除试验和树干探测模式对靶精度试验，试验结果表明对小于 16mm 的细枝能够进行排除，提高了系统的探测精度，对靶偏移中心距离标准差平均值为 4.26cm；树冠探测模式包括间隙判别试验、间断树冠对靶性能试验及连续树冠对靶性能试验，结果表明系统能够对小于 21cm 的树冠内部间隙进行判别，树冠间断情况下对靶偏移中心距离平均值为 13.1cm，树冠连续情况下对靶偏移中心距离平均值为 9.1cm。

（4）在春、秋两季，系统搭载至不同拖拉机机型，进行了果园性能试验。春季催芽时期，对靶排肥准确率为 97%；秋季催果时期，排肥量准确率为 90.3%，验证了系统能够满足果园环境工作的要求。通过后期观察，秋季催果时期，试验所用颗粒肥颗粒黏性较差，导致部分颗粒肥破碎成小粒状或粉末状，导致按照正常颗粒肥容积密度计算时，排肥量准确率较低。

7.4　拓展与思考

7.4.1　应用拓展

本案例完成了基于光电传感器的枸杞果园对靶排肥控制系统，能够满足枸杞园在整个生长时期的施肥要求。其相关技术可拓展应用于果园对靶变量施肥的果树靶标探测、果树生长信息获取、靶标位置解析、精准变量施用中，也可应用于果园精准施肥作业，提高肥料的利用效率。

7.4.2　思考

（1）本案例虽进行了详细的实验室试验，论证了系统各功能的性能，但为了满足产品化设计需求，在复杂果园环境下，应该如何进行规模化实验研究和系统优化呢？

（2）果园试验中发现，受到地表不平、开沟阻力等影响，开沟铲离果树根部的水平距离波动较大，影响施肥位置的精度，因此，怎么对果园施肥机开沟铲进行定位控制呢？

（3）本案例通过设置肥量档位旋钮人为预设置肥量，那怎样智能化进行施肥控制呢？

参 考 文 献

窦汉杰，翟长远，王秀，等，2022. 基于 LiDAR 的果园对靶变量喷药控制系统设计与试验. 农业工程学报，38（3）：11-21.

龚艳，丁素明，傅锡敏，2009. 我国施肥机械化发展现状及对策分析. 农业开发与装备，（9）：6-9.

王秀，赵春江，孟志军，等，2004. 精准变量施肥机的研制与试验. 农业工程学报，（5）：114-117.

杨硕，2017. 枸杞果园对靶排肥系统设计与试验. 杨凌：西北农林科技大学硕士学位论文.

翟长远，2012. 果园靶标在线探测方法及风送变量喷雾技术研究. 杨凌：西北农林科技大学博士学位论文.

翟长远，杨硕，王秀，等，2022. 农机装备智能测控技术研究现状与展望. 农业机械学报，53（4）：1-20.

翟长远，杨硕，张波，等，2015. 支持故障报警的果园对靶变量排肥系统. 农业机械学报，46（10）：16-23.

翟长远，赵春江，王秀，等，2012. 幼树靶标探测器设计与试验. 农业工程学报，28（2）：18-22.

Cai J C, Wang X, Gao Y Y, et al., 2019. Design and performance evaluation of a variable-rate orchard sprayer based on a laser-scanning sensor. Int J Agric & Biol Eng, 12 (6): 51-57.

Li H Z, Zhai C Y, Paul W, et al., 2016. A canopy density model for planar orchard target detection based on ultrasonic sensors. Sensors, 17 (1): 31.

Yang S, Zhai C Y, Long J, et al., 2018. Wolfberry tree dual-model detection method and orchard target-oriented fertilization system based on photoelectric sensors. Int J Agric & Biol Eng, 11 (4): 47-53.

案例八　高分一号卫星遥感数据定量诊断不同覆盖度下的土壤含盐量方法

8.1　案　例　简　介

　　土壤盐渍化是一个全球化的生态环境问题，不仅是引起土地退化的一个重要因素，而且在很大程度上影响干旱半干旱地区灌溉农业的可持续发展。传统土壤盐渍化监测手段多为野外实地采样，虽然监测精度较高，但采样耗时费力且只能针对单个点进行观测。卫星遥感具有监测范围大和获取方便快捷等特点，在土壤大范围动态监测中发挥着不可替代的作用，目前已得到广泛应用（Peng et al.，2019；解雪峰等，2016）。

　　植被覆盖度（fractional vegetation coverage，FVC）对光谱反演有着重要影响。在裸土情况下，光谱可直接反演土壤表层含盐量，在植被覆盖情况下，通过采集作物冠层光谱信息可间接反演土壤含盐量。现阶段卫星遥感技术尚未系统考虑植被覆盖度对诊断精度的影响，特别是针对大尺度碎片化种植模式的区域，现有诊断模型的精度较低，而且模型的适用性也较差（Scudiero et al.，2014）。本案例研究植被覆盖条件下土壤含盐量的定量诊断，以期对大尺度土壤盐渍化快速监测起到一定的实际应用价值，帮助农业生产期间的土壤盐渍化管理。

8.2　基　础　知　识

　　本案例包括 4 个技术环节，主要为植被覆盖度的划分、不同植被覆盖度光谱协变量分析与筛选、不同覆盖度下土壤含盐量的反演模型和基于划分植被覆盖度的土壤含盐量反演，涉及的基础知识包括卫星遥感数字图像处理（厉彦玲等，2017）、最佳光谱指数筛选（马国林等，2020）、机器学习与模型构建（张智韬等，2019）、精度评价等。

8.2.1　建模方法

8.2.1.1　偏最小二乘回归

　　偏最小二乘回归（partial least square regression，PLSR）是一种多元回归算法，其是在传统最小二乘回归分析的基础上引入主成分分析和方差分析而发展起来的。与传统的最小二乘回归方法相比，PLSR 在数据降维、信息合成和筛选方面具有优势。PLSR 用于提取正交或潜在的预测变量，并解释尽可能多的因变量的变化。在本案例中，PLSR 被用来获得土壤含盐量预测值（预测变量）和土壤含盐量实测值（因变量）之间的相关性。

8.2.1.2　多元混合线性回归

多元混合线性回归（Cubist）是一种空间数据挖掘算法，它使用一种划分-预测的方法递归地对预测变量进行划分。Cubist 模型通过分解预测数据来构建"树"，并生成一组"if-then"的规则。每一个规则都是基于一定的条件，使得不同的线性模型能够在预测变量空间中捕捉局部线性，因此可以提高预测精度，并且"树"可以更小。Cubist 中两个重要的参数 committees 和 neighbours 可通过交叉验证和网格搜索方法确定其数值大小。

8.2.1.3　极限学习机

极限学习机（extreme learning machine，ELM）是一种相对较新的计算（或数据智能）模型，旨在解决经典机器学习模型的不足。ELM 中的计算不像基于梯度的算法那样需要迭代。另外，ELM 的隐藏节点可以随机生成，输出权重可以用最小二乘法求解。ELM 具有方便、学习效率高、对一些非线性激活和核函数的适应性更强等优点。

8.2.2　精度评价公式

8.2.2.1　观测精度评价

本案例采用两个指标对模型的建模和验证精度进行评估：决定系数（coefficient of determination，R^2）以及均方根误差（RMSE）。其中，R^2 的取值范围为 0~1；且当 $0.66 \leqslant R^2 \leqslant 0.80$ 时，模型拟合效果较好，当 $0.81 \leqslant R^2 \leqslant 0.90$ 时，模型拟合效果很好，当 $R^2 \geqslant 0.90$ 时，模型拟合效果极好。而 RMSE 表征预测值与实测值的偏差度，其值越接近于 0，表明模型的预测精度越高，预测能力越强。R^2 与 RMSE 计算公式分别为

$$R^2 = \frac{\sum_{i=1}^{n}(\hat{y}_i - \overline{y})^2}{\sum_{i=1}^{n}(y_i - \overline{y})^2} \tag{8-1}$$

$$\text{RMSE} = \sqrt{\frac{\sum_{i=1}^{n}(\hat{y}_i - y_i)^2}{n}} \tag{8-2}$$

式中，y_i 为土壤含盐量预测值；$\hat{y}_i$ 为土壤含盐量实测值；$\overline{y}$ 为土壤含盐量平均值；n 为样本数。

8.2.2.2　模拟精度评价

本案例采用均方根误差（RMSE）、相对误差（relative error，RE）和平均绝对值误差（mean absolute error，MAE）对模型模拟过程中的误差进行评价。对于三种误差评价指标，在指示模拟精度时，均是秉承评价指标数值越小、模拟精度越高的原则，且当 MAE 等于 0 时，表明预测值与实际值相等。其中，RMSE 计算方法同上述公式（8-2）所示。RE 及 MAE 计算公式分别为式（8-3）及式（8-4）。

$$\text{RE} = \frac{1}{n}\sum_{i=1}^{n}\left|\frac{(y_i - \hat{y}_i)}{\hat{y}_i}\right| \tag{8-3}$$

$$MAE = \frac{\sum_{i=1}^{n}|y_i - \hat{y}_i|}{n} \tag{8-4}$$

式中，y_i 为土壤含盐量预测值；$\hat{y}_i$ 为土壤含盐量实测值；n 为样本数。

8.3　实施过程及其结果

8.3.1　遥感图像的获取与预处理

通过中国资源卫星应用中心网站（www.cresda.com）可以下载本案例所使用的高分一号卫星遥感影像。在选择遥感影像时，采用云层遮盖度低于 10% 的遥感影像作为数据源，且其采集时间（2019 年 4 月 27 日、6 月 15 日、7 月 27 日、8 月 8 日）保持与地面数据采集时间基本同步。本案例所使用的空间分辨率为 16m 的高分一号卫星遥感影像，包含波段 1（B）0.45～0.52μm，波段 2（G）0.52～0.5μm，波段 3（R）0.63～0.69μm 和波段 4（NIR）0.77～0.89μm 共 4 个波段。

遥感图像获取后尚不能直接进行反射率的提取，需要进行诸如几何校正、辐射定标和大气校正等预处理操作（Hu et al.，2019）。其中几何校正旨在消除由于地球曲率运动、传感器高度及空间方位角的变化带来的图像几何畸变；大气校正及辐射定标旨在消除由于大气的散射和吸收引起的辐射误差。该系列卫星影像预处理过程通过 ENVI 5.3.1 完成，经过预处理后的卫星图像质量将得到一定的提高。

8.3.2　光谱指数计算与筛选

对遥感影像进行获取及预处理之后，使用影像四个波段的光谱反射率计算土壤含盐量指数和植被指数，共得到本案例所用的 23 个光谱协变量（8 个植被光谱指数、4 个遥感数据及 11 个盐分光谱指数）如表 8-1 所示。

表 8-1　进行土壤含盐量预测所使用的光谱协变量

类别	地表参数	缩写	计算公式
植被光谱指数	Simple Ratio	SR	B4/B3
	Canopy Response Salinity Index	CRSI	$\{[(B4×B3)-(B2×B3)]/[(B4×B3)+(B3×B2)]\}^{0.5}$
	Normalized Difference Vegetation Index	NDVI	（B4−B3）/（B4+B3）
	Enhanced Vegetation Index	EVI	2.5×[（B4−B3）/（B4+6×B3−7.5×B1+1）]
	Difference Vegetation Index	DVI	B4−B3
	Modified Soil-Adjusted Vegetation Index	MSAVI	$\{2×B4−1−[(2×B4+1)2−8×(B4−B3)]^{0.5}\}/2$
	Atmospherically Resistant Vegetation Index	ARVI	［B4−（2×B3−B1）/（B4+2×B3−B1）]
	Normalized Difference Water Index	NDWI	（B2−B4）/（B2+B4）

续表

类别	地表参数	缩写	计算公式
遥感数据	Band 1	B1	$B(0.45 \sim 0.52 \mu m)$
	Band 2	B2	$G(0.52 \sim 0.59 \mu m)$
	Band 3	B3	$R(0.63 \sim 0.69 \mu m)$
	Band 4	B4	$NIR(0.77 \sim 0.89 \mu m)$
盐分光谱指数	Brightness Index	BI	$(B3^2 + B4^2)^{0.5}$
	Salinity Index	SI-T	$(B3 - B4) \times 100$
	Salinity Index	SI	$(B1 \times B3)^{0.5}$
	Salinity Index 1	SI1	$(B2 \times B3)^{0.5}$
	Salinity Index 2	SI2	$(B2^2 + B3^2 + B4^2)^{0.5}$
	Salinity Index 3	SI3	$(B2^2 + B3^2)^{0.5}$
	Salinity Index	S1	$B1/B3$
	Salinity Index	S2	$(B1 - B3)/(B1 + B3)$
	Salinity Index	S3	$B2 \times B3/B1$
	Salinity Index	S5	$B1 \times B3/B2$
	Salinity Index	S6	$B3 \times B4/B2$

　　将 23 个光谱协变量同时作为自变量输入数学模型中会导致计算过程复杂且存在光谱携带信息冗余等问题，因此本案例使用最佳子集选择（BSS）方法对光谱协变量进行筛选。BSS方法用最小二乘法拟合不同自变量的所有可能组合，以便在所有可能的模型中选择最佳模型。该方法简单，适用于自变量较少的情况。首先，BSS 拟合 2^P 个模型，其中 P 是数据集中预测因子的数量。拟合完所有模型后，BSS 会显示出分别具有一个自变量、两个自变量、三个自变量等的最佳拟合模型。最后，选择具有较大调整后 R^2 的模型为最优模型，该模型对应的自变量即使用该方法筛选后与因变量相关性最强的自变量指数组合。BSS 在 MATLAB R2019a 软件中实现。

8.3.3　植被覆盖度的计算

　　基于像元二分模型（dimidiate pixel model，DPM）的易操作、易推广特性，本案例采用 DPM 模型计算植被覆盖度（fractional vegetation cover，FVC）。假定像元内仅有植被和裸地两种信息，它们各自的面积在像元中所占的比例即为各成分的权重，其中植被光谱信息占像元信息的百分比即为该像元的 FVC。DPM 公式如式（8-5）所示。

$$FVC = \frac{VI - VI_{soil}}{VI_{veg} - VI_{soil}} \tag{8-5}$$

式中，VI 为植被指数；VI_{soil} 为纯土壤覆盖像元的植被指数；VI_{veg} 为纯植被覆盖像元的植被指数。

　　本案例使用 DPM 模型时选取的植被指数为归一化植被指数（normalized difference vegetation index，NDVI），它对于指示植被的生长状况及陆表植被分布的空间密度具有重要意义，并且 NDVI 可以用来高敏感度地监测植被及消除由大气造成的噪声。将 NDVI 代替公式（8-5）中的 VI，得到本案例 FVC 计算公式（8-6）。

$$FVC = \frac{NDVI - NDVI_{soil}}{NDVI_{veg} - NDVI_{soil}} \tag{8-6}$$

式中，$NDVI_{soil}$ 为裸地的 NDVI 值；$NDVI_{veg}$ 为植被全覆盖地区的 NDVI 值。

FVC 计算过程如下所示。

第一步：将 7 月份的一个异常土壤采样点剔除，在 ENVI 5.3.1 中使用公式（8-7）计算其余所有采样点的 NDVI 值。

$$NDVI = \frac{NIR - R}{NIR + R} \tag{8-7}$$

式中，NIR 为近红外波段；R 为红波段。

第二步：使用 ENVI 进行背景剔除、掩膜，去除 NDVI 的异常值，选择 99% 的置信区间，获得 4 个月份图像的 NDVI 概率分布，计算置信区间中 NDVI 的最大值（$NDVI_{max}$）和最小值（$NDVI_{min}$）。

第三步：对图像整个像元的集合分别使用公式（8-6），将 $NDVI_{min}$ 和 $NDVI_{max}$ 代替 $NDVI_{soil}$ 和 $NDVI_{veg}$（即，取 $NDVI_{soil} = NDVI_{min}$，$NDVI_{veg} = NDVI_{max}$），计算得到每个月的 FVC 数值。

8.3.4 植被覆盖度的划分

综合考虑植被覆盖度的现实意义，参考朱震达等在中国土地荒漠化研究、《中国荒漠化防治国家报告》等成果要求，并结合当地植被类型结构，借鉴具有类似地理区位的植被分级方法，将本案例的试验区分为以下 5 种类型：未划分植被覆盖度、裸地、中低植被覆盖度（20%≤FVC<55%）、中植被覆盖度（55%≤FVC<75%）和高植被覆盖度（FVC≥75%），并分别记为处理 A（TA）、处理 B（TB）、处理 C（TC）、处理 D（TD）和处理 E（TE）。将各月植被采样点按照 FVC 分级标准进行整理归类，得到各等级 FVC 数据集。以解放闸灌域 6 月份图像为例，在 ENVI 5.3.1 软件中得到植被覆盖度等级划分图，如图 8-1 所示。

8.3.5 土壤特征的描述性统计

本案例将 279 个样本（包括 2019 年 5 月、6 月和 8 月各 70 个点及 7 月的 69 个点）分为五种植被覆盖度类型。土壤含盐量（SSC）的描述性统计数据如图 8-2 所示。

TB、TC、TD 和 TE 的土壤含盐量均值分别为 0.365%、0.089%、0.045% 和 0.029%。该结果表明，TB、TC、TD、TE 不同植被覆盖程度土壤盐渍化程度存在明显差异，并表现出随着植被覆盖度增加，土壤盐渍化程度减轻的趋势。最大的土壤含盐量数值出现在 TB 处理中，该处理代表裸土，没有植被覆盖，有大面积的可见盐结壳；TE 所代表的地区采样点植被覆盖度高，土壤盐含量较低，存在土壤含盐量的最小值。

一般来说变异系数介于 10% 与 100% 之间则表示数据具有中等变异性，因此，TB、TC、TD、TE 的土壤盐分离散程度均属于中等变异性等级，说明研究区土壤含盐量的变化主要是由自然因素造成的，TA 变异系数大于 1，表明未进行植被覆盖度的划分导致数据离散程度大，具有严重的变异性。

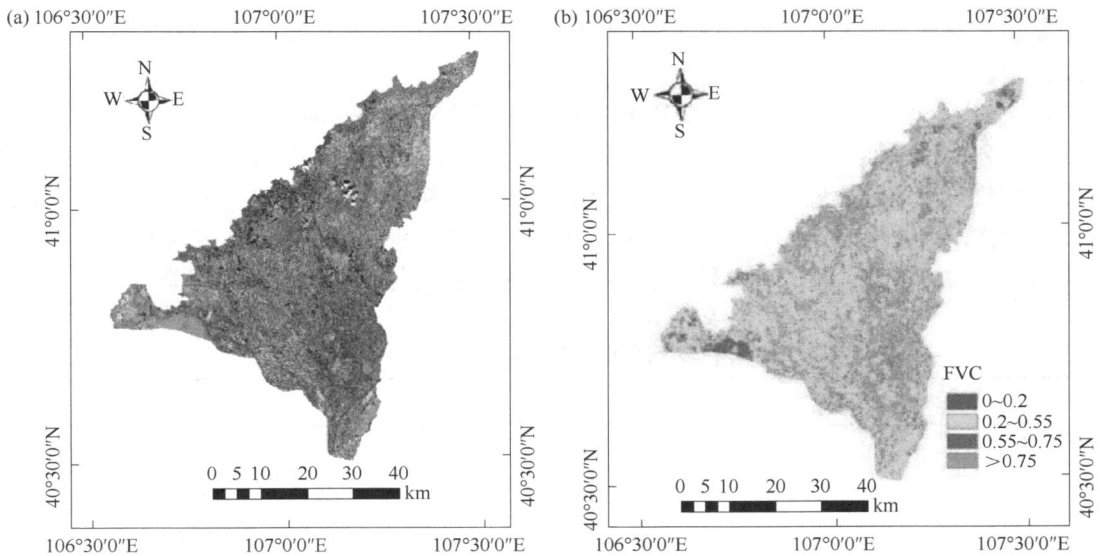

图 8-1　6 月份解放闸灌域植被覆盖度分布图
（a）高分一号卫星图像；（b）植被覆盖度分布图

彩图

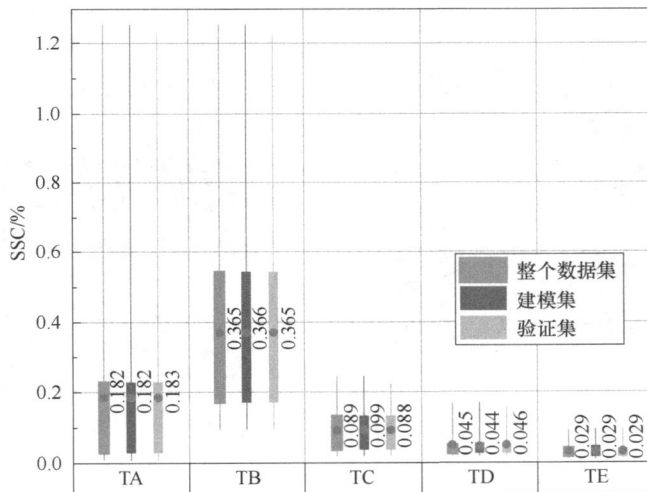

图 8-2　土壤含盐量描述性统计的箱线图

　　另外，将总样本按照土壤含盐量大小降序排列，以 2∶1 的比例划分建模集与验证集，对比各项统计指标数据可知，各处理建模集、验证集与总样本的土壤含盐量均表现出相似的值域与统计分布（均值、标准差、变异系数、峰度、偏度），在确保样本具有代表性的同时，可避免在模型构建和验证中的偏差估计。

8.3.6　不同植被覆盖度光谱协变量分析与筛选

8.3.6.1　同植被覆盖度下光谱协变量与实测土壤含盐量的相关性

　　使用 SPSS 软件对光谱协变量与土壤含盐量进行皮尔逊相关性分析，采用皮尔逊相关系数阈值表（表 8-2）对该结果的显著性进行判断，基于此绘制热力图（图 8-3）能更加形象生动地展示二者相关性。根据颜色棒可知，颜色越深，光谱协变量与土壤含盐量的相关性越强，相反，则越弱。

TA 处理土壤含盐量与光谱协变量无较为明显的相关性 [图 8-3（a）]。植被覆盖度的划分显著提高了相关性，其中 TB 和 TE 相关性提高作用比 TC 和 TD 明显。对于裸地而言，盐分光谱指数与土壤含盐量的相关性比植被光谱指数与土壤含盐量的相关性高。随着植被覆盖程度的增强，植被光谱指数对土壤含盐量监测的贡献将逐步提高。当植被覆盖度较高时，植被光谱指数与土壤含盐量的相关性显著高于盐分光谱指数与土壤含盐量的相关性。

表 8-2　皮尔逊相关系数阈值（部分）

df＝n－2	0.05	0.01
31	0.344	0.442
47	0.282	0.365
76	0.223	0.290
115	0.182	0.237
300	0.113	0.148

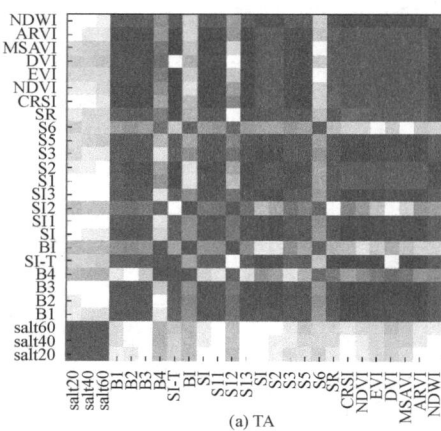

(a) TA

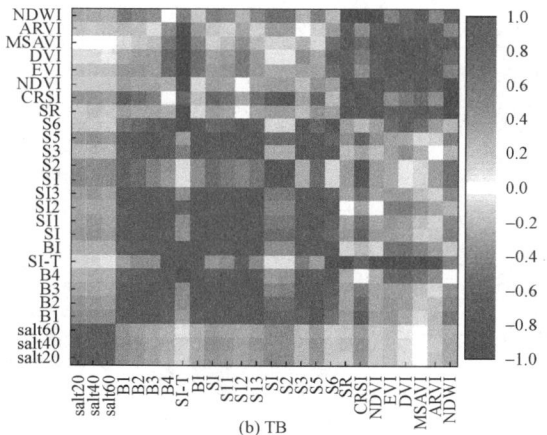

(b) TB

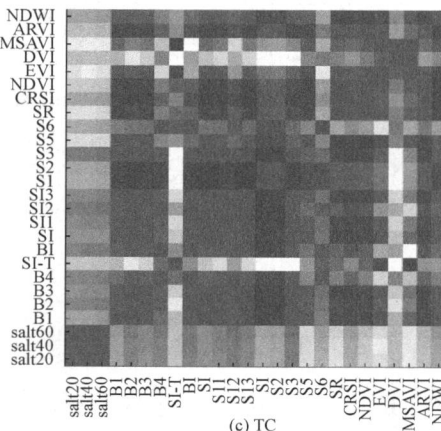

(c) TC

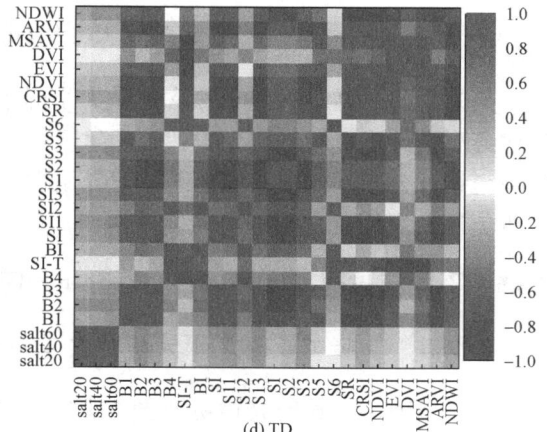

(d) TD

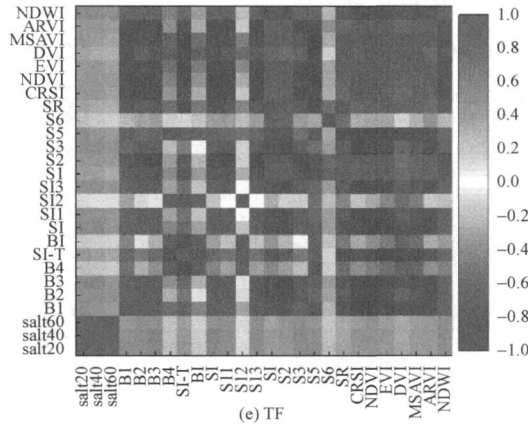

图 8-3　光谱协变量与土壤含盐量之间的皮尔逊相关系数

方格红色颜色越深，正相关性越强；蓝色颜色越深，负相关性越强；白色颜色越深，相关性越弱

8.3.6.2　使用 BSS 算法对不同植被覆盖度进行指数筛选

利用 BSS 算法对 23 个变量进行随机组合，确定不同处理在不同深度下多元自变量组合方式，使用逐步多元回归方法对筛选组合进行效果评价。得到的每种处理的最佳光谱协变量组合如表 8-3 所示。在盐分反演过程中，随着植被覆盖程度的增加，盐分指数对土壤含盐量的敏感性降低且植被指数对于反演的贡献增加。

表 8-3　最佳光谱协变量组合

FVC	深度/cm	自变量个数	最佳组合	验证集	
				R^2	RMSE
TA	0~20	6	SI-T，SI1，SI3，S2，S5，EVI	0.14	0.45
	0~40	6	B3，S5，CRSI，EVI，MSAVI，NDWI	0.18	0.41
	0~60	6	B2，B3，SI3，S5，ARVI，NDWI	0.30	0.26
TB	0~20	5	B2**，S1**，S5**，S6，EVI*	0.36	0.24
	0~40	5	B1**，SI2**，S1**，S2**，EVI*	0.25	0.29
	0~60	6	B1**，SI**，S1**，S2**，SR，ARVI	0.24	0.31
TC	0~20	6	B1，SI，S2，S3*，S5，EVI	0.28	0.27
	0~40	4	B1，SI3*，S2，S3**	0.31	0.25
	0~60	6	B1，SI2**，S3**，CRSI，NDVI，MSAVI	0.24	0.33
TD	0~20	5	BI，S5，NDVI，EVI，ARVI	0.20	0.37
	0~40	5	B1*，SI3*，S3*，MSAVI，NDWI*	0.19	0.39
	0~60	6	S2*，NDVI，EVI，MSAVI，ARVI*，NDWI*	0.22	0.34
TE	0~20	4	SI-T**，SR**，MSAVI**，ARVI**	0.59	0.08
	0~40	5	S2**，SR**，EVI**，MSAVI**，ARVI**	0.52	0.11
	0~60	6	B2**，SI2，SI3**，SR*，MSAVI**，ARVI**	0.43	0.17

*为 0.05 的显著水平，**为 0.01 的显著水平。

8.3.7　不同植被覆盖度下土壤含盐量最佳反演深度

本案例以采用 BSS 算法筛选出的最佳光谱指数组合作为模型自变量,以土壤含盐量作为因变量,采用 PLSR、Cubist、ELM 三种机器学习方法分别构建五种处理不同深度下的土壤含盐量反演模型。

8.3.7.1　基于 PLSR 算法的土壤含盐量最佳反演深度

使用 PLSR 进行土壤含盐量反演模型构建结果如图 8-4 所示。

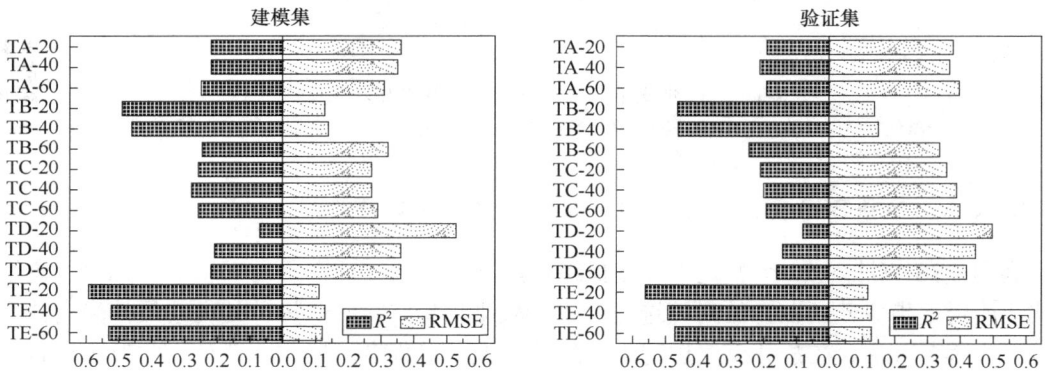

图 8-4　不同植被覆盖度不同深度下的 PLSR 建模结果

在 0~60cm,TA 的模型精度达到最大值,R^2 达到最大值且 RMSE 达到最小值。R_C^2(建模集的 R^2)与 R_V^2(验证集的 R^2)的比重越接近 1,模型越稳定。如图 8-4 所示,TC 的 0~40cm 比重最接近于 1,因此 TC 的最佳反演深度为 0~40cm。TB、TD 和 TE 的模型结果在不同深度下呈现出显著的单调性(TD 随深度单调递增,TB 和 TE 单调递减),因此三者的最佳反演深度分别为 0~20cm、0~60cm 和 0~20cm。

8.3.7.2　基于 Cubist 算法的土壤含盐量最佳反演深度

使用 Cubist 算法进行土壤含盐量反演模型构建结果如图 8-5 所示。

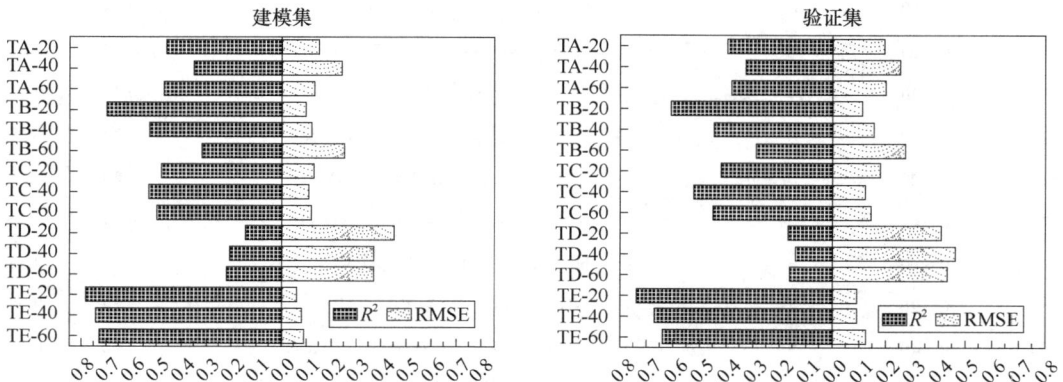

图 8-5　不同植被覆盖度不同深度下的 Cubist 建模结果

通过建模集与验证集的 R^2 和 RMSE 可显著得知 TA 和 TB 的最佳反演深度分别为 0～60cm 和 0～20cm。TC 的模型呈现出随深度增加，R^2 先增加后减小的趋势，在 0～40cm 精度达到最大值。TD 的三个验证模型精度随深度的增加而增加，TE 趋势相反。因此 TD 和 TE 的最佳反演深度分别为 0～60cm 和 0～20cm。

8.3.7.3　基于 ELM 算法的土壤含盐量最佳反演深度

使用 ELM 机器学习方法进行土壤含盐量反演模型构建结果如图 8-6 所示。

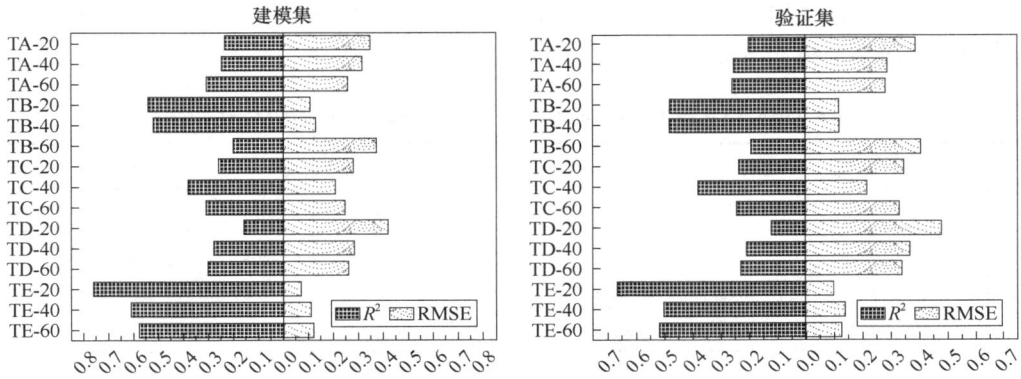

图 8-6　不同植被覆盖度不同深度下的 ELM 建模结果

随着深度的增加，TA、TB、TD 和 TE 的 R^2 呈现单调变化趋势（TA 和 TD 单调递增，TB 和 TE 单调递减），因此其最佳反演深度分别为 0～60cm、0～20cm、0～60cm 和 0～20cm。TC 的 R^2 随着深度的增加先增加后减小，R^2 最大值在 0～40cm 处取得，在该深度时 RMSE 为最小值。

8.3.8　不同植被覆盖度条件下土壤含盐量最佳反演模型

根据上述案例对比分析的结果可知，TA、TB、TC、TD 和 TE 的最佳反演深度分别为 0～60cm、0～20cm、0～40cm、0～60cm 和 0～20cm。为进一步分析并获得最佳反演模型，将每种处理验证模型的结果整理如图 8-7 所示。

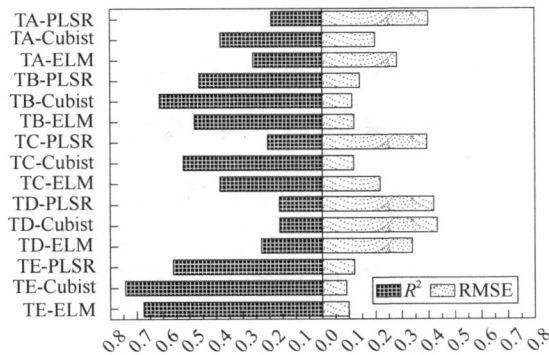

图 8-7　不同植被覆盖度最佳反演深度的三种模型验证集精度比较

由图 8-7 可知，TA、TB、TC 和 TE 的 Cubist 模型的 R^2 在使用三种方法建立得到的模型中数值最大，RMSE 最小。对于 TD 而言，ELM 模型的 R^2 最大，RMSE 最小。因此，对于

TA、TB、TC 和 TE 而言，使用 Cubist 机器学习方法并分别选取 0～60cm、0～20cm、0～40cm 和 0～20cm 进行土壤含盐量反演模型的构建效果最好，对于 TD 而言，选取 ELM 机器学习方法及 0～60cm 深度得到的反演模型精度最高。进一步对比四种不同覆盖度的最佳反演模型综合表现可知，高植被覆盖度（TE）模型精度最高，裸地（TB）、中低植被覆盖度（TC）次之，中植被覆盖度（TD）模型精度最低。

为了进一步比较 PLSR、Cubist 和 ELM 模型的精度并探究植被覆盖度的划分对模型精度的影响，本案例将 TB、TC、TD 和 TE 处理的预测土壤含盐量数值（通过最佳反演模型预测得到）整合并计算整体的 R^2 数值。然后，比较了划分植被覆盖度和未划分植被覆盖度（TA）的模型精度，得到结果如表 8-4 所示。

表 8-4　划分植被覆盖度前后 PLSR、Cubist 和 ELM 模型精度的比较

建模方法	建模集（未划分）		验证集（未划分）		建模集（划分）		验证集（划分）	
	R^2_{C0}	$RMSE_{C0}$	R^2_{V0}	$RMSE_{V0}$	R^2_{C1}	$RMSE_{C1}$	R^2_{V1}	$RMSE_{V1}$
PLSR	0.25	0.31	0.19	0.4	0.37	0.21	0.39	0.18
Cubist	0.47	0.13	0.38	0.2	0.61	0.09	0.54	0.11
ELM	0.31	0.26	0.26	0.28	0.48	0.12	0.42	0.16

比较划分植被覆盖度前后土壤含盐量反演结果可知，划分植被覆盖度后的模型精度显著高于未划分植被覆盖度，且三种不同的建模方法得到的模型精度均有不同程度的提高。另外，根据试验区不同植被覆盖度的差异进行土壤盐渍化的监测可以减小模型的不确定性和误差。

以 R^2_{C1}，$RMSE_{C1}$，R^2_{V1}，$RMSE_{V1}$ 为评价指标进一步对 PLSR、Cubist 和 ELM 模型的精度进行比较。对于模型稳定性（R^2_C / R^2_V）而言，PLSR 模型的稳定性为 94.9%，Cubist 与 ELM 模型稳定性较高于 PLSR，且两者相差不大，前者为 113.0%，后者为 114.3%。因此，ELM 模型具有最高的稳定性。对于模型拟合程度（R^2）而言，ELM 模型拟合度略高于 PLSR，两者均比 Cubist 拟合度低。Cubist 模型的 R^2_{C1} 和 R^2_{V1} 分别比 PLSR 和 ELM 的 R^2_{C1} 和 R^2_{V1} 高 0.24、0.15 和 0.13、0.12。因此，Cubist 模型的拟合度最高。对于模型的预测能力（RMSE）而言，Cubist 预测能力略高于 ELM，PLSR 预测能力最弱。PLSR 模型的 $RMSE_{C1}$ 和 $RMSE_{V1}$ 比 Cubist 和 ELM 的 $RMSE_{C1}$ 和 $RMSE_{V1}$ 分别高 0.12、0.07 和 0.09、0.02。因此，Cubist 模型预测能力最强。综上所述，在本案例中 Cubist 模型精度最高，其次为 ELM 模型，PLSR 模型精度最低。

8.3.9　基于 Cubist 模型划分植被覆盖度的土壤含盐量反演图

以获取的 6 月图像为例，按照上文所得出的植被覆盖度等级划分方法与最佳土壤含盐量反演模型 Cubist，在 ENVI 与 Arcgis 软件中得到划分植被覆盖度与未划分植被覆盖度两种情况的表层土壤含盐量分布图，抠除图中城镇区域（白色区域），不参与土壤含盐量的反演。反演结果如图 8-8 所示。

由图 8-8 可知，灌域 6 月份的土壤盐渍化程度为轻度盐渍化。非盐土与轻度盐渍化区域约占总区域的 81.1%。这是因为夏季灌水加剧了土壤盐分向深层的运移，并削弱了盐分在土壤表层的积聚。重度盐渍土和盐土主要分布在灌溉较少、积盐情况较为严重的地区（主要包括废弃的农场、低洼的土地和盐荒地），约占灌域总面积的 19.1%。

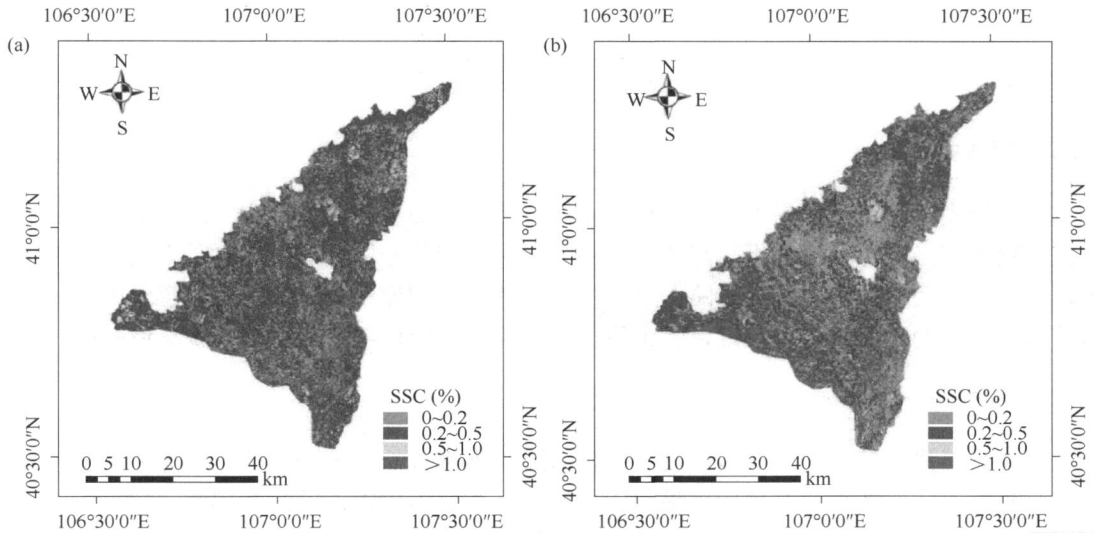

图 8-8 解放闸灌域 6 月土壤盐分分布图
（a）未划分植被覆盖度；（b）划分植被覆盖度

详细对比两张图片可以发现，不同盐渍化区域占灌域总面积的比重存在差异。在图 8-8（a）中，土壤含盐量在 0.2%～0.5%区间的地区所占的比重（56.99%）与超过 1.0%范围的地区所占的比重（7.87%）比图 8-8（b）中各区间所占比重大；图 8-8（b）中土壤含盐量在 0.2%～0.5%区间的地区所占的比重为 45.88%，超过 1.0%范围的地区所占的比重为 7.16%。当土壤含盐量在 0～0.2%区间与 0.5%～1.0%区间时，未划分植被覆盖度图像中两种区间所占比重分别为 24.03%和 11.11%，该比重低于划分植被覆盖度所得比重，其中相对应比重分别为 35.13%和 11.83%。

以图 8-9（A）为参考，划分植被覆盖图的图像中各土壤盐渍化程度所占比重与实测值更为接近，其误差可能是使用 Cubist 模型对中等程度植被覆盖度数据集进行建模与预测产生的。该结论可以通过图 8-9（B）得到充分的证实。真彩色图像［图 8-9（B-a）］中淡黄色地区代表贫瘠的草地，该地区对应的土壤应被较高程度地盐渍化。与图 8-9（B-b）对比分析可知，在图 8-9（B-c）中不同盐渍化程度的土壤分布及比重与实测数据更为一致，植被覆盖度的划分可以精准地反映和监测灌域土壤盐渍化情况。

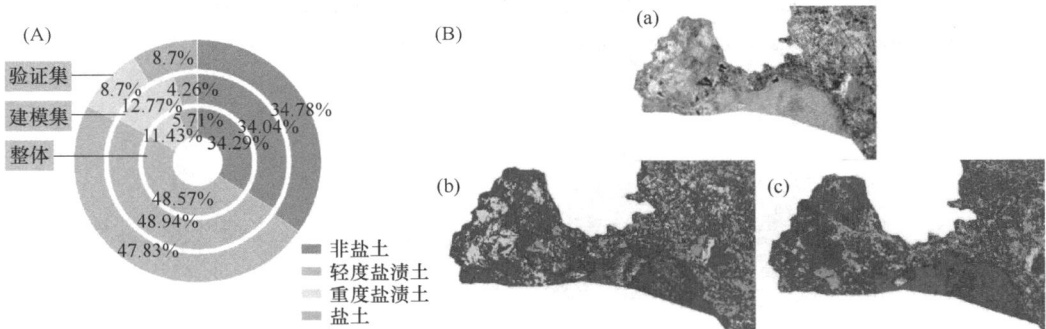

图 8-9 6 月份不同土壤盐渍化程度采样点所占比重（A）；未划分植被覆盖度
（B-b）与划分植被覆盖度（B-c）的土壤盐分分布图的盐分分布比较
［以 6 月高分一卫星图像中的部分真彩色图像（B-a）为参考］

8.4　拓展与思考

8.4.1　应用拓展

本案例完成了基于卫星遥感数据进行不同覆盖度下的土壤含盐量诊断的方法，通过对不同植被覆盖度光谱协变量分析与筛选，利用多种不同统计分析方法，建立了不同覆盖度下土壤含盐量的反演模型。此研究思路，可以推广到其他土壤理化信息的采集与感知中，如不同植被覆盖度下的土壤含水率测量以及土壤墒情诊断，特定作物下土壤营养状况诊断等。

8.4.2　思考

（1）如果采用基于无人机多光谱遥感技术进行土壤含盐量预测，技术上与采用遥感数据会有何异同？从系统设计的角度，采用无人机多光谱遥感技术，须注意哪些问题？

（2）本案例所采用的技术是否会受到地形的影响？如果有影响，应当如何消除或削弱该影响，请谈谈你的思路。

参 考 文 献

厉彦玲，赵庚星，常春艳，等，2017. OLI 与 HSI 影像融合的土壤盐分反演模型. 农业工程学报，33（21）：173-180.

马国林，丁建丽，韩礼敬，等，2020. 基于变量优选与机器学习的干旱区湿地土壤盐渍化数字制图. 农业工程学报，36（19）：124-131.

解雪峰，濮励杰，朱明，等，2016. 土壤水盐运移模型研究进展及展望. 地理科学，（10）：1565-1572.

张智韬，韩佳，王新涛，等，2019. 基于全子集-分位数回归的土壤含盐量反演研究. 农业机械学报，50（10）：142-152.

Hu J, Peng J, Zhou Y, et al., 2019. Quantitative estimation of soil salinity using UAV-borne hyperspectral and satellite multispectral images. Remote Sensing, 11 (7): 736.

Peng J, Biswas A, Jiang Q S, et al., 2019. Estimating soil salinity from remote sensing and terrain data in southern Xinjiang Province, China Geoderma, 337: 1309-1319.

Scudiero E, Skaggs T H, Corwin D L, 2014. Regional scale soil salinity evaluation using Landsat 7, western San Joaquin Valley, California, USA. Geoderma Regional，2: 82-90.

案例九 果园灌溉物联网智能监测和管控系统

9.1 案例简介

果树种植业是农业的重要组成部分,利用信息化技术和智能化决策提升果园管理水平,建立具有物联网感知、实时传输、诊断、决策和精量控制功能的果园农业物联网远程管控系统,可有效提高生产效率,提升果品质量,降低成本,增加果业收益,是现代化果树种植的必然趋势。目前发达国家已进行了较深入的研究。而我国对于果园信息化技术、智能监测和管理系统,以及配套装备开发的研究尚处于起步阶段。在果园的众多作业管理中,高效用水和智能灌溉技术受到广泛关注(海涛等,2021;王斌等,2017;吴凤娇等,2018;曾镜源等,2020)。受到不同类型果树、不同生长期、不同环境条件的影响,该领域的研究仍面临多源信息精准获取、复杂环境下的信息无线传输与组网、信息融合决策等诸多问题亟待解决。

本案例的相关技术将大数据和物联网技术引入与应用到果园信息管理中,可以提高果园的信息化、智慧化程度。

9.2 基础知识

本案例包括 3 个技术环节,主要为果园环境信息远程感知、数据远程传输和管控系统开发,涉及的基础知识包括传感器技术、信息采集技术、无线传输技术、远程控制技术、基于 C#的管理系统开发等。

9.3 实施过程及其结果

9.3.1 系统硬件设计

9.3.1.1 系统基本原理

图 9-1 为基于大数据的果园物联网智能管控系统总体设计框图。通过安装可测量果园空气温湿度、光照强度、二氧化碳浓度、土壤温湿度等多维度传感器,能够获取果园环境实时大数据信息。基于 Zigbee 无线组网完成数据的模数(A/D)转换并将测量数据传输至 4G DTU。由 4G DTU 将数据包通过公共网络传输到服务器。位于服务器上的中间件设置为循环监听状态,可以监测并接收数据包,并将其发布在网站上。上位机电脑和手机客户端能够通过公网访问网站获取实时数据包,能够实现实时数据查询、历史查询、图形分析、月报查询、手动/自动控制、气象预警推送、生产指导推送、视频监控等功能,并下达控制指令。

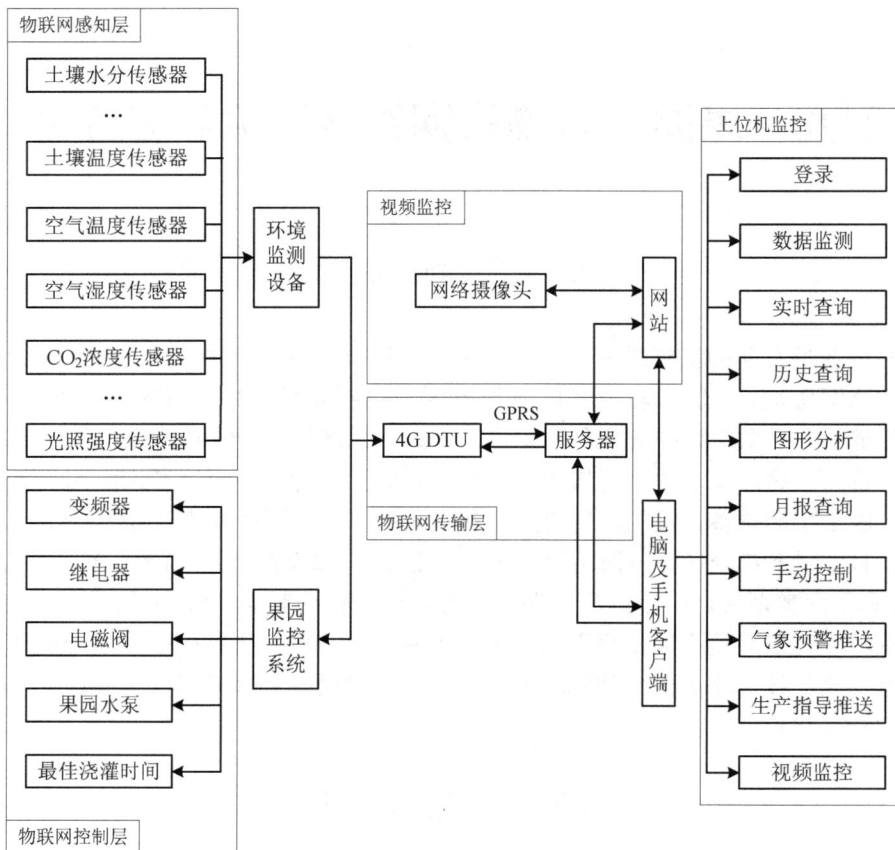

图 9-1　果园物联网智能管控系统总体设计框图

9.3.1.2　系统硬件设备介绍

1. 传感器

1）土壤湿度传感器　土壤湿度传感器的作用原理是利用土壤含水量差异导致的土壤电导率差异间接测量土壤水分。一般性土壤传感器极性测量材料的介电常数成比例，根据传感器的电容量与土壤水分之间的关系便可测出土壤的水分。本案例中选择的传感器是 EC-5 式土壤湿度传感器（图 9-2），在放置传感器时要尽量使传感器与土壤之间的接触最大化，并小心安装，有一点失误可能会出现较大的误差。本传感器可接受的激励电压范围为 2.5～3.6 V 直流，并且配备标准的 3.5mm 插头。EC-5 需要小心地安装到土壤中，再将孔挖到所需深度后，将传感器上的插脚推入孔底部或孔侧壁的未受干扰的土壤中，并确保插脚和黑色包覆成型完全埋没。

图 9-2　土壤湿度传感器

2）土壤温度传感器　土壤温度传感器的作用顾名思义是通过接触被测土壤来测量接触表面的温度。它主要运用了土壤传感器极性间电阻不同而引起的温度变化。

　　本案例使用的是 DS1820 单线数字温度计（图 9-3），具有以下可适用性的优点：①只需要一个简单的接口就可以完成数据传输；②并不复杂的点规律排布；③不依靠任何辅助设备；④可以随时用常规插口充电；⑤待机时不损耗电量；⑥测温范围－55～125℃，以 0.5℃递增；⑦有精确的温度读数；⑧温度调节量较灵敏等。在本案例中由于传感器读数灵敏，传感器较脆弱，应小心安装。

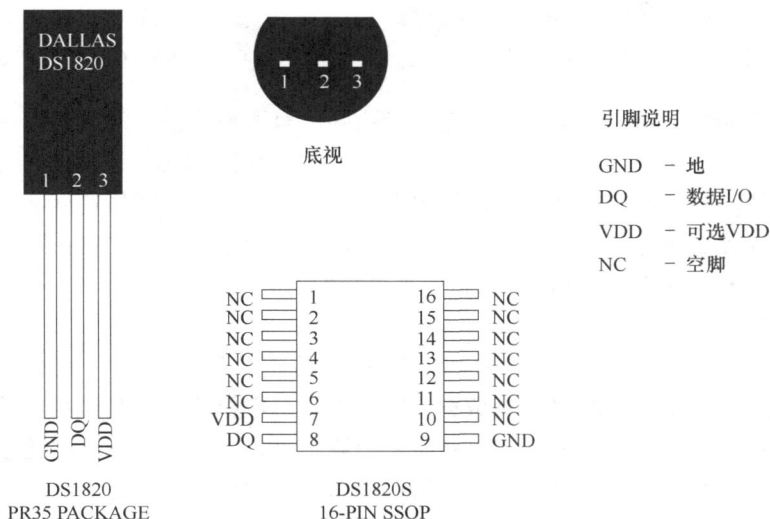

图 9-3　土壤温度传感器电路图

　　3）环境温湿度传感器　本案例采用的是 SHT 1x/SHT 7x 型数字温湿度传感器（图 9-4），可以测量相对湿度和温度。本传感器的特点是兼有露点，并且可以全部校准，数字输出，无须额外部件，具有卓越的长期稳定性和超低能耗，有相对较小的尺寸并且有自动休眠的功能，它应用了微流过程技术 CMOSens 的专利，以确保产品具有极高的可靠性和出色的长期稳定性。传感器包括电容式聚合物水分测量元件和交错式温度测量元件，在同一芯片上与 14 位 A/D 转换器和串行接口电路无缝连接。因此，该产品质量优异，响应速度快，抗干扰性强，成本效益高。

　　4）CO_2 浓度传感器　本案例采用的 CO_2 浓度传感器为 Telaire6615 传感器，运用双通道 CO_2 模块（图 9-5），本传感器的测量方法是双通道非分光红外，镀金光学元件，扩散式或过流式取样。测量范围是 0～5%，误差约为 0.075%，响应时间＜2min，工作温度为 0～50℃，输出电压为 0～4V。本传感器具有的优点是尺寸小巧，结构紧凑，适用并可方便地集成到各类控制系统和设备中。传感器的特点是拥有经济实效的气体解决方案，可靠的传感设计，灵活的传感器平台，方便的微处理器接口，以及双通道光学系统和三点校验过程提供了稳定性、精度和可靠性，并且本传感器可以现场校验。

　　5）光照强度传感器　本案例采用的是 QY-150B 普及型光照强度传感器（图 9-6）。光照强度传感器内部采用了灵敏度最高的光敏采集器件，内部还配备了滤波器、余弦调节器、高精度模拟电路和正确校正光线曲线的程序处理。不同角度的太阳光线照明值不同，通过余弦

图 9-4　环境温湿度传感器

图 9-5　CO$_2$浓度传感器

调节器积聚在光敏区域，光敏系统就是对光照强度有所反应的光敏元件，从而使电信号进入单片系统。温度感应捕获的光电信号由温度补偿发出精确的线性通信信号，其特点是：体积小，安装方便，外壳结构设计合理，使用寿命长，密封性好，测量精度高，稳定性好，传输距离长，抗外界干扰能力强。一些测量参数为，光照范围：0～200klux；反应时间：100ms；环境温度：−20～80℃；精度：±5%；重量：210g。

2. 采集器

在本设计中采用的采集器是 CH-02 环境精确检测设备（图 9-7），CH-02 环境精确检测设备可以实时采集设施内的环境信息数据，并通过自组织无线网络将数据上报服务器端，支持接入的传感器类型有空气温度、空气湿度、土壤温度、土壤水分、光照强度、二氧化碳浓度共计 6 类，具有实时测量与存储功能，用户可以很方便地获取实时、历史气象数据。环境精确检测设备由传感器、数据采集器、电源系统和三脚架等部分构成，广泛应用于温室大棚中等，实现棚内环境信息的自动监控。

图 9-6　光照强度传感器

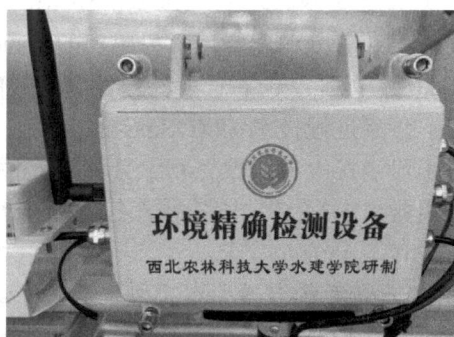

图 9-7　环境精确检测设备

具有的功能及特点：①可增加蓄电池供电模块，支持野外使用。②防锈三脚支架，支架高度 60～180cm；高度可调节，可拆装、运输、安装便捷。③采用 GPRS 电信，远程数据传输。④系统采用模块化设计，根据用户需要、传感器类型（气象要素），用户可自定义件功能。⑤使用独立的数据处理软件，支持 Web 访问，支持数据存储，下载，分析等，以方便用户使用。采集参数为，空气温度：−30～70℃；空气湿度：0～100%；光照强度：1～150klux；土壤温度：−40～120℃；土壤水分：0～100%；二氧化碳：0～2%。

3. 控制系统

本案例采用的控制系统是 CT-04 温室智能监控系统（图 9-8），环境精确检测设备将采集到的环境数据通过中继节点传输到云端服务器，可实现对作物生长环境的智能控制。当传感器将数据发送到服务器上时将与用户设置的上下限比较，不在限制范围内则启动智能控制系统，智能温室控制系统与大棚内的各个控制器相连接，便可以实现自动控制的操作，直到传感器检测的环境参数重新回到预定的数值，相关设备停止工作。具有的功能及特点：温室环境监测和控制，基于物联网、传感、自动控制和新型网络传输等技术，为用户提供智能、便捷、可视化的种植管控软硬件一体化服务。

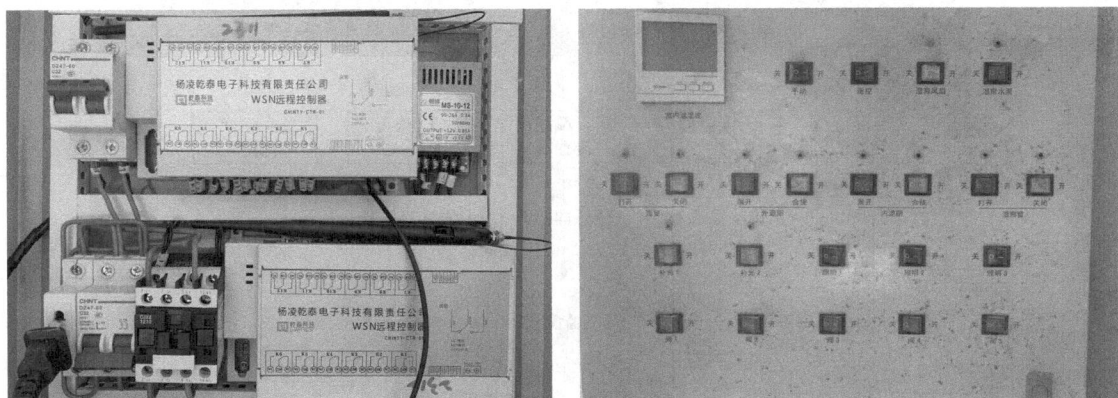

图 9-8　温室智能监控系统

4. 4G DTU

4G DTU 是通过无线通信网络来传输数据的无线终端设备，是架构在环境监测设备和温室智能监控系统之间的通道，由串口转成 4G 来传输数据。本案例使用的是 USR-G780 型 DTU（图 9-9），其在 4G 网络下具有速度快、延迟低等优点，适合用于大数据高流量传输及数据频繁的交互，并且支持 4 个网络连接同时在线。

5. 相关驱动设备

1）电磁阀　在本农业物联网管控系统中选用的是常闭电磁阀（图 9-10），流量孔径为16mm，额定电压为直流 24V，额定电流为 2A，因为不能与常用的供用电相连，所以需要辅助设备给电磁阀供电。

图 9-9　4G DTU 图

2）水泵　这里选用的水泵为增压式卧式离心水泵（图 9-11），采用封闭式的叶轮结构，单吸式的叶轮吸入方式，具有性能高效、耐用、寿命长等优点。

9.3.1.3　系统整体功能实现框图与数据流程

局域网内数据流如图 9-12 所示。

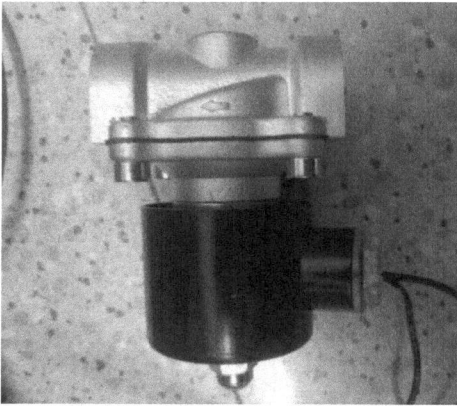

图 9-10　电磁阀

图 9-11　水泵

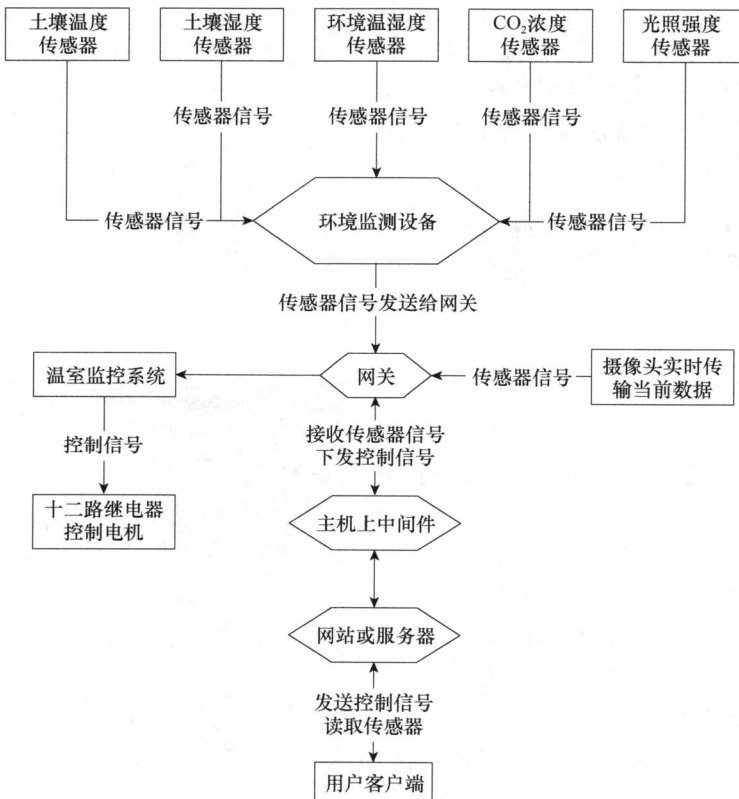

图 9-12　局域网内数据流图

广域网内数据流如图 9-13 所示。

在本农业物联网管控系统中传感器采集环境信息发送给采集器,采集器和 Zigbee 模块组成环境监测设备,将数据简单处理后由网关进行传输。在局域网的数据传输中,摄像头可以将数据信息发送给网关,同样网关可以将信息传给温室管控设备,也可以发送到云端服务器通过客户的访问进行人机交互。

在广域网中,传感器将数据发送给环境检测设备,通过 4G DTU 进行无线网络的传输。中间件在数据传输中起到了关键的作用。

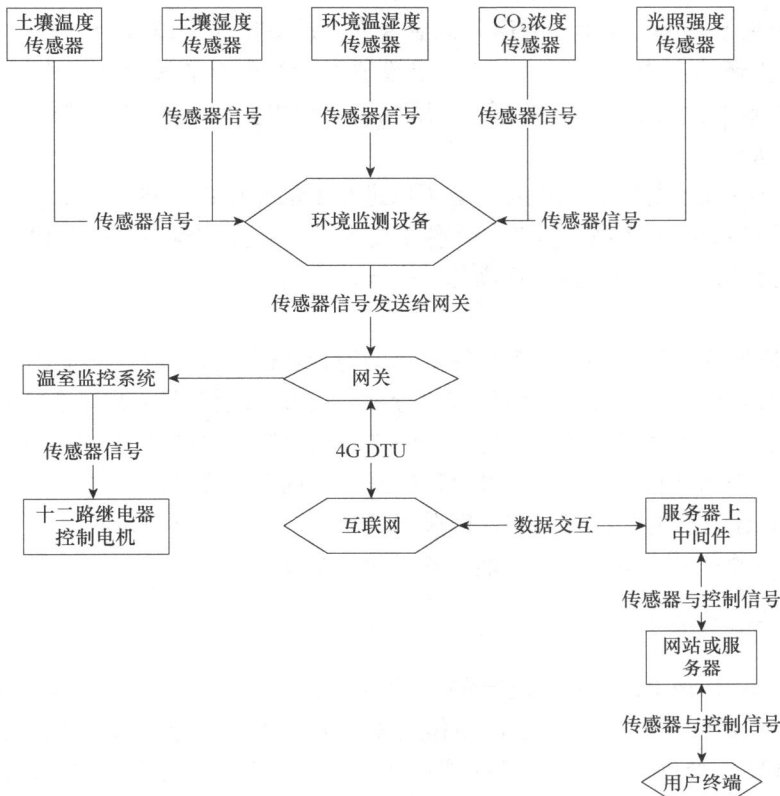

图 9-13 广域网内数据流图

9.3.2 系统上位机软件设计

9.3.2.1 系统软件部分简介

1. 中间件

在农业物联网管控平台的系统中，上下层的数据交互靠的是中间件的传输，是中间件在为数据传输架构桥梁。因为它的重要性与独特性所以只有中间件才能完成数据处理的任务，这就使得中间件在整个物联系统中处于一个极其重要的位置，中间件的连接方式在网关配置中独立定义。它应用自己独立的 IP 地址来进行数据的交互和传输，网关和客户端通过访问这个 IP 地址来获取采集信息或控制信息。我们通过保证网关和中间件使用同一端口来确保数据传输的精准性，所以网关和中间件的地址应该保持同步。所以，具体来说中间件的作用就是数据传输的平台，各个软件程序通过访问它进行简单的数据处理后得到想要的数据信息。

2. 软件平台

在本次农业物联网管控系统的研究中，客户终端用于显示传感器或采集器收集到的底层数据，通过软件平台来进行人机交互操作。同时，在物联网管控平台的界面上还可以读取用户对于控制器的操作指令，通过 4G DTU 发给控制器，进行远端操作。在实时检测界面用户还可以查看系统最后刷新的数据，也可以查询历史功能对某一时间段内的采集信息进行准确化的观测，也可以通过图形分析更为直观地看出一个或几个物理量的折现变化，直观感受大棚内环境参数的变化，用户可以设置不同物理量的预警信息来对环境参数进行调控。在本案例中也接入了球机摄像头，所以用户可以实时地查看大棚内的控制器信息及农作物的生长状况。

在这里需要提及的是在大棚内有一套可以进行手动操作控制器的系统，其与旧的操作系统并联运行，当手动操作系统打开时，软件平台端无法对控制器进行打开和关闭的操作，也可以说是手动控制比远程控制具有更高的优先级。

3. 网站

在整个物联网农业管控系统中有传输数据的途径，也有接收数据的工具，但是需要将所有的数据和信号发送到一个指定的地址来进行数据交互，这就是网站。网站就是架构一个平台，一个可以供所有软件程序访问的地址，用来获取数据，通过这种方式将底层的传感器和采集器与上层的控制端相连，用户也可以访问网站实现人机交互。所以中间件为数据传输架构了一个通道，让所有的数据可以进行简单加工处理，并且可以被访问，而网站正好提供了一个可以被访问的平台，用户也可以通过它进行控制器的操作。

9.3.2.2　C#语言简介

C#是 Microsoft 在 21 世纪初发布的一种全新的编程语言，适用于编写程序、生成软件等功能。它具有可靠性，稳定性，操作简单，安全性，易于使用等优点。在本次设计的农业物联网管控平台的设计中，客户端软件程序的编写就是运用 C#语言进行编译的，在 Visual Studio 的平台上输入代码或使用平台窗口自动生成的功能来完成对于客户终端的制作，也可以在这个编译的软件中进行系统的仿真模拟调试，来达到预定功能的要求。

C#语言相较于其他的编程语言具有操作简便、程序相对简化、功能实现较为完善等优点，可满足当今多种客户终端的需求。

9.3.2.3　可视化界面组成与功能介绍

本农业物联网管控平台的设计中，软件平台运用 C#语言进行编译，实现了软件平台的界面布局和软件平台具体功能的完善等。软件平台的主界面分成以下几个部分，分别为"首页""实时监控""设备控制""数据分析""预警管理"等。

在登录界面（图 9-14）每个客户都有自己独立的账户和密码。获得登录权限后才能使用客户端进行操作。

在首页（图 9-15），将一些用户常用的功能放在左侧，以便用户进行快捷操作，在首页同样可以显示当前日期以及此时基地地区的天气情况，可以通过当前的天气情况，调整室内的环境参数。

在实时监控的界面可以显示当前时刻下系统最后更新的实时数据，并且可以在 30s 的周期后进行自动刷新数据，在每 5min 的时间自动更新数据（图 9-16）。

在设备控制的板块中，可以展示各设备的名称、控制模式及当前设备的状态，可以对当前设备有一个直观的分析和管理（图 9-17）；在手动控制界面，可以对各个控制器进行远端

图 9-14　农业物联网登录界面图

图 9-15　农业物联网首页图

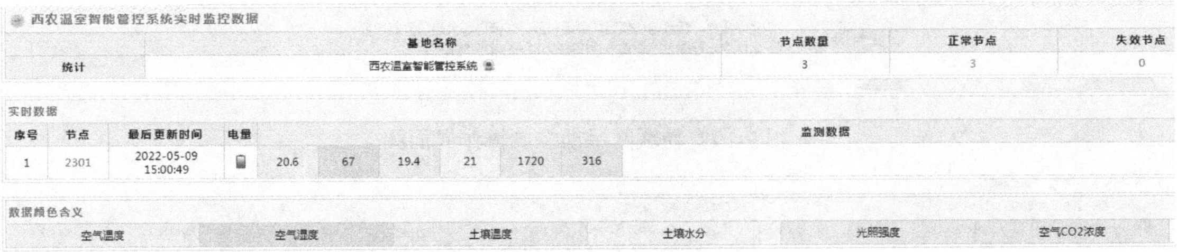

图 9-16　农业物联网实时监控数据图

控制（图 9-18），选择设备名称，根据自己的需求控制启动或停止操作，并且可以选择当前操作控制的时间及强度（图 9-19），在控制时间结束后，控制结束，恢复默认关闭状态。并且可以查询历史的操作指令（图 9-20），对每一段指令的操作都有据可查。

　　在数据分析的界面可以体现历史数据（图 9-21），将一段时间的土壤和环境数据进行列表呈现，可以查询在选择的时间范围内，每 5min 环境和土壤的确切数据信息。利于研究及试验的精准性和可靠性。

序号	设备名称	所在位置	节点	端口号	设备类别	控制模式	状态	操作
1	备用1	西农温室智能管控系统 玻璃温室 部署位置：大棚温室	2311	16	喷灌	手动	正常	
2	补光1	西农温室智能管控系统 玻璃温室 部署位置：玻璃温室	2312	64	补光	手动	正常	
3	补光2	西农温室智能管控系统 玻璃温室 部署位置：玻璃温室	2311	32	补光	手动	正常	
4	顶窗	西农温室智能管控系统 玻璃温室 部署位置：玻璃温室	2312	1	顶开窗	手动	正常	
5	内遮阴	西农温室智能管控系统 玻璃温室 部署位置：玻璃温室	2312	4	内遮阳	手动	正常	
6	湿帘窗	西农温室智能管控系统 玻璃温室 部署位置：玻璃温室	2312	8	卷帘	手动	正常	
7	湿帘风扇	西农温室智能管控系统 玻璃温室 部署位置：玻璃温室	2312	16	风机	手动	正常	
8	湿帘水泵	西农温室智能管控系统 玻璃温室 部署位置：玻璃温室	2312	32	制冷	手动	正常	

图 9-17　物联网设备管理图

1	备用1	大棚温室	喷灌	正常	启动	停止
2	补光1	玻璃温室	补光	正常	启动	停止
3	补光2	玻璃温室	补光	正常	启动	停止
4	顶窗	玻璃温室	顶开窗	正常	展开 合拢	停止
5	内遮阴	玻璃温室	内遮阳	正常	展开 合拢	停止
6	湿帘窗	玻璃温室	卷帘	正常	展开 合拢	停止
7	湿帘风扇	玻璃温室	风机	正常	启动	停止
8	湿帘水泵	玻璃温室	制冷	正常	启动	停止
9	水泵	玻璃温室	滴灌	正常	启动	停止
10	外遮阳	玻璃温室	外遮阳	正常	展开 合拢	停止
11	照明1	玻璃温室	补光	正常	启动	停止
12	照明2	玻璃温室	补光	正常	启动	停止
13	照明3	玻璃温室	补光	正常	启动	停止

图 9-18　物联网手动控制界面图

农业生产物联网监控平台　　　　　— □ ×

手动控制设备参数配置　　　　　　启动设备　取消

设备名称	补光2	
部署位置	玻璃温室	
设备类型	补光	
控制时间	10	✔ 输入完成
控制强度	10	✔ 输入完成
备注说明	为防止误操作，配置内容仅当前会话有效，注销再登录后需重新配置。同一会话中，已配置的设备进行控制操作时无需再次配置。	

图 9-19　物联网手动控制操作界面图

历史命令查询

所在基地：西农温室智能管控系统　▾　命令时间：　　－　　　　查询

序号	类型	添加时间	基地	节点/端口	设备名称	控制指令	执行状态
1	下发指令	2022-05-09 10:21:52	西农温室智能管控系统[2300]	2312 16	湿帘风扇	启动 10 秒	执行确认
2	下发指令	2022-05-09 10:20:27	西农温室智能管控系统[2300]	2311 2	照明1	启动 10 秒	执行确认
3	下发指令	2022-05-09 10:20:04	西农温室智能管控系统[2300]	2311 4	照明2	启动 10 秒	执行确认

图 9-20　物联网历史命令查询界面图

　　同样数据也可以选择进行图形处理，用折线图的形式对数据进行更为直观的描述，可以看到某一物理量在一段时间内的线性变化。也可以将几个物理量放在一张图表上进行比较，如图 9-22 所示将环境温度和土壤温度放在一张折现图中进行图表比较。通过不同的颜色标注来区别不同的监控类型，通过刷新的功能图表也可实时刷新。

图 9-21　历史数据查询界面图

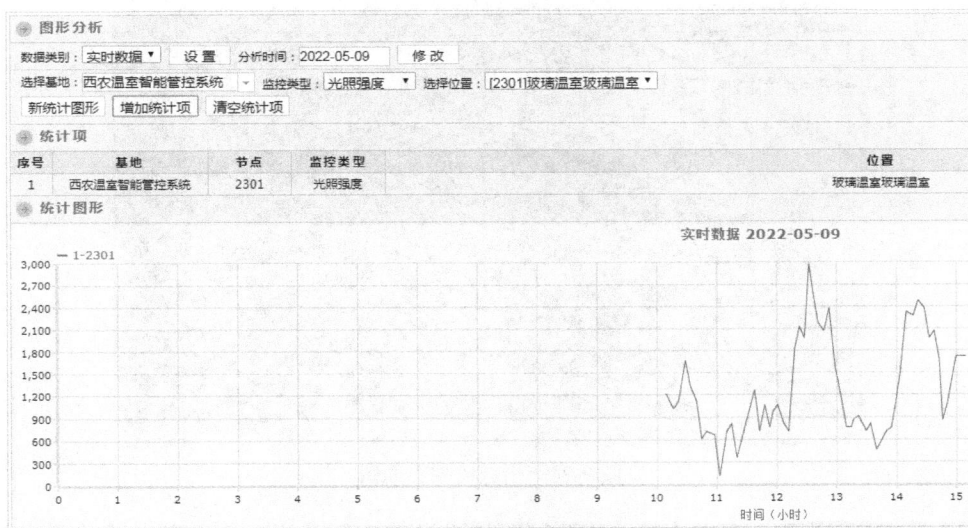

图 9-22　数据统计表格图

预警功能是当前用户可以设置一个上下限的阈值，在规定时间段的范围内如果采集器检测到的数据不在设置的上下限范围内，系统会自动发出预警，提示管理人员进行手动控制操作。并且可以设置多个数据的预警模式，对多个数据进行实时的监控。在预警日志当中可以查询历史的预警记录以便于更好地检测数据的预警值（图 9-23）。

在摄像监控界面（图 9-24），可以通过旋转摄像头，拉取焦距，对准光圈等功能，近距离观察农作物的生长，以及对于控制器的工作状态进行检测，真正实现无人值守。

9.3.2.4　程序设计

由于设计的代码中部分代码会重复并且相对比较繁琐，但是在 Visual Studio 中设计 C# 可以利用软件中拉取窗口自动生成代码程序，简化了程序的设计，并且可以帮助操作人员有

图 9-23　预警功能的设定图

图 9-24　摄像监控界面图

更多的精力去优化程序。在本次农业物联网管控平台的软件设计中主要完成了对于程序的解读和对于主界面的优化，以及使软件功能更加完善，整个优化程序中最为重点的是启动预警功能，整个预警功能代码程序的实现由以下两个部分组成，绑定特定控制器和对收集到的环境检测设备中的信息进行判断，看是否达到预警条件。

1. 代码对应特定的控制器

在本次设计的农业物联网管控平台中，核心是人可以通过客户终端对相应的继电器发出控制指令，使控制器进行操作，实现人机交互。关于绑定控制器方面的程序改动，首先，两个控制器中的任何一个都可以自由地耦合到任何输出上，这样计划的控制信号就可以根据特定的请求进行准确的通信。具体来说，需要改变多种因素的组合，如土壤湿度、综合温度、光和植物所需的空气湿度。由于在当前情况下，可以使用多种条件来确定理想的土壤湿度，可能需要通过控制同一个控制器来满足特定控制器的组合，因此无法合法化，所以需要不同组输出路径并由不同的控制器绑定。

2．实现自动控制的代码设计

自动控制是实时传感器数据采集的核心路径，用以确定用户设置的上下限阈值是否由控制信息发出。由于传感器自动控制功能组的启动代码基本相同，下面是环境水分控制分析的一个例子。

首先，在运行程序之前必须考虑特定的控制继电器。系统默认为第一个控制器，它结合了土壤湿度、空气湿度、光照强度。

在将上下限阈值写入控制器记录组合ID0且确定分组控制正确之前，先确定是否为分组，然后再正确写入。当在自动清除网格中输入的文本为错误的字符时，如果再输入正确的字符和绑定信息，则用户输入的文本将自动删除，并给简单用户进行检查。

所以设计程序的功能就是将环境检测设备的数据采集后经由 4G DTU 传输给控制器，与软件平台端中的用户设置的限值进行比较，超出用户设置的上下限阈值，则平台发出预警信息，提示操作人员进行手动操作控制。

9.3.2.5　程序调试

程序调试是为了优化程序，使对应的程序在本案例的农业物联网管控平台系统中得以正常运行，并且在不断的调试中寻找逻辑语句的错误，改正出 error 的语句，并且在改正过程中反思为什么会出现语句的错误，在改正后能否继续实现应有的软件功能。在软件程序设置好后，生成 exe 文件，连接服务器并生成客户终端，如本案例中的预警功能，就应当在软件系统中设置好上下限的阈值，并观察在设置好之后，软件是否会自动发出预警，发出预警则预警功能得以实现，软件改动成功。

程序的调试和修改十分繁琐复杂，并且十分枯燥，保持一个积极求索的态度至关重要，并且应当充分借鉴前人的思路，取长补短。优化自己的系统，使软件功能更加的完善，更加的便利，具有可实用性、可推广性等优点，这就是软件调试的目的所在。

9.4　拓展与思考

视频

9.4.1　应用拓展

为推动果园灌溉工程在智慧管理水平上的提高，本案例利用无线网络通信技术和物联网技术，设计出一个果园农业物联网远程管控系统；建立了果园物联网感知层，能够自动采集温、湿、水、气等信息；建立了节能物联网传输层，实现数据实时传输；构建节水节能果园物联网系统管理平台，完成作物生长因子的自动采集、实时传输和远程控制，实现对果园现场的随时随地远程监控；建立示范点，为果园远程智能管控系统的设计提供借鉴。本案例所介绍的果园灌溉工程智能化管理技术以及管理系统，可以推广到果园其他作业管理中，如果园病虫害防治、果园除草、施肥，以及水肥一体化管理等。

9.4.2　思考

（1）通过本案例，请总结果园灌溉物联网智能监测和管控系统的功能，以及可以进一步拓展的监测指标、控制功能有哪些？

（2）如果要将本案例的相关技术推广应用到温室或大田，如何提高在温室、大田环境下系统的稳定性？

<h1 style="text-align:center">参 考 文 献</h1>

海涛，陆猛，周文杰，等，2021. 基于 LPWAN 物联网与专家系统的果园精准灌溉研究. 中国农村水利水电，（9）：128-133.

王斌，孙培钦，龙燕，等，2017. 基于 MS10 的田间无线精准灌溉系统. 节水灌溉，（3）：92-96.

吴凤娇，孙培钦，龙燕，等，2018. 基于 C#和 Access 数据库的无线精准灌溉系统软件设计. 节水灌溉，（6）：78-82.

曾镜源，洪添胜，杨洲，等，2020. 果园灌溉物联网实时监控系统的研制与试验. 华南农业大学学报，41（6）：145-153.

Chen F, Tian W F, Zhang L Y, et al., 2022. Fault diagnosis of power transformer based on time-shift multiscale bubble entropy and stochastic configuration network. Entropy, 24: 1135.

Ma T, Wang B, 2021. Disturbance observer-based Takagi-Sugeno fuzzy control of a delay fractional-order hydraulic turbine governing system with elastic water hammer via frequency distributed model. Information Sciences, 569: 766-785.

案例十　基于近红外光谱技术的水果品质动态在线检测

10.1　案例简介

我国是水果生产大国，水果产业自 20 世纪 90 年代以来发展迅速，已成为我国农村经济发展的一大支柱产业，为促进农民增收、改善生态环境做出了贡献。我国水果产量很大，但国内水果价格低廉，"卖果难"问题时有发生。在国际市场上，由于采后检测、分级技术落后而导致品质较差、规格不统一等问题，使得我国水果缺乏竞争力，出口量不到国际水果贸易的 3%。由水果产销趋势可知，水果产值大部分是由产后处理和产后加工创造的。水果的分级指标分为外部品质和内部品质两个方面。外部品质指标包括果形、大小、色泽、表面质量及颜色等，其中水果的表面质量可以通过表面光洁度、表面缺陷（斑点、污点、烂坏）及损伤来描述。内部品质指标包括糖度、硬度、酸度、可溶性固形物等。传统的水果内部品质化学分析方法存在破坏样品、操作繁杂、周期长及无法实现实时在线检测等缺点。利用光谱技术进行果品内部品质检测已成为一个研究热点。设计开发高效、可靠的水果在线检测装备和检测系统，具有极广阔的产业价值和应用前景。

10.2　基础知识

近红外光谱技术具有无损、效率高、快速、重现性好，适于现场检测和在线分析等特点，已在提高水果生产技术自动化水平和水果质量方面发挥了重要作用。本案例介绍 3 种水果内部品质无损检测方法。

10.2.1　马家柚糖度在线检测模型

采用近红外光谱漫透射技术结合偏最小二乘和最小二乘支持向量机模型，经过求导、多元散射校正（MSC）、平滑处理后获得柚子的可见/近红外光谱，用变异系数法对光谱去差异化。涉及的基础知识包括：①偏最小二乘、最小二乘支持向量机等；②光谱曲线求导、MSC、平滑处理。

10.2.2　套网丰水梨糖度在线检测模型

通过 Kennard-Stone（K-S）方法对样品进行划分，采用二次多项式拟合来剥离网套光谱的方法结合偏最小二乘法建立模型，二次多项式拟合可以消除带包装背景后的光谱，提高模型的精度。涉及的基础知识包括 K-S 方法、二次多项式拟合、偏最小二乘法、残差分析。

10.2.3 鸭梨黑心病在线检测模型

该方法采用可见/近红外漫透射光谱能量吸收和反射方面的差异性鉴别梨黑心病。选用偏最小二乘判别分析（PLS-DA）、峰面积判别分析（DPA）、主成分分析（PCA）三种判别方法建模，判别梨的黑心与否，选出黑心病梨识别正确率最高的判别方法，为鸭梨出口贸易提供技术支撑和参考依据。方法中涉及的基础知识包括标准正交变换（SNV）、DPA、二维主成分分析（DPCA）、PLS-DA、MSC、PCA。

10.3　实施过程及其结果

10.3.1　马家柚糖度在线检测模型建立及应用

10.3.1.1　近红外检测分析步骤和方法

近红外光谱检测流程主要包括如下几个方面：①分别通过漫反射或透射方式采集具有代表性的样品近红外光谱；②进行样品光谱数据的预处理，以消除样品大小对数学模型精度的影响；③利用国家或国际认证的标准理化分析方法，分别测定样品内部各种成分的准确含量；④利用化学计量方法提取样品光谱的各成分相关特征信息，建立样品内部成分与近红外光谱关系的数学模型；⑤在相同条件下采集未知样品的近红外光谱；⑥根据建立的数学模型来预测未知样品的内部成分含量。

近红外在线检测样品的品质实际上是一种间接性检测技术，主要的检测过程大体分为两大步骤：校正模型的建立和未知样品的验证，其流程如图 10-1 所示。首先确定近红外检测样品品质的实验方案；其次选定实验检测设备，购买实验样品并选择代表性样品；然后动态采集样品的光谱数据，测定实验样品待检测品质的真实值；最后构建模型，对未知样品验证。

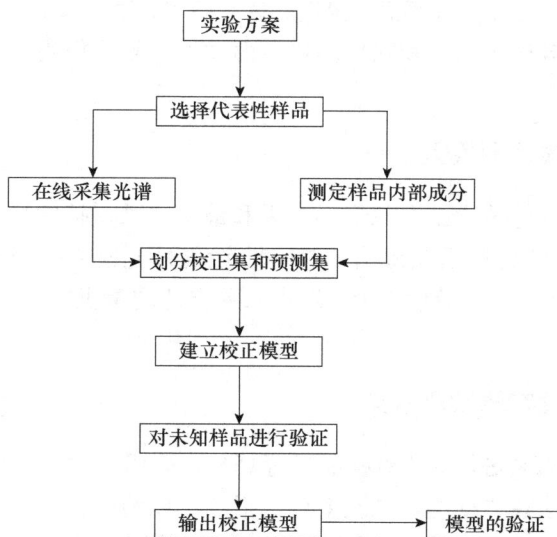

图 10-1　近红外检测样品分析流程图

通常建立数学模型的方法有很多种，在利用近红外光谱检测样品时，一般用多元校正方法建立校正模型。多元校正主要分为线性校正方法和非线性校正方法两种，其中线性校正方法包括：多元线性回归（MLR）、主成分回归（PCR）和偏最小二乘法（PLS）等。非线性校正方法包括：局部权重回归（LWR）、人工神经网络（ANN）和支持向量机（SVM）等。其中，在线性校正方法这类中偏最小二乘法比较广泛地用于近红外检测样品品质的模型建立；另外，在非线性校正方法中支持向量机也越来越多地应用于近红外检测模型的建立。

10.3.1.2　试验样品与方法

马家柚是江西省上饶市广丰区的一种地方特产水果，属于红心柚的一种，具有果肉细嫩、甜脆可口、色泽浅红等特点，是我国主要的八大柚类之一。本试验所采用的马家柚样品来源于江西某公司，样品抵达实验室后，在室温 20℃，空气湿度 50%～70% 的实验室中进行存放。试验开始前需要对样品进行挑选和简单处理，从所有马家柚样品中挑选出外形较为规则，且样品表面无明显损伤和疤痕的马家柚 108 个，然后对挑选出来的马家柚样品进行编号及清洗干燥等处理，以去除样品表面灰尘。对每个马家柚样品进行编号处理后，在样品赤道位置均匀标记 6 个点，并作为样品光谱采集和糖度真值测量点（图 10-2）。为减小温度对样品光谱采集的影响，将样品置于实验室环境中保存 24h，待样品温度与实验室温度基本一致后进行马家柚样品的光谱采集。采用 K-S 算法对所有马家柚样品进行校正集和预测集划分，其中校正集 72 个样品，预测集 36 个样品。

图 10-2　马家柚样品

在光谱采集试验前，首先开机预热 30min，然后采集白色特氟龙球光谱作为参比，在采集过程中，观察光谱采集软件光谱采集界面中每条光谱的能量谱强度标准差变化，当强度标准差变化范围小于 1% 时，表示系统电压比较稳定，此时可开始马家柚样品光谱采集。马家柚样品光谱采集前在软件中进行参数设置，其中积分时间设置为 80ms，样品运动速度为 5 个/s，采集光谱波长范围为 350～1150nm。

光谱采集时，需要人工放置柚子样品，并按照样品标号顺序，依次将标号对应的赤道部位表面对准果杯通光孔放置，同时保证柚子果柄和底部方向与果杯传送方向一致，这样能保证光源能够完全透射过柚子样品并被光纤探头接收。当柚子样品经过光纤探头的位置时，通过光电接近开关使光谱仪触发，光谱采集系统将采集到该样品的近红外漫透射光谱，并通过光谱采集软件保存到计算机中。

在所有马家柚样品光谱采集完毕之后，再进行马家柚样品糖度含量的测定。测定糖度值前，需先用纯净水将糖度计进行标定，待标定数字显示为零后方可进行糖度值测定。由于柚子果皮较厚，需切取各标记处赤道部位约 10～15mm 厚处的果肉，并挤出果汁滴于糖度计检测口中。重复 3 次测量，取 3 次测量的糖度平均值作为柚子样品的糖度含量真值。测量完毕后得到马家柚样品糖度值统计结果如表 10-1 所示，从表中可知预测集糖度范围在校正集糖度范围内，糖度分布较为合理。

表 10-1　样品校正集与预测集糖度统计

组别	数量/个	范围/°Brix	平均值/°Brix
总样品	108	9.5～14.0	11.99
校正集	72	9.5～14.0	12.05
预测集	36	9.5～13.8	11.88

10.3.1.3　马家柚糖度定量检测模型建立

采用 108 个马家柚样品的近红外光谱建立马家柚糖度 PLS 定量检测模型，其中校正集 72 个（N_C），预测集 36 个（N_P），校正集相关系数（R_C）与预测集相关系数（R_P）分别为 0.95、0.82，校正集均方根误差（RMSEC）和预测集均方根误差（RMSEP）分别为 0.20%、0.49%。随着主成分因子数的增加，该模型的校正集均方根误差逐渐降低，而模型预测集均方根误差在主成分因子数为 11 时最小。因此当主成分因子数为 11 时，模型预测集均方根误差最小，故主成分因子数可选为 11 个。

本试验建立的糖度 PLS 定量检测模型散点及拟合线图如图 10-3 所示。在各个波长点对应的回归系数如图 10-4 所示，回归系数表示各个波长点处的光谱峰值在 PLS 回归模型中所

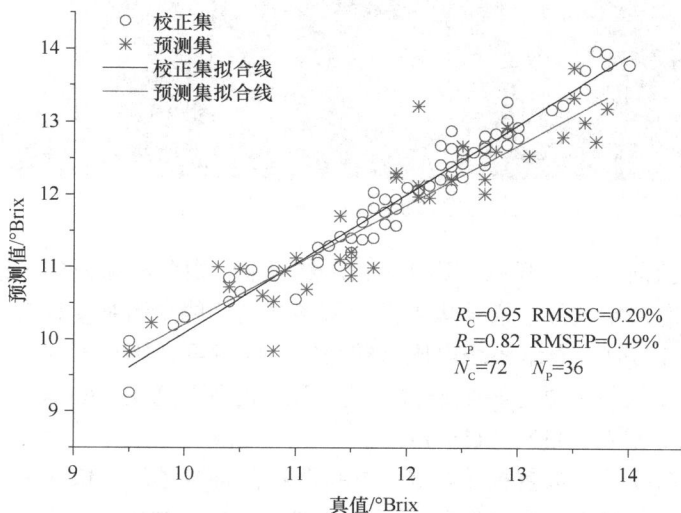

R_C=0.95　RMSEC=0.20%
R_P=0.82　RMSEP=0.49%
N_C=72　　N_P=36

图 10-3　PLS 模型散点及拟合线图

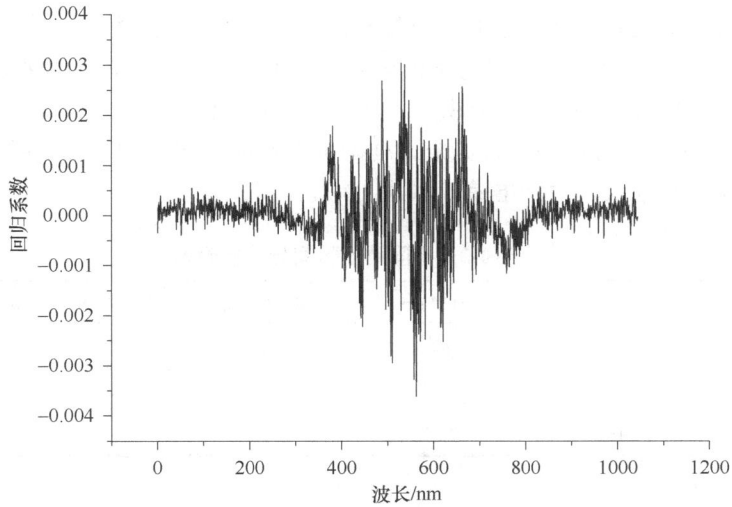

图 10-4　回归系数图

占权重比的大小，回归系数的绝对值越大，表示该波长点光谱峰值在 PLS 回归模型中所占权重比越大，对模型的影响也越大。当回归系数为 0 时，即所占权重比为 0，则表示该波长点处的光谱峰值大小对模型没有影响。分析模型回归系数能够更好地理解 PLS 回归模型，本试验建立的马家柚糖度 PLS 定量检测模型截距 $B_0 = 13.5$。

10.3.1.4　马家柚糖度在线分选应用

要实现马家柚糖度的在线检测，需要将建立的马家柚糖度 PLS 定量检测模型导入自行开发的分选软件中。模型的主要参数有模型回归系数、截距。当待检测与分选的马家柚样品经过检测工位时，系统自动采集样品的光谱，然后导入分选软件中的马家柚 PLS 糖度定量检测模型进行糖度预测，再根据糖度的预测值，将马家柚样品运送并推入对应糖度范围内的分级口，从而实现马家柚糖度在线检测及分选。现场分选情况如图 10-5 所示。

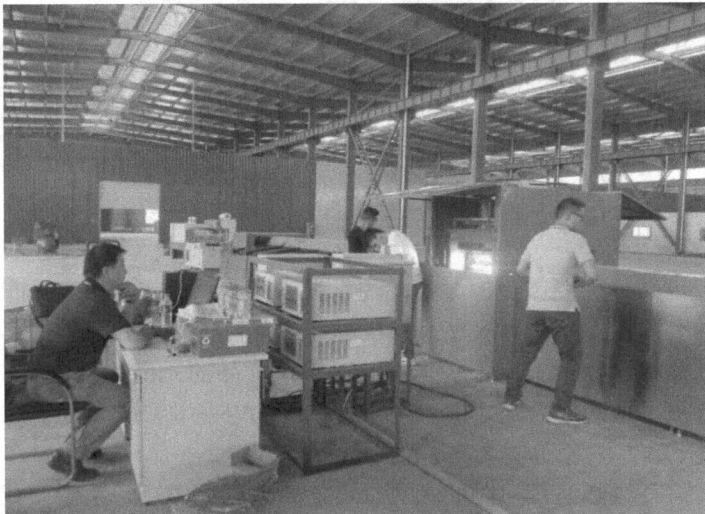

图 10-5　马家柚分选现场

同样采用人工上果的方式，按照马家柚样品的标记位置进行放置，每个样品重复测试 6 次，共测试 216 次。综合考虑所有马家柚样品的糖度真值分布情况和模型的 RMSEP，将糖度分级区间定为 9°Brix 以下、9~11°Brix、12~14°Brix、14°Brix 以上。经过分选测试后，除了有 11 次被推入相邻的分选出口，其余均准确推入对应分级口中，分选的准确率为 94.9%。各糖度分级区间正确推入次数和准确率如表 10-2。

表 10-2　不同糖度区间分选准确率

糖度区间	<9/°Brix	9~11/°Brix	12~14/°Brix	>14/°Brix	总计
正确次数	36	68	74	38	216
错误次数	2	3	4	2	11
准确率	94.4%	95.6%	94.6%	94.7%	94.9%

10.3.2　套网丰水梨糖度在线检测模型建立及应用

10.3.2.1　丰水梨样品与试验方法

试验所采用的丰水梨来源于青岛某鲜果市场，待抵达实验室后，置于实验室中保存 24h，保存环境的条件为：温度 20℃，相对湿度 40%~60%。在试验进行前需先挑选试验样品，将畸形、表面有机械损伤等异常样品剔除。试验所有样品均需去除表面灰尘。对每个样品进行编号处理，在样品果柄端每间隔 90°均匀标记 4 个点，共 160 个试验样品，将样品编号完毕后，为减小温度对试验的影响，将样品置于室温 20℃环境中保存 24h，待样品温度与室温基本一致后进行光谱采集。采用 K-S 方法对样品进行划分，其中建模集 121 个，预测集 39 个用于模型分选准确性及稳定性的评价。试验所采用的网套如图 10-6 所示，图 10-6（a）为未带包装的丰水梨，图 10-6（b）为带包装的丰水梨样品。

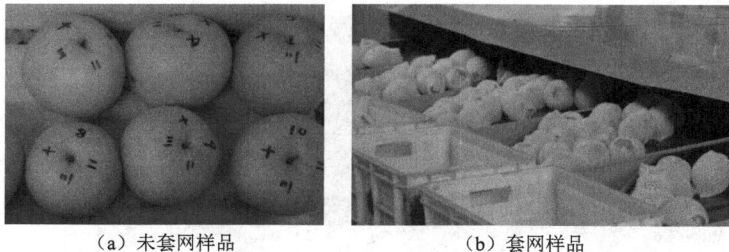

（a）未套网样品　　　　　　　（b）套网样品

图 10-6　试验样品

试验所采用装备为基于漫透射检测方式的水果内部品质动态在线检测装置，光源四周照射，检测器与探头布置在样品两侧。光通过样品，最后被探头接收，并在样品底部形成一个 5~10mm 的光斑，所以采集的光谱中包含了几乎整个样品的光谱信息，能够更好地反映样品内部的物理化学特征。光谱仪光源采用 10 个 12V、100W 的卤钨灯。试验条件为：积分时间 80ms，运动速度 5 个/s，波长范围 350~1150nm。

在光谱采集前需要预热，预热时间大约 30min，预热完成后，采用白色聚四氟乙烯参比球来校正光源强度，在光谱采集软件中观察光谱的能量强度，多次采集参比球光谱能量，其能量变化范围在 1%范围内，电压稳定，方可以开始光谱采集。每个样本沿赤道标号部位采集四条光谱。样品光谱采集时采用人工上果，将样品赤道部位放置果杯凹槽内，保证丰水梨顶与果柄连线方向与传送带运动方向一致。传送链带动果杯移动，当果杯移动至探头正上方，光电接近开关通过硬件触发，将触发信号传递给主机，最终使光谱仪触发，采用自主开发的光谱采集软件采集并保存一条光谱。硬件触发过程如下：链轮与编码盘都安装在主轴上，链轮每 4 个齿对应编码盘一个齿，且链轮 4 个齿位置安装一个果杯。光电接近开关位于编码盘下方 2mm 处，编码盘每转一齿，使得链轮传动一个果杯的行程，并触发传感器发出一个高电位信号，触发光谱仪采集一条光谱，并在相应的软件中保存光谱。

10.3.2.2 丰水梨糖度 PLS 建立及预测

PLS 是近红外分析中常用的分析手段，适合用于动态在线检测糖度，模型简单易操作，常采用相关系数及其均方根误差来综合评价模型的优劣，采用分选的准确性及重复性来评价模型的精度及稳定性。采用 160 个试验样品进行丰水梨糖度 PLS 模型的建立，其中建模集 120 个，预测集 36 个。选用 600~900nm 波段范围内进行模型建立，分别建立未带包装的丰水梨 PLS 模型、带包装的丰水梨 PLS 模型及消除网套光谱背景后的 PLS 模型。根据样品的残差分析，4 个样品的残差过大，可作为异常样品剔除。最佳的建模结果如表 10-3 所示。

表 10-3 建模结果统计

项目	最佳主成分因子数	RMSEP/%	RMSEC/%	R_C	R_P
未带包装	9	0.485	0.377	0.93	0.85
带包装	9	0.640	0.503	0.88	0.77
二次多项式拟合光谱背景消除	10	0.505	0.328	0.95	0.84
三次多项式拟合光谱背景消除	10	0.506	0.328	0.95	0.84

由表 10-3 可知，采用未带包装丰水梨的光谱建立的糖度偏最小二乘模型选用 9 个主成分因子数时建模效果最佳。建模集相关系数（R_C）为 0.93，预测集相关系数（R_P）为 0.85，且建模集均方根误差（RMSEC）为 0.377%、预测集均方根误差（RMSEP）为 0.485%。而采用带包装后的丰水梨的光谱建立的糖度偏最小二乘模型最佳主成分因子数为 9，其建模与预测集相关系数与未带包装的模型相比明显降低，为 0.88、0.77，而均方根误差也显著变大，为 0.503%、0.640%。模型精度降低，主要是因为采用带包装后的丰水梨采集的光谱信噪比比带包装前低，光谱中有效信息变少，最终导致建模效果变差。而采用多项式拟合的方法消除带包装背景后的光谱所建立的模型，其相关系数及均方根误差相比都得到显著提高，建模集与预测及相关系数为 0.95、0.84，在采用二次多项式拟合消除带包装背景后的光谱所建立的模型中，建模集均方根误差为 0.328%，而预测集均方根误差为 0.505%，与三次多项式拟合消除带包装背景后的光谱所建立的模型效果接近，但采用二次多项式拟合消除带包装背景的光谱建立的模型截距（b）为−4.1，与糖度真值接近，而采用三次多项式拟合消除带包装背景的光谱建立的模型截距为 713.7。故采用二次多项式拟合消除带包装背景后的光谱所建立的模型稳定，检测精度高。该模型回归系数及预测散点图如图 10-7 所示，图 10-7（a）为模型预测散点图，图 10-7（b）为模型回归系数。图 10-8 为该模型的预测集均方根误差与主

成分因子数的关系图，随着主成分因子数的增加，预测集均方根误差逐渐降低，到 10 的时候达到最低点，当超过 10 又缓慢增加，故模型的主成分因子数选用 10 个。

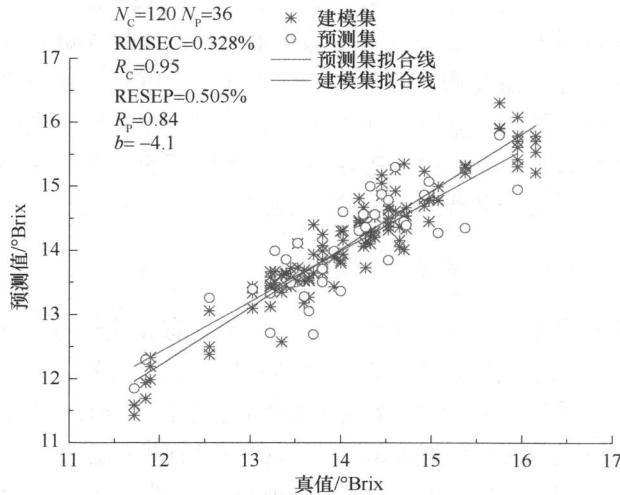

（a）模型预测散点图

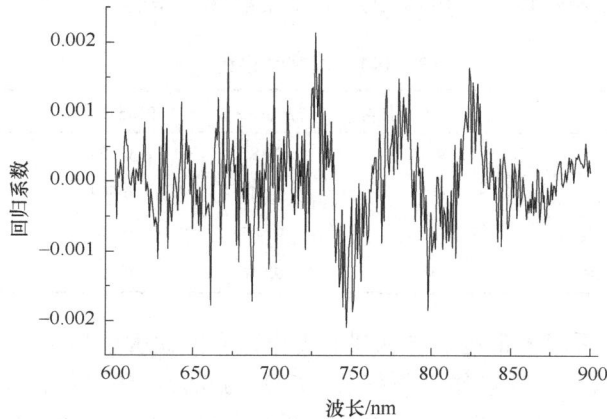

（b）回归系数

图 10-7　PLS 模型预测散点图与回归系数

模型糖度的预测通过计算光谱能量值与在该波长点的回归系数值的乘积的累加再加上截距实现。其计算公式如式（10-1）所示。

$$Y = \sum_{i=1}^{N} \beta_i \lambda_i + b \tag{10-1}$$

式中，Y 为丰水梨模型预测的糖度值；λ_i 为在第 i 个波长点时的光谱能量值；β_i 为在第 i 个波长点时的回归系数；b 为丰水梨模型的截距；N 为波长点的个数。

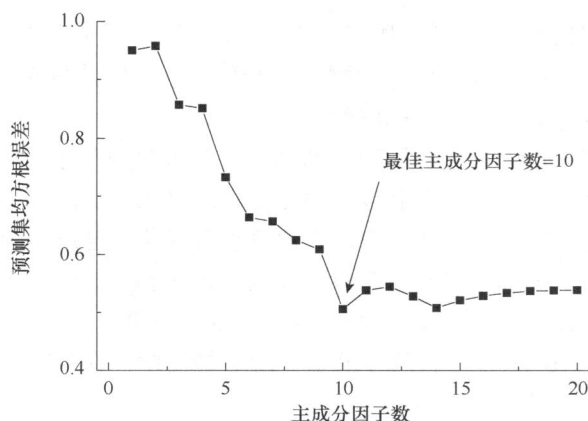

图 10-8 预测集均方根误差与主成分因子数关系图

10.3.2.3 丰水梨糖度在线分选应用

将所建立最佳的丰水梨糖度 PLS 模型的回归系数及截距导入自行开发的分选软件中,采用未参与建模的 36 个样品进行在线带包装分选准确性评价,首先将样品沿赤道位置间隔 90°标记样品,采用人工上果,按标记位置放置,每个样品测试 5 次,共测试 180 次。据研究表明,糖度存在 2%的差距,能够有明显的口感差异,综合考虑样品的真值分布情况及模型的预测均方根误差,故将糖度分级区间定为 12%以下、12%~14%、14%~16%、16%以上,其中有 10 次被推入相邻的分选出口,分选的准确率为 94.4%。现场分选情况如图 10-9 所示。

图 10-9 现场分选应用照片

10.3.3 鸭梨黑心病在线检测模型建立及应用

10.3.3.1 样品与试验材料

两种鸭梨样品采自河北某果园,同一时间入冷库贮藏,样品运抵实验室后置于实验室(20℃,相对湿度 45%~55%)条件下贮藏 24h。试验前剔除异常样品,如表面机械损伤、形状畸形、局部溃疡等,两种样品共 200 个,直径范围:67~100mm,平均值 82mm,标准偏差 4.68。将样品表面擦拭干净并分为两组,采用 K-S 方法对样品进行划分,一组 150 个作为校正集，其中正常鸭梨 80 个，黑心病鸭梨 70 个，剩余 50 个作为预测集，其中 30 个正常鸭梨，20 个黑心病鸭梨，用于评价模型的稳定性和准确性。将样品依次进行编号，每个样品沿着赤道部位等间弧度标记 3 个点，间隔约 120°。

鸭梨在采集完光谱后，进行黑心病破损判别。沿着鸭梨的赤道部位，垂直于果柄与果蒂连线方向，将水果一分为二，可以看出黑心病的发病部位在果实的心室和果柄的维管束连接处，严重时扩散到果肉部位，试验结果由多人意见综合评价。健康梨果核部位没有任何黑心症状，轻微黑心病梨的果核部位有褐色麻点，但尚未扩散到果肉，严重黑心病梨的果核褐变且已经扩散到果肉。将切开后的健康梨、轻微黑心病梨、严重黑心病梨的两部分整齐地摆放，对剖面进行拍照，如图 10-10 所示。严重的黑心病梨与正常果在外观上有所差异，而轻微的黑心病梨在外观上无明显差异。

图 10-10　黑心病判别

10.3.3.2　正常和黑心病鸭梨光谱特征分析

如图 10-11 所示为三种样品（正常梨、轻微黑心病梨、严重黑心病梨）的光谱能量图，方形曲线表示正常梨的光谱能量图，三角形曲线表示轻微黑心病梨的光谱能量图，圆形曲线表示严重黑心病梨的光谱能量图。在 620～700nm 波段间能量谱差异明显，其他波段差异不明显。从图 10-11 可以看出，正常梨在光谱 700～830nm 范围内，有明显的吸收峰，而黑心病的梨在整个光谱区间内无明显吸收峰。正常梨的光谱能量谱高于轻微黑心病梨，严重黑心病梨的光谱能量最低。

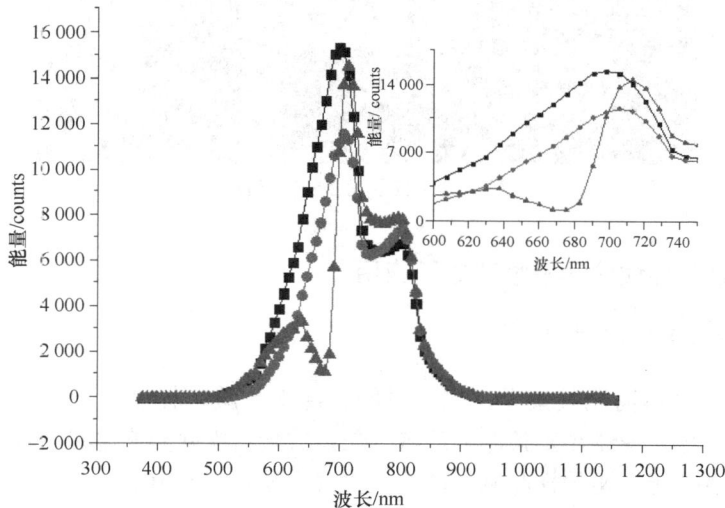

图 10-11　光谱能量图

正常梨的细胞间充满空气，能量损失主要是散射导致的，而黑心病发病部位在果核周围，由于多酚氧化酶的活性增高，促使果心及果肉组织发生氧化，细胞代谢加快，果肉呈棕色或褐色，果核变黑，对可见光的吸收变强，透过的光的能量减少，探测器接收的能量光谱值低。

10.3.3.3　黑心病鸭梨判别分析

1．峰面积判别分析

由于正常梨、轻微黑心病梨、严重黑心病梨的能量谱存在着很大的差异，近红外光谱吸收峰面积积分值与样品化学值浓度存在着函数关系，可以先对光谱进行标准正交变换（SNV）和多元散射校正（MSC）平滑处理，再计算样品的能量谱峰面积。

在光谱波长 620~700nm 之间，正常梨与黑心病梨的峰面积没有重合，且轻微黑心病梨与严重黑心病梨的峰面积没有重合，主要是由于内部化学值的变化导致光谱能量的多寡差异性。正常梨建模集峰面积的最小值是 1694.51，最大值是 32 814.96，平均值是 18 594.59；黑心病梨建模集峰面积最小值是 90.3，最大值是 10 737.08，平均值 4604.39。通过对建模集峰面积计算得出，其对正常梨的正确判别率是 93.3%，黑心病梨的正确判别率是 88.5%，正常梨和黑心病梨之间有较大的判别误差。此方法的不足之处在于易将黑心病梨判别为健康梨，这在出口贸易中是不允许的，因而无法满足实际生产的要求。

2．二维主成分判别分析

主成分分析的中心目的是降维，使少量几个新变量是原来变量的线性组合，同时这些变量要尽可能多地表达原变量的数据特征而不丢失信息。经过二维主成分分析（DPCA）处理后得到的新变量相互正交，互不相关，消除了大多数共存信息中相互重叠的部分，即消除变量之间可能存在的多重共线性。去第一主成分和第二主成分的得分，对原始光谱进行建模，前 7 个主成分的累积可信度达 99% 以上，同时得到健康梨和黑心病梨的欧氏距离散点图（图 10-12）。健康梨的最大距离 37 651.01，最小距离 2.05，平均距离 6411.87；黑心病梨的最大距离 13 086.99，最小距离 1.44，平均距离 6688.07。基于以上统计数据，设定阈值为 6983.26。从图 10-12 散

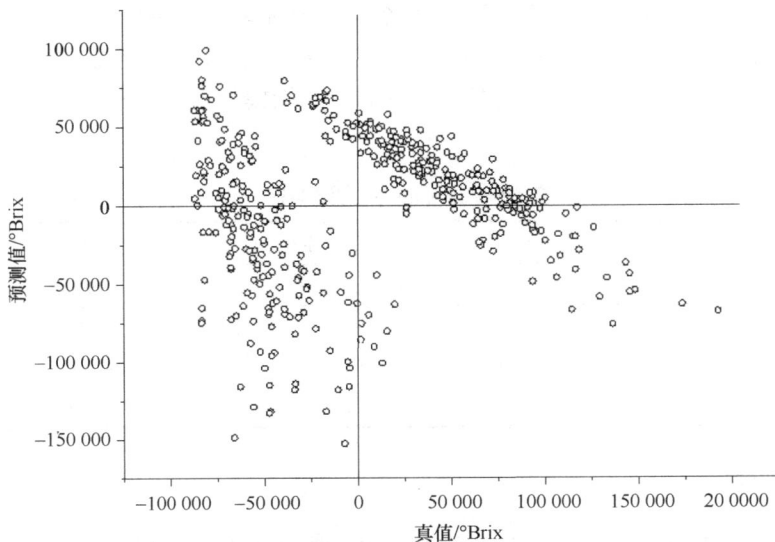

图 10-12　二维主成分分析法

点图上可以看出，健康梨距离几何中心的距离与黑心病梨的差距较大，健康梨和黑心病梨只有很小的重叠区，可以很好地进行区分。判别统计结果为：其中有健康梨的正确判别率为97.3%，黑心病梨的误判率为3.1%。此方法较前一种方法在误判率上降低很多，但仍然存在着黑心病梨误判，无法满足出口业的标准，需要进一步研究。

3.偏最小二乘判别分析

为了对健康梨和黑心病梨进行有效的分选，采用偏最小二乘判别分析（PLS-DA）方法建立了样本分类变量与近红外光谱的校正模型。由于健康梨和黑心病梨具有不同的光谱能量，按照样本特征及正相关规律赋予每个样品分类变量值，经过多次对分类变量进行赋值判别，比较不同赋值分类变量下的判别结果，得出如下结论：其中健康梨的标定值是 4，由于轻微黑心的梨在运输过程中会较快地变成黑心，将轻微黑心和黑心样品共同标定为 1 取得的判别效果最优。对样品的近红外光谱图和样品的分类变量值建立偏最小二乘（PLS）回归模型。通过 PLS建立的回归模型的最佳因子数是 12，校正集的相关性 $r=0.971$，预测集的相关性 $r=0.969$。

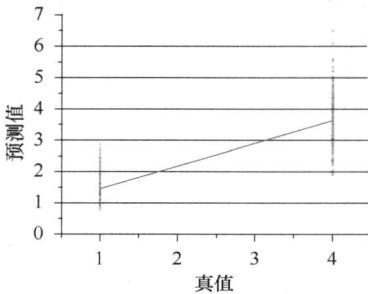

图 10-13　PLS-DA 方法

根据 PLS-DA 的判别准则：当一个样品预测值在其标定值为中心某一假定区域内时，认为判别正确，否则认为误判。参与建模的所有样品的预测值都在标定值的加减 1范围内，设定预测输出值在某类标定样品的加减 1 以内，认为样品属于该类型。从图 10-13 中可以看出，当模型的输出值在 4±1 的范围内时，认为该样品是健康梨，在1±1 内时，认为该样品是黑心病梨。健康梨的正确判别率为 96.5%，黑心病梨的误判率为 0，满足可以把健康梨判别为黑心病梨，但是不能把黑心病梨判别为健康梨的要求。

4.三种判别模型对比分析

分别利用峰面积判别分析（DPA）、二维主成分分析（DPCA）、偏最小二乘判别分析（PLS-DA）方法建立鸭梨的健康梨和黑心病梨的分类模型，对预测集中的未参加建模的 30个健康鸭梨，20 个黑心病鸭梨样本进行判别分析，结果如表 10-4 所示。

根据判别结果可知，DPA 和 DPCA 均有把黑心病鸭梨误判为健康梨的现象，而 PLS-DA没有出现黑心病鸭梨误判为健康梨的现象，PLS-DA 判别模型对预测集中相应的鸭梨样本特征的预测结果最好。

表 10-4　不同判别方法对比

分组	峰面积判别分析		二维主成分分析		偏最小二乘判别分析	
	健康	黑心病	健康	黑心病	健康	黑心病
判别数量/个	30	20	30	20	30	20
误判数/个	2	2	1	1	0	0
正确判别率/%	93.3	90	96.7	95	100	100

10.3.3.4　结论

能量谱经标准正交变换（SNV）后，采用 DPA 法建立判别模型，对健康梨的正确判别率是 93.3%，黑心病梨的正确判别率是 88.5%；对原始光谱进行主成分分析，取 7 个主成分建立 DPCA 模型，健康梨的正确判别率为 97.3%，黑心病梨的正确判别率为 96.9%；能量谱经多元散射校正（MSC）处理后，建立 PLS-DA 样本分类变量模型，健康梨的正确判别率为 96.5%，黑心病梨的正确判别率为 100%，判别正确率最高。试验表明：可见/近红外漫透射光谱在线检测梨黑心病具有可行性。

10.4　拓展与思考

10.4.1　应用拓展

本案例通过近红外光谱技术实现了水果内部品质的无损快速检测，并设计开发了相应的水果内部品质分级装置，通过开发水果内部品质检测模型，实现了水果糖度、内部病害的有效识别。案例中所使用的技术还可以拓展运用到检测肉类的内部品质、新鲜程度判别等方面上，也可以移植到其他的蔬菜，如黄瓜、毛豆等。

10.4.2　思考

（1）农产品内部品质检测中，果品大小与光谱功率有无关联？从节约能量的角度，如何考虑检测线设计？

（2）能不能设计一种方案，利用一次光谱获取同时得到果品内部病害和品质（如糖度）信息？

参 考 文 献

褚小立，王艳斌，陆婉珍，2007. 近红外光谱仪国内外现状与展望. 分析仪器，（4）：1-4.

郭培源，付扬，2011. 光电检测技术与应用. 北京：北京航空航天大学出版社.

刘燕德，2007. 无损智能检测技术及应用. 武汉：华中科技大学出版社.

刘燕德，2017. 光谱诊断技术在农产品品质检测中的应用. 武汉：华中科技大学出版社.

刘燕德，程梦杰，郝勇，2018. 光谱诊断技术及其在农产品质量检测中的应用. 华东交通大学学报，（4）：1-7.

刘燕德，施宇，蔡丽君，等，2013. 基于 CARS 算法的脐橙可溶性固形物近红外在线检测. 农业机械学报，
　　44（9）：138-144.

刘燕德，翟建龙，2014. 脐橙可溶性固形物的在线近红外光谱检测. 西北农林科技大学学报：自然科学版，
　　42（3）：186-190.

刘燕德，张光伟，谢小强，2012. 农产品质量光学无损检测研究进展. 全国近红外光谱学术会议.

陆婉珍，2001. 近红外光谱仪. 石油仪器，15（4）：30-32.

欧阳爱国，谢小强，刘燕德，2014. 苹果可溶性固形物近红外在线光谱变量优选. 农业机械学报，45（4）：
　　220-225.

Atoui M A, Verron S, Abdessamad K, 2014. Conditional Gaussian network as PCA for fault detection. IFAC
　　Proceedings Volumes, 47 (3): 1935-1940.

Becker J M, Ismail I R, 2016. Accounting for sampling, weights in PLS path modeling: Simulations and empirical
　　examples. European management journal, 34 (6): 606-617.

Chen Y, 2016. Reference-related component analysis: A new method inheriting the advantages of PLS and PCA for
　　separating interesting information and reducing data dimension. Chemometrics and Intelligent Laboratory

Systems, 156: 196-202.

Jiang X, Zhu M, Yao J, et al., 2022. Study on the effect of apple size difference on soluble solids content model based on near-infrared (NIR) spectroscopy. Journal of Spectroscopy, 2022: 10.

Li L S, Li B, Jiang X G, et al., 2022. A standard-free calibration transfer strategy for a discrimination model of apple origins based on near-infrared spectroscopy. Agriculture-Basel, 12 (3): 366.

Lim K I, Liu C K, Chen C L, et al., 2016. Transitional study of patient-controlled analgesia morphine with ketorolac to patient-controlled analgesia morphine with parecoxib among donors in adult living donor liver transplantation: A single-center experience. In: Transplantation Proceedings, 48 (4): 1074-1076.

Liu Y D, Wang J Z, Jiang X G, et al., 2021. Research on Vis/NIR detection of apple's SSC based on multi-mode adjustable optical mechanism. Spectroscopy and Spectral Analysis, 41 (7): 2064-2070.

Liu Y D, Zhang Y, Jiang X G, et al., 2020. Detection of the quality of juicy peach during storage by visible/near infrared spectroscopy. Vibrational Spectroscopy, 111: 103152.

Mourad S, Valette-Florence P, 2016. Improving prediction with POS and PLS consistent estimations: An illustration. Journal of Business Research, 69 (10): 4675-4684.

案例十一　基于"端-边-云"智慧协同的森林防火监测预警系统

11.1　案例简介

森林火灾具有突发性强和破坏性大等特点，不仅威胁着人们的生命财产安全，还会破坏生态环境。因此，森林火灾发生初期的自动检测与及时预警对于保护森林资源、降低灾害损失具有重要意义（李婷婷，2022）。当前烟雾识别技术主要受限于两方面，一是提取烟雾图像特征信息时，易受到复杂森林环境中地理位置、四季交替、云雾天气、拍摄角度、自身特性等多种变化因素的影响；二是现有算法对远距离拍摄下火灾初期场景的烟雾小目标图像及视频的检测性能较低（赵恩庭，2021）。克服林区自然环境中云和雾等相似性目标、林区地形环境等多样性因素的影响，展开森林火灾初期烟雾检测的研究，对烟雾进行监测、检测、识别，并开发智能防火监测预警和指挥管理系统（Zhao et al.，2021；Luo et al.，2018），是实现森林火灾及时检测和预警的关键。

本案例的相关技术可用于大型森林火灾烟雾的识别、检测、预警，实现实时、准确、全面地监控林火，避免了传统人工瞭望观察火情的局限性，实现林区管理数字化、科学化。

11.2　基础知识

本案例综合应用计算机视觉、数字图像处理、机器学习、深度学习等多种学科和技术开展森林烟雾检测预警的相关研究，包括烟雾图像智能分类、少样本烟雾图像检测、森林烟雾预警系统开发3个方面（Li et al.，2019；Li et al.，2022a），涉及的基础知识包括数字图像处理、机器学习、域适应、迁移学习、卷积神经网络等。

11.2.1　域适应

域适应旨在缩小特征空间中源域和目标域之间的差异，是迁移学习中一个重要的分支，目的是把具有不同分布的源域和目标域中的数据，映射到同一个特征空间，寻找某一种度量准则，使其在这个空间上的"距离"尽可能近。然后在源域（带标签）上训练好的分类器，就可以直接用于目标域数据的分类。一些方法使用最大平均差来减轻域移，而另一些方法则使用对抗方法来减少域移。域对抗网络（domain adversarial neural network，DANN）由特征生成器、标签预测器和域分类器组成，如图 11-1 所示，其中，域分类器的损失（Loss L_d）在特征生成层会进行梯度翻转。域适应在计算机视觉任务中得到了广泛的应用，有效地缓解了训练样本注释的消耗，近年来也被应用于火灾烟雾检测。

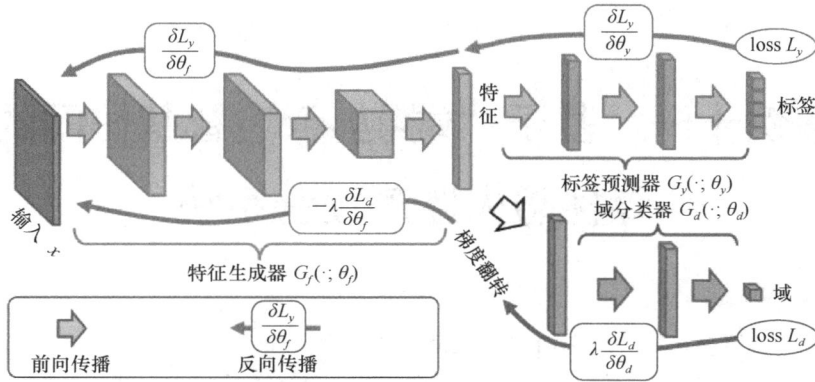

图 11-1　DANN 对抗迁移网络结构（Ganin et al.，2016）

11.2.2　有监督学习与无监督学习

有监督学习通过人工标注的训练样本（已知数据及其对应的输出），在某个评价准则下训练得到一个最优模型。再利用这个模型对未知样本进行分类。无监督学习是让计算机自己去学习怎样做事情。一种思路是在学习时不为其指定明确分类，而在学习成功时，采用某种形式的激励制度，这类训练通常会置于决策问题的框架里，通过激励正确行为、惩罚错误行为，做出获取最大回报的决定（Wu et al.，2018）。

11.2.3　特征融合网络

特征融合网络（FFN）是一个包含密集空洞卷积神经网络（DDCN）和注意力跳跃连接网络（ASCN）的双通道卷积神经网络（DCNN）（图 11-2）。采用密集空洞卷积神经网络算法提取烟雾图像的深层和抽象特征。密集空洞卷积神经网络的主干是经过 ImageNet 训练的 DenseNet169。该主干不仅具有减轻消失梯度和增强特征传播的优点，而且在各种计算机视觉任务中也取得了较为先进的显著改进。此外，为了在不增加计算成本的情况下扩展感知域，将原有的卷积层替换为扩展的卷积层（Yu et al.，2016）。

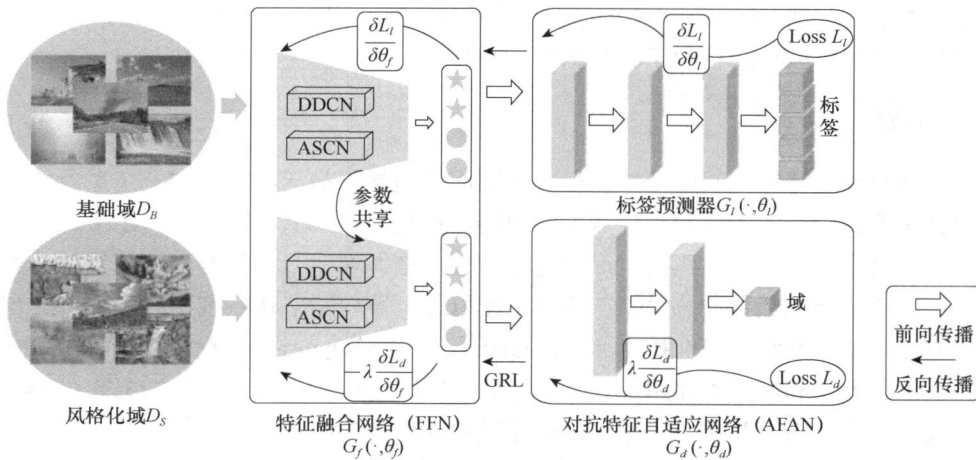

图 11-2　域对抗特征融合网络结构图（Li et al.，2022a）

注意力跳跃连接网络是以 AlexNet（Krizhevsky et al.，2012）为基本框架的浅层神经网络，擅长提取颜色和轮廓之类的浅层和细节特征。网络由 5 个卷积层、2 个批处理归一化层、5 个激活函数层、3 个最大池化层和 1 个平均池化层组成。在 AlexNet 中，批量归一化层代替了局部归一化层，加快了收敛速度，防止了过拟合。激活函数是一个称为整流线性单元（ReLU）的非线性函数。此外，注意力跳跃连接网络中的多尺度通道注意模块和跳越连接分别提高了全局信息的表示能力和特征信息的共享能力。

11.2.4　注意力原型网络

基于少样本学习的注意力原型网络可用于实现多种林区环境样本量有限情况下的烟雾检测。注意力原型网络由森林火灾烟雾特征提取模块和元学习模块两部分构成（图 11-3）。特征提取模块用于提取目标物体浅层特征，以保留图像全局信息。同时引入卷积块注意力模块用于关注目标对象，获取更具有辨别性的物体特征。元学习模块对送入的类原型和查询图像特征进行距离判定并预测标签。充分利用基于注意力机制的卷积神经网络的特征表征能力及元学习模块的少样本学习能力，通过获得更具有辨别性的物体特征实现有限标记样本情况下的烟雾检测。

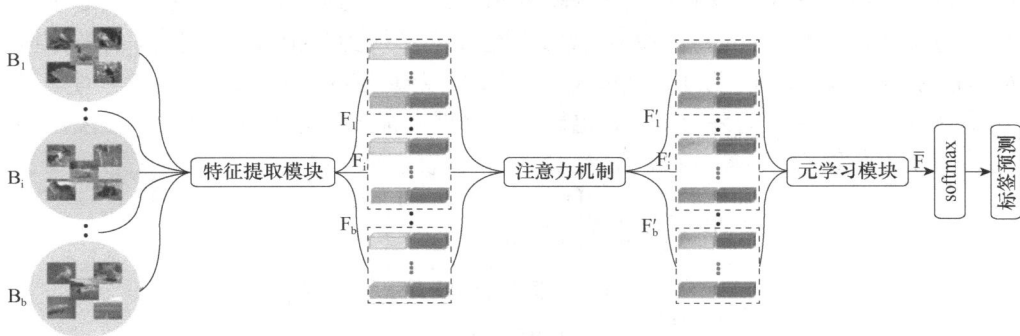

图 11-3　注意力原型网络训练流程图

11.2.5　哈达玛积

哈达玛积是矩阵的一类运算，若 $A=(a_{ij})$ 和 $B=(b_{ij})$ 是两个同阶矩阵，若 $C_{ij}=a_{ij}\times b_{ij}$，则称矩阵 $C=(C_{ij})$ 为 A 和 B 的哈达玛积，或称基本积。

$$\begin{bmatrix} a_{11}b_{11} & a_{12}b_{12} & \cdots & a_{1n}b_{1n} \\ a_{21}b_{21} & a_{22}b_{22} & \cdots & a_{2n}b_{2n} \\ \vdots & \vdots & \vdots & \vdots \\ a_{m1}b_{m1} & a_{m2}b_{m2} & \cdots & a_{mn}b_{mn} \end{bmatrix} \tag{11-1}$$

11.3　实施过程及其结果

11.3.1　基于域对抗特征融合网络的林火烟雾自动检测

11.3.1.1　融合背景信息的烟雾特征表示

为提取更具有辨别性的烟雾特征，采用双通道卷积神经网络实现烟雾抽象特征和详细特征的融合。特征融合网络包含密集空洞卷积神经网络和注意力跳跃连接网络，密集空洞卷积神经网络用于提取图像局部背景信息及烟雾抽象特征，注意力跳跃连接网络用于提取图像全局信息及烟雾详细特征。

密集空洞卷积神经网络由疑似烟雾候选区域分割策略和特征提取网络两部分构成，如图 11-4 所示。引入疑似烟雾候选区域分割策略排除图像中无关干扰物体，提出基于空洞卷积的深度神经网络来进一步检测疑似烟雾候选区域。

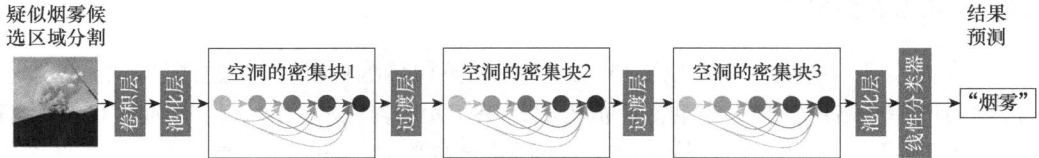

图 11-4　密集空洞卷积神经网络结构图

1. 疑似烟雾候选区域分割

采用阈值分割法进行疑似烟雾候选区域分割。在 YUV 颜色空间中，色彩信息不易受到光照变化的影响。因此，首先将图像从 RGB 颜色空间转换到 YUV 颜色空间。与非烟区域相比，烟雾区域所有像素的 U 色度分量值（U）要高于无烟区域的 U 色度分量。同时烟雾区域的 U 分量和 V 分量（V）的差值 $U-V$ 也比非烟区域高很多。非烟区域 $U-V$ 强度主要分布范围为 $0\sim40$，烟雾区域强度分布范围为 $40\sim130$。表示为

$$S_{\text{color}}^1(x,y)=\begin{cases}1 & \text{if } |U(x,y)-128|>T_{\text{u}} \\ 0 & \text{otherwise}\end{cases} \tag{11-2}$$

$$S_{\text{color}}^2(x,y)=\begin{cases}1 & \text{if } |U(x,y)-V(x,y)|>T_{\text{uv}} \\ 0 & \text{otherwise}\end{cases} \tag{11-3}$$

式中，$U(x,y)$ 和 $V(x,y)$ 是每个像素的位置 (x,y) 上的 U 分量和 V 分量强度。T_{u} 和 T_{uv} 是 U 分量和 $U-V$ 强度分割阈值。因此，疑似烟雾候选区域的分割策略表示为

$$S_{\text{color}}(x,y)=\begin{cases}I(x,y) & \text{if } S_{\text{color}}^1(x,y)=1 \text{ or } S_{\text{color}}^2(x,y)=1 \\ 0 & \text{otherwise}\end{cases} \tag{11-4}$$

式中，$I(x,y)$ 是输入 RGB 图像在像素位置 (x,y) 的强度，S_{color} 是分割后的疑似烟雾候选区域。图 11-5 显示了疑似烟雾候选区域分割的结果图，结果表明疑似烟雾候选区域分割策略能过滤掉自然环境背景中的树木、山坡、房屋等与烟雾相似度低的区域。

2. 森林烟雾图像特征提取网络

特征提取网络以 DenseNet169 为基本结构框架，DenseNet 网络设计了一种密集连接模式来实现网络各层之间的信息传递（Huang et al.，2017）。为了增大特征图的感受野，实现对局部背景重要信息的捕获，采用空洞卷积代替密集块中的普通卷积层。与普通卷积层相比，空洞卷积层中的卷积核在其参数之间有空洞，这不仅扩大了感受野还不会增加训练参数量（Yu et al.，2016）。本案例分别采用扩张率为 2 和 3 的空洞卷积代替密集块中的普通卷积。普通卷积置于空洞卷积后面，以融合提取的特征图并完善语义信息。如图 11-6 所示，其中 Conv 表示卷积层，d 代表扩张率，k 为卷积核尺寸。

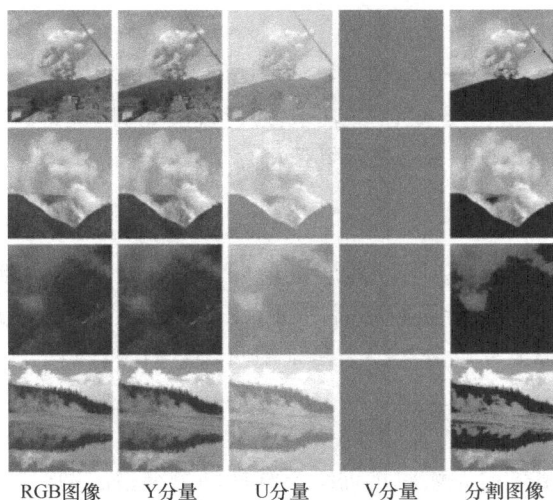

RGB图像　　　Y分量　　　U分量　　　V分量　　　分割图像

图 11-5　疑似烟雾候选区域分割结果图

彩图

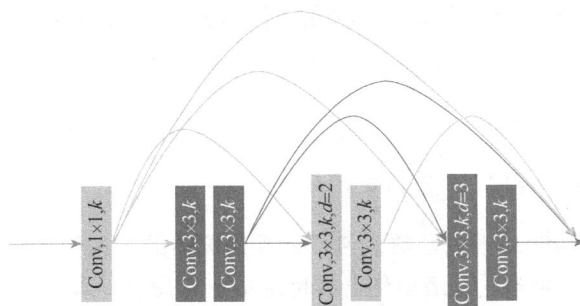

图 11-6　空洞的密集块结构图（Zhao et al.，2021）

11.3.1.2　融合多尺度注意力机制的烟雾特征表示

本案例设计注意力跳跃连接网络，通过融合多尺度注意力机制实现浅层及详细烟雾特征表示。还通过多尺度通道注意力模块提高网络全局信息的表征能力（Dai et al.，2021）。

多尺度通道注意力模块的结构如图 11-7 所示，它通过改变空间池化的大小实现多尺度的通道注意。为了使模型尽可能轻量化，只在注意力模块内将局部信息添加到全局信息中。模块选择点式卷积作为局部通道信息聚合器，因此它只利用每个空间位置的点式通道相互作用。局部通道信息 $L(x) \in R^{C \times H \times W}$ 通过一个瓶颈层计算可以保留低层次特征中的细节特征，因此，给定一个全局通道信息 $g(x) \in R^C$ 和局部通道信息 $L(x) \in R^{C \times H \times W}$，由多尺度通道注意力模块

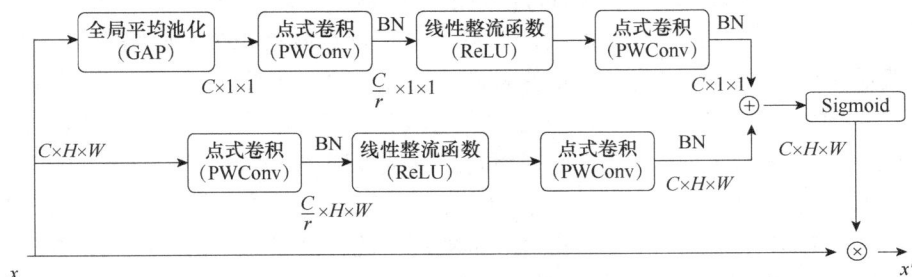

图 11-7　多尺度通道注意力模块的结构图

整合后的可以表示为

$$x'=x\otimes M(x)=x\otimes \sigma[L(x)\oplus g(x)] \tag{11-5}$$

图 11-7 和式（11-5）中，$M(x)\in R^{C\times H\times W}$ 表示多尺度注意力模块生成的注意权重；$\oplus$ 表示广播式加法；$\otimes$ 表示元素式乘法；BN 表示批量样本的归一化。

11.3.1.3　标签预测器

标签预测器包含三层全连接层、两层批量归一化层、两层激活函数层和一个分类器 softmax。此外，还在每一个激活函数层后增加了 dropout 正则化来缓解网络过拟合。标签预测器的输出是样本的检测概率，分类损失是采用负对数概率计算的。

11.3.1.4　对抗特征自适应网络

对抗特征自适应网络采用领域对抗训练方法提高烟雾检测网络的学习能力和泛化能力。这种方法不仅提高了网络的特征表示能力，还能迫使网络整合长距离的空间信息。域判别学习方法的主要目标是构建一个二分类分类器 η，使得 $x\rightarrow y$ 目标风险最小化：

$$R_{D_s}(\eta)=\Pr_{(x,y)\sim D_s}[\eta(x)\neq y] \tag{11-6}$$

式中，D_s 表示风格化域，$(D_s)^{n_s}\sim\{(x_j)\}_{j=1}^{n_s}$ 中样本标签类别是未知的；Pr 表示召回曲线。

11.3.1.5　特征融合与对抗特征自适应联合优化

域对抗特征融合网络的总损失函数既包括标签预测器的损失值，又包括对抗特征自适应网络的损失值。其中标签预测器通过最小化器目标函数进行更新，而对抗特征自适应网络通过最大化器目标函数进行更新。采用随机梯度下降法来更新学习参数。此外，在特征融合网络和对抗特征自适应网络之间插入了一个梯度反转层。当网络进行反向传播通过梯度反转层时，梯度反转层下游的损失相对其上游参数的部分导数被乘以 $-\zeta$，因此，可以将梯度反转层表示为一个正向传播和一个反向传播，这种更新方法同时具有领域不变性和判别性这两种特征。

11.3.1.6　试验结果分析

公开数据集上的测试结果如表 11-1 所示。在 Yuan_Smoke 数据集上，传统烟雾检测方法"基于噪声去除衍生物的大小和中心像素值"（HLTPMC）取得了相对较高的测试准确率（AR）98.48%。该方法的准确率略高于基于深度学习的烟雾检测方法 ZF-Net 和去噪卷积神经网络（DNCNN）的测试准确率，但是无法保证在高测试准确率的同时降低误报率。上述情况导致 HLTPMC 方法的召回率最低，因此综合分析测试准确率、召回率和 F_1 值，在固定火灾烟雾检测场景下，传统方法也具有良好的检测效果。多模型级联卷积神经网络（MCCNN）方法由于将传统烟雾检测方法和深度学习烟雾检测方法相结合，因此，测试准确率和误报率也较 HLTPMC、ZF-Net 和 DNCNN 这类单一方法有所改善。值得注意的是，MCCNN 方法与双通道动态卷积神经网络（DCNN）方法具有相同的测试准确率 99.71% 和 F_1 值 99.64%，但是 DCNN 方法具有更低的误报率 0.12%。因此，证明 DCNN 方法能够提取到更具有辨别性的物体特征，使得方法的检测性能更加良好。本案例自适应因子化网络（AFN）方法取得了最高的测试准确率（AR）99.78%，同 DCNN 具有相同的误报率 0.12%，综合考虑测试准确率、

召回率和 F_1 值这三个评价指标。本案例 AFN 方法在 Yuan_Smoke 数据集上具有最优的性能，证明了方法的有效性及其泛化能力。在 CF_Smoke 数据集上，本案例 AFN 方法达到了 96.67％的测试准确率，虽然误报率相对较高，可能原因是 CF_Smoke 数据集中目标物体较小，但是网络整体性能良好，进一步证明了方法的稳定性及泛化能力。此外，在 USTC_SmokeRS 卫星数据集上，与 SmokeNet 方法相比，本案例 AFN 方法的准确率高出 4.23％，且误报率有3.21％，仅是 SmokeNet 方法误报率的 2/5。

表 11-1　公开火灾烟雾数据集上性能对比

数据集	方法	准确率（AR）/%	检测率（DR）/%	误报率（FAR）/%	召回率（RR）/%	F_1 值/%
Yuan_Smoke	HLTPMC	98.48	99.82	2.41	96.50	98.13
	ZF-Net	97.18	94.02	0.72	98.86	96.38
	DNCNN	97.83	95.29	0.48	99.25	97.23
	MCCNN	99.71	99.82	0.36	99.46	99.64
	DCNN	99.71	99.46	0.12	99.82	99.64
	AFN	99.78	99.64	0.12	99.82	99.73
USTC_SmokeRS	SmokeNet	92.75	94.68	7.59	68.99	79.82
	AFN	96.98	98.07	3.21	84.23	90.62
CF_Smoke	AFN	96.67	96.00	3.00	94.12	94.05

11.3.2　基于特征学习的森林火灾烟雾检测方法

11.3.2.1　森林烟雾图像特征提取

卷积神经网络能够自动获取图像的浅层及深层特征。如图 11-8 所示为特征提取网络结构图，其中 MaxPooling 表示最大池化层，p 表示填充的大小，s 表示步长。特征提取网络用于提取输入图像的特征图。

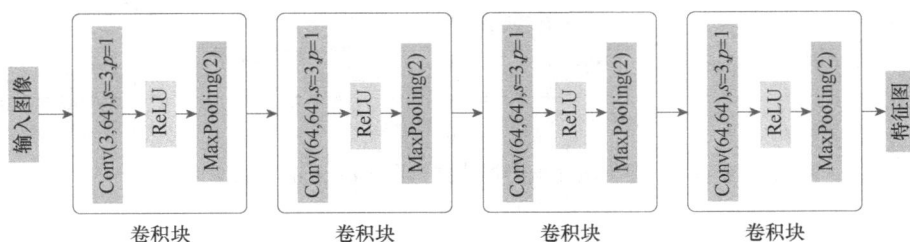

图 11-8　特征提取网络结构图（Li et al.，2022b）

此外，为了缓解过拟合并且加快收敛速度，在每一个卷积块中加入批量归一化层，由于归一化过程可能会降低输入特征的表示能力，因此引入两个可学习的参数，以转换归一化特征的比例和移动步骤。

11.3.2.2　注意力机制

为了提高目标物体的关注度及目标特征的学习能力，在特征提取网络中引入卷积块注意力模块。卷积块注意力模块由通道注意力模块和空间注意力模块两部分串联构成的。通道注意力模块能够利用特征通道间的信息，空间注意力模块可以利用特征空间之间的关系。两个操作模块互补实现小目标物体的有效关注。

在卷积块注意力模块中，一个一维通道注意力和一个二维空间注意力以串联的形式在输入特征上连续操作。针对一个中间特征图，首先通道注意力模块并行使用平均池化和最大池化分别生成结果来聚合空间信息。然后平均池化结果和最大池化结果分别被送入多层感知机来获取通道注意力特征图。生成的通道注意力与输入特征进行哈达玛积，输出通道重构特征。对一个通道重构特征，空间注意力模块首先采用最大池化和平均池化的串联操作来获取两个结果，然后将二者连接的特征描述送入一个标准卷积层以获取空间注意力特征。生成的空间注意力模块和空间注意力特征与通道重构特征进行哈达玛积操作，输出空间重构特征，从而实现输入特征的注意力特征表示。

卷积块注意力模块可以被嵌入特征提取网络的各个卷积块中。特征提取网络的第一层卷积块能够提取样本图像的浅层特征，同时保留图像的全局信息。而特征提取网络的最后一层卷积块则能够提取样本的深层特征，同时通过多层卷积保留图像的局部信息。因此，在特征提取网络第一层卷积块和第四层卷积块嵌入注意力机制，网络的特征表示能力最强，嵌入后的结构如图 11-9 所示。其中，M_{CAM} 表示一个一维通道注意力，M_{SAM} 表示一个二维空间注意力，F_k^t 表示输入特征，F_{avg}^C 表示平均池化结果，F_{max}^C 表示最大池化结果，M_{CAM} 表示通过多层感知机获取的通道注意力特征图。针对一个通道重构特征 F_k^{t+}，空间注意力模块（SAM）首先采用最大池化和平均池化的串联操作来获取最大池化的结果 F_{max}^{+s} 和平均池化的结果 F_{avg}^{+s}，再将所获得的结果连接的特征描述送入一个标准卷积层以获取空间注意力特征 M_{SAM}，再将生成的空间注意力模块和 M_{SAM} 与通道重构特征 F_k^{t+} 进行哈达玛积操作，输出空间重构特征 $F_k^{t'}$，从而实现输入特征的注意力特征表示。实验验证卷积块注意力模块嵌入在特征提取模块的第一个卷积块和第四个卷积块时，模型性能最佳。

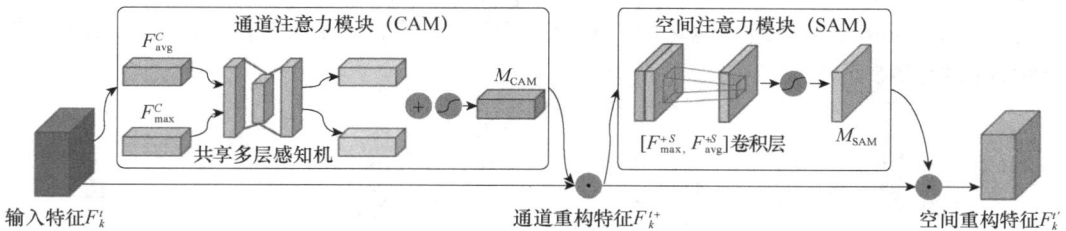

图 11-9　卷积块注意力模块结构图（Li et al.，2022b）

11.3.2.3　元学习烟雾特征距离表示

采用原型网络中的元学习模块来缓解森林火灾小目标烟雾数据量有限造成的过拟合问题。元学习假设存在一个嵌入空间，在这个嵌入空间中，每个类别的点都聚集在类原型周围。根据这个假设，使用嵌入卷积块注意力模块的特征提取模块将输入的图像样本经过非线性映射降维到嵌入空间中，以支持集中某一类别所有样本的平均特征作为类原型。然后，通过对比查询样本特征和类原型的距离对其进行分类，图 11-10 为基于元学习模块的少样本学习，其中（a）为少样本学习场景，（b）为单样本学习场景，属于少样本学习的一种特殊情况。其中 C_1、C_2、C_3 表示不同类别，x_i 表示不同类别中的样本。

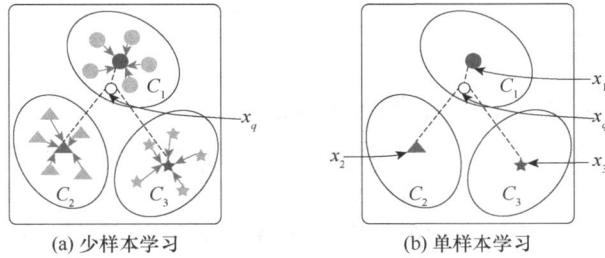

(a) 少样本学习　　　　　　　　　(b) 单样本学习

图 11-10　基于元学习模块的少样板学习（Snell et al.，2017）

　　首先元学习模块从支持集的每个类别中学习一个类原型，然后将类原型与查询图像特征进行距离比较，最后，进行特征相似性打分实现标签分类。采用欧氏距离来计算类原型 $\bar{x}_j$ 与查询图像特征 $F_k^{t'}(x_q)$ 之间的距离，查询图像 x_q 的检测概率根据 softmax 计算，表示为

$$P(y=j\,|\,x_q)=\frac{\exp\{-d[F_k^{t'}(x_q),\bar{x}_j]\}}{\sum_{j'}\exp\{-d[F_k^{t'}(x_q),\bar{x}_{j'}]\}} \tag{11-7}$$

　　其中 $d(\cdot,\cdot)$ 表示两个向量之间的欧氏距离；P 表示归一化指数函数；j 表示其相应的类别；j' 表示经计算后的相应类别；$F_k^{t'}(x_i)$ 表示查询图像特征；k 表示每个类别包含的标记样本数量。类原型计算可以用支持集上的硬聚类来表示，每个类有一个簇，每个支持点都被分配在相应的类簇中。因此，当使用布雷格曼散度时，上述类原型就可以表示支持集标签的最佳特征代表。因此，依据嵌入空间中阶级条件数据分布的建模假设进行距离函数的选择。整个学习过程中采用 Adam 来更新学习参数，以实现最小化对数概率。注意力原型网络测试结构如图 11-11 所示，其中 S_i（i=1, 2, 3, 4, 5）表示不同支持集，F 表示经过特征提取模块后所提取到的特征，将特征输入到卷积块注意力模块，其中 M_C 表示通道注意力模块，M_S 表示空间注意力模块。然后将类原型 $\bar{x}_j$（j=1, 2, 3, 4, 5）与查询图像特征 $F_k^{t'}(x_q)$ 进行距离比较，再经欧氏距离函数和归一化指数函数（softmax），最后进行特征相似性打分实现标签分类。

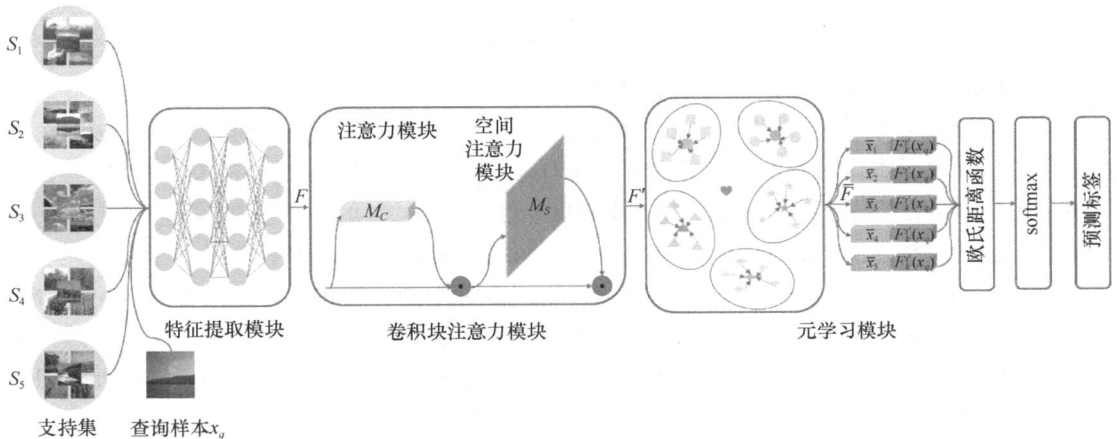

图 11-11　注意力原型网络测试结构图（Li et al.，2022b）

11.3.2.4　试验结果分析

1.　自建森林火灾烟雾少样本数据集上试验结果对比

为了验证本案例注意力原型网络（ABPN）在自建森林火灾烟雾少样本数据集上的有效性，将注意力原型网络的测试结果与现有少样本学习网络性能进行对比，经典少样本学习方法包括匹配网络（Vinyals et al.，2016）、原型网络（Snell et al.，2017），以及元学习长短时记忆网络（Ravi et al.，2017）。不同少样本学习方法的测试结果如表 11-2 所示。本案例注意力原型网络方法取得了最高的测试准确率（AR）69.83％和烟雾检测准确率（DR）84％，比原始原型网络的测试准确率和检测准确率分别高出 8.46％和 9％。本案例注意力原型网络方法的误报率仅为匹配网络误报率的 1/4。值得注意的是，匹配网络的测试结果最差且准确率最低仅有 49.93％，证明匹配网络不适用于森林火灾烟雾少样本的检测。与原型网络性能相比，其主要原因可能是距离函数的选择对网络性能存在影响。匹配网络使用的是余弦距离函数，而原型网络使用的是欧氏距离函数。与元学习长短时记忆网络相比，其主要原因可能是元学习长短时记忆网络学习了一种新的优化方法且具有良好的初始化作为训练起点，能够加快收敛速度。与本案例注意力原型网络方法相比，采用 15-way 5-shot 的片段进行训练能够取得更好的性能，因为预测 15 个类别的难度远大于预测 5 类的难度，这有助于提高网络的泛化能力，且迫使网络在嵌入空间中做出更精细的预测，进而保证了 5-way 5-shot 的森林火灾烟雾检测任务的稳定性。召回率和 F_1 值是衡量森林火灾烟雾检测方法性能的重要评价指标，召回率和 F_1 值越高表明模型性能越好。综上结果，本案例基于注意力原型网络的特征学习森林火灾烟雾检测方法在少样本烟雾检测中取得了最佳的性能。

表 11-2　不同少样本学习方法的性能对比

方法	准确率（AR）/%	误报率（FAR）/%	检测率（DR）/%	召回率（RR）/%	F_1 值/%
元学习长短时记忆网络	57.30	11.63	68.67	59.62	63.83
匹配网络	49.93	17.00	57.17	45.67	50.78
原型网络	61.37	6.63	75.00	73.89	74.44
注意力原型网络	69.83	4.13	84.00	83.58	83.79

2.　miniImageNet 数据集上试验结果对比

为了进一步验证本案例基于注意力原型网络的特征学习森林火灾烟雾检测方法的有效性，且与现有少样本学习方法进行较为公平的比较，采用与现有方法相同的训练策略并在专门用于少样本方法评估的 miniImageNet 数据集上进行测试。本案例注意力原型网络方法的测试结果与匹配网络（Vinyals et al.，2016）、原型网络（Snell et al.，2017）及元学习长短时记忆网络（Ravi et al.，2017）进行测试结果对比。上述四种不同少样本学习方法在 miniImageNet 数据集上进行 50 次测试的结果如表 11-3 所示。本案例注意力原型网络方法取得了最高的 5-way 5-shot 平均测试准确率 70.76％±0.67％，略高于原始原型网络 2.56％，高出元学习长短时记忆网络 10.07％，证明了本案例学习森林火灾烟雾检测方法在 miniImageNet 数据集上的有效性。匹配网络在 miniImageNet 数据集上的测试准确率略高于在森林火灾初期烟雾少样本数据集上的准确率，但是性能仍然表现不佳。导致低准确率的可能原因是距离函数的选择以及训练片段的选择不够合适。综上结果，验证了本案例注意力原型网络方法在 miniImageNet 数据集上的有效性及其泛化能力。

表 11-3 不同少样本学习方法在 miniImageNet 数据集上的性能对比

方法	距离函数（Dist.）	五分类准确率（5-wayAcc）
元学习长短时记忆网络	—	60.60%±0.71%
匹配网络	余弦距离	51.09%±0.71%
原型网络	欧氏距离	68.20%±0.66%
注意力原型网络	欧氏距离	70.76%±0.67%

11.3.3 基于"端-边-云"智慧协同的森林防火监测预警系统开发

11.3.3.1 总体技术路线

基于"端-边-云"智慧协同的森林防火监测预警系统是集数据采集、视频处理、防火监测、边缘计算、远程控制、北斗报文等功能为一体的智能防火监测预警和指挥管理系统，以视频监控为基础，防火报警为核心功能，同时可扩展地理信息系统、指挥决策、气象信息采集、生态建设及管理等附加功能，可实现实时、准确、全面地监控林火（图 11-12）。

图 11-12 系统结构图示

11.3.3.2 "端"——一体化智慧林火监测点设计

如图 11-13 所示，监测点配备高清长焦监控摄像头，单站点观测距离超过 10km，设备云台可进行 360°不限位旋转，可有效发现早期森林火灾烟雾，充分发挥其在森林火灾预防、扑救等工作中的优势作用；监测点搭载边缘计算模块，可在前端实现早期林火烟雾的实时、准确检测，以及监测点之间的数据共享、服务共享和资源共享；同时系统可部署在无网络覆盖的区域，充分利用边缘计算前端检测的优势，实现通过北斗短报文报告林火险情。

图 11-13 监测点设备

11.3.3.3 "边"—— 智能化的早期林火自动监测的实现

引入人工智能技术，实现更好的检测效果以及更低的漏报率和误报率。采用 11.3.1 和 11.3.2 节中所实现的神经网络模型及优化方法，实现在边缘设备上对早期森林草原火灾烟雾的高准确度实时自动检测，达到对火灾快速报告的效果（图 11-14）。

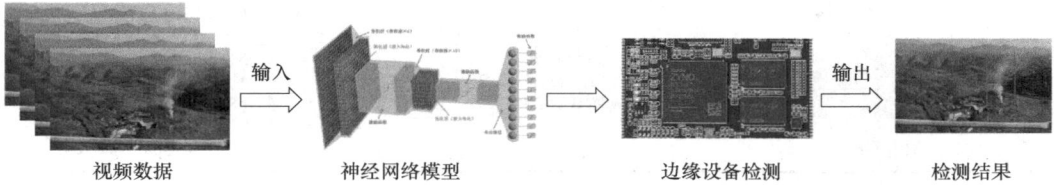

视频数据　　　　　神经网络模型　　　　　边缘设备检测　　　　　检测结果

图 11-14　基于深度学习的监测流程

11.3.3.4 "云"—— 数据库及客户端开发

首先在远程 Linux 服务器上使用 MySQL 数据库管理系统构建森林火情数据库，将火情信息、图像、专家知识等数据关联、结构化。然后机器学习算法实现合适的森林火灾烟雾识别方法，以便对来自客户端的火情进行识别。再使用 WPF 基于 Windows 操作系统完成 PC 端客户端的开发，客户端用于调用烟雾识别模型对客户端上采集的烟雾视频或照片进行识别。最后基于 Java Servlet 完成服务器端程序的开发，向客户端提供包括火灾监测、火灾档案管理、火情预测等在内的各项服务。如表 11-4 所示，每张表以火情发生时间为主键，其他字段分别对应发现局县、气象信息、经度信息、纬度信息 4 个火情数据，前端示例如图 11-15 所示。

表 11-4　火情信息的表结构

字段名	存储类型	存储长度	说明
time	TIMESTAMP	1000	发现时间（主键）
location	VARCHAR	3000	发现局县
weather	VARCHAR	3000	气象信息
longitudes	DECIMAL	3000	经度信息
latitudes	DECIMAL	3000	纬度信息

客户端的功能架构如图 11-16 所示。客户端共分为火情列表、火情预案信息两大模块。火情列表模块用于显示本时间段被识别确认为火情的火情信息，通过应用程序接口（API）

图 11-15　火情数据前端显示

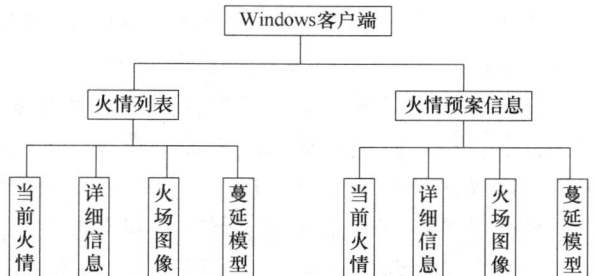

图 11-16　功能架构图

调用识别模型对采集的图像进行识别,识别确认为火情后录入相关数据在前端进行展示,并将图像上传至服务器,实现对火情图像的收集。火情预案信息模块用于用户根据火情情况从服务器请求相应的火情预案列表,点击列表选项后可以查看详细的预案信息。其客户端整体界面如图 11-17 所示。

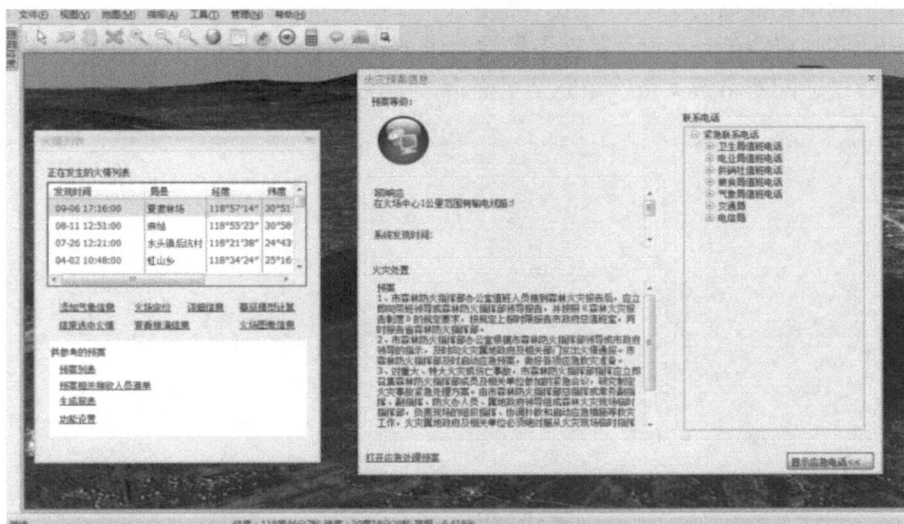

图 11-17 系统整体界面展示

11.3.3.5 功能实现

1. 火情信息查看

火情信息查看功能界面如图 11-18 所示。在左侧火情列表中点击选中火情,可在列表下方的功能模块中,选择对当前火情需要进行的操作,包括添加气象信息、火场定位、详细信息查看、蔓延模型计算、火场图像信息、推演结果查看及结束选中共 7 个功能选项。点击相应功能后,会在界面右侧有相应弹窗。

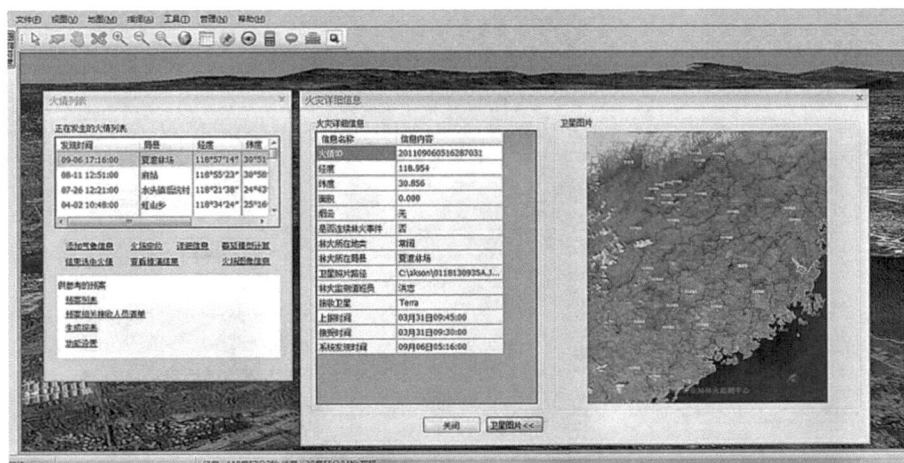

图 11-18 火情信息查看功能界面示意图

2. 火情预案信息

火情预案信息页面包括预案等级、火灾预案内容、联系电话等板块。火情预案信息运行流程为，依据气象因素特性、自然特性、地形因素、人类活动所预测的火情预案等级，客户端向服务器发送从数据库中查找火情预案信息的请求，客户端会得到以 JSON 格式返回的包含预案类型及图片资源地址数据的 JSON 数组，然后利用 JSONObject 类对 JSON 数据进行解析，通过解析得到的图片资源地址，再次从服务器端请求下载每种预案类型对应的图片。最后数据准备完成后，通过适配器将数据依次填充至页面中，实现如图 11-19 中对火灾预案信息的展示。

图 11-19　预案信息查看界面

除此之外，界面右侧专设紧急联系电话列表，每一个列表项对应一个监听事件，当点击列表中的某一项后，列表项的监听事件将会根据列表项中的部门名称，从服务器请求详细联系方式，然后在火情预案信息页面中进行展示。

3. 火灾档案添加

火灾档案添加功能可以满足用户手动添加或补充火情信息的需求，用户按要求依次键入火灾名称、地点、经纬度、发生时间等详细信息，填报完成后，将存入相应火情信息数据库（图 11-20）。

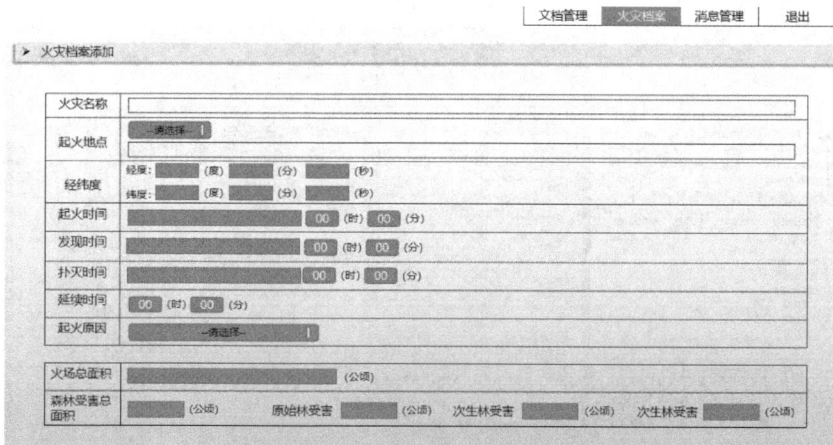

图 11-20　火灾档案添加页面

11.3.4 小结

本案例主要进行了实验研究以及系统的设计,主要结论如下所示。

(1)提出了面向林区环境自适应的有监督森林火灾烟雾检测方法。首先,设计了能够有效提取辨别性烟雾特征的特征融合网络,提高了网络的特征表示能力。其次,采用对抗特征自适应网络提取具有环境无关的自适应烟雾特征,减小基础域与风格化域之间的差异。然后,引入了焦点损失函数,缓解了不同域之间数据量不平衡造成的过拟合问题,提高了网络的稳定性和泛化能力。最后,在两个自建森林火灾烟雾数据集和三个公开火灾烟雾数据集上,验证了本案例基于有监督学习的森林火灾烟雾检测方法的有效性及稳定性。

(2)提出了基于特征学习的森林火灾烟雾检测方法,构建了适用于多种林区环境少样本火灾烟雾检测任务的注意力原型网络。首先,设计基于浅层卷积神经网络的森林火灾烟雾特征提取模块,用于保留小目标烟雾的浅层特征及全局信息。在特征提取模块中引入注意力机制,以提高烟雾小目标的关注度,提取更具有辨别性的烟雾特征,提高网络的特征学习能力。然后,应用元学习模块实现类别原型和查询图像特征之间的距离差异判定并进行分类,有效缓解少样本烟雾数据造成的过拟合问题,提高了网络性能及稳定性。最后,在森林火灾初期烟雾少样本数据集和 miniImageNet 数据集上验证基于特征学习的森林火灾烟雾检测方法的有效性及环境适应性。

(3)开发基于"端-边-云"智慧协同的森林防火监测预警系统,兼具创新性和实用性。本系统包含数字视频处理、深度学习、数据库等多重学科技术,利用多种创新型深度学习神经网络及优化方法,并开发云端数据资源库和客户端,集成数据采集、视频处理、防火监测、边缘计算、远程控制、北斗报文等多重功能,助力实现林区管理数字化、科学化。

11.4 拓展与思考

11.4.1 应用拓展

本案例针对森林火灾烟雾可见光视觉检测技术展开研究,重点研究实际森林场景中不同变化因素对火灾烟雾检测的影响,实现了有监督学习和无监督学习的森林火灾烟雾检测方法,本案例所采用的技术方法,还可推广到雨云识别等领域。

11.4.2 思考

(1)多模态数据融合问题。现有基于深度学习的森林火灾烟雾检测方法通常聚焦于可见光图像及视频,而没有考虑不同火灾监测系统获取数据的多样性,如多光谱遥感数据、红外热成像数据。如何充分利用多模态数据的丰富信息实现森林火灾及时预警具有重要研究价值。

(2)烟雾检测模型轻量化问题。现有森林火灾烟雾检测方法主要聚焦于提升模型的性能及泛化能力,而忽略了检测方法离线工作的本质。因此,提出一种适用于烟雾检测硬件系统的轻量化模型,是后续研究实时烟雾检测方法的主要工作内容。

参 考 文 献

李婷婷，2022. 森林火灾烟雾可见光视觉检测方法研究. 北京：北京林业大学博士学位论文.

赵恩庭，2021. 融合多尺度感受野的森林火灾烟雾图像检测方法研究. 北京：北京林业大学硕士学位论文.

Dai Y, Gieseke F, Oehmcke S, et al., 2021. Attentional feature fusion. In: Proceedings of the IEEE/CVF Winter Conference on Applications of Computer Vision: 3560-3569.

Ganin Y, Ustinova E, Ajakan H, et al., 2016. Domain-adversarial training of neural networks. The Journal of Machine Learning Research, 17 (1): 2096-2030.

Huang G, Liu Z, Van Der Maaten L, et al., 2017. Densely connected convolutional networks. In: Proceedings of the IEEE Conference on Computer Vision and Pattern Recognition: 4700-4708.

Krizhevsky A, Sutskever I, Hinton G E, 2012. Imagenet classification with deep convolutional neural networks. In: Advances in Neural Information Processing Systems. Cambridge: MIT Press: 1097-1105.

Li T, Zhang C, Zhu H, et al., 2022a. Adversarial fusion network for forest fire smoke detection. Forests, 13 (3): 366.

Li T, Zhao E, Zhang J, et al., 2019. Detection of wildfire smoke images based on a densely dilated convolutional network. Electronics, 8 (10): 1131.

Li T, Zhu H, Hu C, et al., 2022b. An attention-based prototypical network for forest fire smoke few-shot detection. Journal of Forestry Research, 33 (5): 1493-1504.

Luo Y, Zhao L, Liu P, et al., 2018. Fire smoke detection algorithm based on motion characteristic and convolutional neural networks. Multimedia Tools and Applications, 77: 15075-15092.

Ravi S, Larochelle H, 2017. Optimization as a model for few-shot learning. In: International Conference on Learning Representations (ICLR). Cambridge: Twitter.

Snell J, Swersky K, Zemel R S, 2017. Prototypical networks for few-shot learning. In: Advances in Neural Information Processing Systems, 2017: 4077-4087.

Vinyals O, Blundell C, Lillicrap T, et al., 2016. Matching networks for one shot learning. In: Advances in Neural Information Processing Systems, 2016: 3630-3638.

Wu Z, Xiong Y, Yu S X, et al., 2018. Unsupervised feature learning via non-parametric instance discrimination. In: Proceedings of the IEEE Conference on Computer Vision and Pattern Recognition: 3733-3742.

Yu F, Koltun V, 2016. Multi-scale context aggregation by dilated convolutions. In: International Conference on Learning Representations (ICLR). Cambridge: Twitter.

Zhao E, Liu Y, Zhang J, et al., 2021. Forest fire smoke recognition based on anchor box adaptive generation method. Electronics, 10 (5): 566.

案例十二　基于互联网＋和人工智能的野生动物智能监测识别系统

12.1　案例简介

野生动物资源是一种重要的生态资源，也是我国重要的战略资源之一，因此保护野生动物、合理开发利用野生动物资源是十分重要的（蒋志刚，2003；冯晓娟等，2019）。野生动物保护工作的基础在于及时获取野生动物出现的区域、种类、数量、环境条件等信息（沙连帅，2020），然而这在野外环境下依靠人工调查是十分困难的。因此设计和实现可靠性高、有效覆盖区域广、时效性好、环境侵入小的监测识别系统，是进行野生动物资源调查、动物数据采集、生长状况分析的关键基础。如何利用互联网、人工智能等新兴技术赋能野生动物数据获取与处理，是目前研究的热点与难点。该问题的研究与突破，可为野生动物保护策略的制定提供基础支撑。

本案例由边缘设备、网关设备和远程数据中心组成。边缘设备具有红外触发拍照功能，野生动物进入监测视野时，自动拍摄野生动物图像及视频，通过无线传感器网络多跳的方式，将监测数据经网关设备远程传输到数据中心，可以实现对野生动物无线、远程、快速和友好监测，并对实时采集的野生动物图像进行图像增强，基于图像增强后的数据进行自动识别，实现野生动物监测图像的自动分类。本案例的相关技术可用于野生动物相关数据的采集，提升野生动物保护的自动化和智能化水平，实现野生动物高准确率的自动检测与识别。

12.2　基础知识

本案例共分为 4 个部分：无线图像传感器监测网络、图像自适应增强算法、野生动物自动识别和远程野生动物图像信息数据库构建。涉及的基础知识包括无线传感器网络、图像增强、目标检测、数据库技术等。

12.2.1　无线传感器网络概述

伴随着嵌入式技术、通信技术及传感器技术等相关技术领域的快速发展和日益成熟，集感知能力、计算能力和通信能力于一体的无线传感器网络技术得到迅速普及。无线传感器网络的节点能够大规模地部署在需要监测的环境中，协调感知、采集和处理网络覆盖范围内的各种监测对象信息，并将处理过的有用信息发送给用户，用户凭借网络所获得的信息来完成监测、控制等相关应用。无线传感器网络借其自身低功耗、低成本、自组织等优点，在军事领域、环境监测、交通管理等领域有广泛的应用，并不断向建筑环境检测、智能交通、空间探索等领域应用延伸（祁长璞，2008）。典型的无线传感器网络体系结构图如图 12-1 所示。

数量众多的无线传感器节点采集处理网络覆盖范围内的信息，并经由无线信道，通过汇聚节点将数据上传至现有的 Internet 网络，最终经由 Internet 将有用信息发送到用户手中。作为新型的高效获取信息的手段之一，无线传感器网络技术受到国内外相关领域的重视。美国《技术评论》将无线传感器网络列为未来新兴的十大技术之一；波士顿大学联合 BP、霍尼韦尔、Inetco Systems、Sensicast Systems 等组织联合创办无线传感器网络协会（荆宁，2010），希望以此推动无线传感器网络技术的研发与推广。

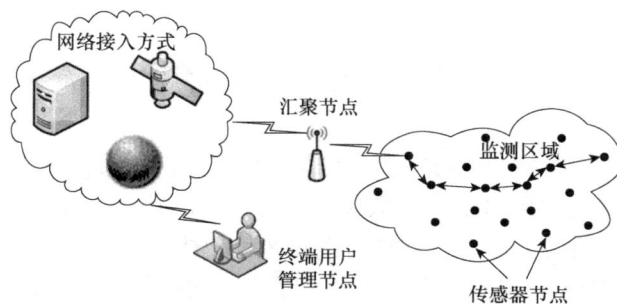

图 12-1　无线传感器网络体系结构图

无线传感器网络能够部署在监测区域，用众多传感器节点获取有效信息，其最重要的部分是传感器节点。具有感知以及通信能力的传感器节点由电源、感知器件、处理单元及相关的通信单元等部分组成，相对于传统的传感器网络，无线传感器网络主要有如下特点。

（1）节点具有感知与通信功能。节点可根据需求配置不同类型的传感器，如常见的温湿度传感器、超声波传感器等，实现对特定信息进行采集。节点同时配置无线模块，保证节点的数据发送和接收功能，通常情况下，设计使用中的节点即能同时扮演多个节点任务（贺诗波，2012）。

（2）无线自组织功能。通常情况下，无线节点通过飞机播撒等方式被部署在没有基础网络的区域，节点的分布位置不能预先设定，节点间互相关系预先也无法明确，这就要求节点通过信息交互和网络协议自组织为一个多跳的无线网络（李燕君，2009）。

（3）节点资源有限。无线传感器节点通常体积小，且由电池提供能量。受此影响，节点的能量、通信与计算能力都非常有限。大多数情况下，节点部署在偏远复杂的区域，一旦节点出现问题很难进行更换。

（4）大规模网络。由于单个节点的功能有限。为了获取精确的信息，通常在感兴趣区域部署大量的传感器节点。在节点大量部署的前提下，节点间通过协作共同完成任务需求，降低单个节点的能耗与计算需求。大量冗余节点使得网络具有很强的容错性能，同时也增加了信息处理的复杂度。这就对传感器网络算法提出了更高的设计要求，能够满足大规模的网络部署。

（5）网络拓扑动态变化。在传感器网络中，有多种原因导致网络拓扑发生变化：①环境原因或能量耗尽造成的传感器节点故障或失效；②环境条件变化导致的通信链路变化；③环境因素导致的节点移动或者节点本身的主动移动；④新节点的加入。这些因素导致的网络拓扑动态变化要求传感器网络能够具有动态拓扑控制（张建辉，2008）。

无线低功耗传感器网络（low power wireless sensor network，LPWSN），其传输协议主要包括 LoRa 无线传输协议、NB-IOT 窄带传输协议、Zigbee 协议、WiFi 模块通信协议、蓝牙模块传输协议等，其中 LoRa 传输速率相对来说较低；NB-IOT 通信成本高；WiFi 功耗比较大，一般都需要给设备供电；蓝牙传输距离有限，速率也比 WiFi 小，而且不同设备之间有些协议还不兼容，如果数据需要不间断的可用还需要本地数据一致保持纪录；而 Zigbee 技术是一项开放性的全球化标准无线传输协议，是专门为 M2M 网络而设计的。该技术在具备低成本、低功耗的同时，还兼具低延迟和低占空比的特性，允许产品最大限度地延长其供电电池的寿命，是众多工业技术的理想技术方案。此外，Zigbee 协议提供 128 位 AES 加密方式，它支持 Mesh 自组网络，并且允许网络节点可通过多个路径无线传输连接在一起，所以选用 Zigbee 协议作为无线网络传输协议。

12.2.2　图像增强概述

图像增强原理可从两方面进行描述：①根据观察者关注的图像内容确定图像增强规则，以突出观察者感兴趣的图像信息；②加强对观察者不感兴趣内容的约束，从而相对地突出感兴趣特征。图像增强的目的是提升图像质量，使图像更加符合人类视觉感官或机器视觉需求。图像增强方法主要分为传统方法和基于深度学习的方法两类，表 12-1 列举了一些典型的及最新的图像增强方法。

表 12-1　典型及最新图像增强方法列表

方法		网络结构	训练数据集
数字图像处理方法	Retinex	—	—
	CLAHE	—	—
	Gamma 校正	—	—
	DCP	—	—
	Li's	—	—
深度学习处理方法	UGAN	GAN	ImageNet
	UIE-DAL	编解码器	Watertype
	WaterNet	CNN	Watertype
	Cycle-Dehaze	CycleGAN	NYU-Depth
	GCANet	CNN	RESIDE/SOTS
	FFANet	CNN	RESIDE/SOTS

深度学习处理方法需要大量的数据进行训练，针对基于野生动物监测图像样本数据规模小的情况，数字图像处理方法更具有优势。在数字图像处理方法中，线性变换、非线性变换和图像锐化等方法只能增强图像的某一类特征（压缩图像的动态范围、增强图像的边缘等），而 Retinex 以颜色恒常性为基础，能够实现图像的动态范围压缩、边缘增强和颜色恒常 3 方面的平衡，因此可以对不同类型的图像进行自适应性增强，更适用于野生动物图像增强。

Land 提出的 Retinex 理论建立在人类视觉特点的基础之上，该理论结合了人类视网膜成像特性与大脑皮层对视觉信息的处理方式特点，认为人类视觉是具有恒常性的，即可以剔除光照强度的影响，还原物体本身的色彩。Retinex 算法把原始图像 I 分解成入射光图像 L 与反射光图像 R 两部分，不均匀或者突变的入射光 L 不能影响物体本身的颜色信息，只要剔除入

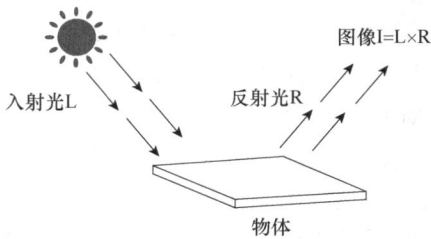

图 12-2　Retinex 理论示意图

射光 L 的影响，即可以获得反射光图像 R，并实现了增强的效果。这就为复杂光照条件下的监测图像增强算法打下了理论基础。Retinex 理论示意图如图 12-2 所示。

Retinex 算法的具体步骤如下所示。

（1）采用高斯滤波器与原始图像进行滤波计算，估计照度（入射光）分量图像。

（2）将原始图像与照度分量图像转化至对数域，将乘法运算转化为加法运算。

（3）将对数域中的原图与照度分量图像相减，计算出对数域的反射分量图像。

（4）将对数域的反射分量图像利用映射函数转化至常数域并输出。

但是试验结果表明，传统的 Retinex 算法仍然存在着以下亟待解决的问题：①光晕伪影现象，即增强后图像的明暗交界处出现色彩的失真现象；②增强后图像色彩色调饱和度降低；③照度突变图像中，依旧存在明亮区域过度增强及昏暗区域增强不足，自适应性有待进一步提高。

12.2.3　目标检测概述

目标检测的任务是对图像视频中的目标进行种类的识别与区域的定位，输出的结果为每个目标实例的类别信息和空间位置。因此，作为计算机视觉的基石，目标检测是图像分类问题的延伸与扩展，是解决分割、场景理解、目标追踪、图像描述、事件检测和活动识别等更复杂更高层次的视觉任务的基础，目标检测的发展可以划分为两个阶段。

（1）传统目标检测算法。主要基于手工提取特征选取感兴趣区域，再对可能包含物体的区域进行特征分类，最后对提取的特征进行检测。虽然传统目标检测算法经过了十余年的发展，但是其识别效果并没有较大改善，且算法通常运算量大。

（2）基于深度学习的目标检测算法。该方法主要分为一阶段（One Stage）算法和二阶段（Two Stage）算法。One Stage 算法直接在网络中提取特征值后，直接进行分类目标和定位。常见的 One Stage 算法有 OverFeat、YOLOv1、YOLOv2、YOLOv3、YOLOv5、SSD、RetinaNet 等，其特点是结构简单，检测速度快。Two Stage 算法先预设一个区域，该区域称为 Region Proposal，即一个可能包含待检测物体的预选框（简称 RP），再通过卷积神经网络进行样本分类计算。常见的 Two Stage 算法有 R-CNN、SPP-Net、Fast R-CNN、Faster R-CNN 等，其特点是检测精度高。

相比起其他一阶网络，两阶更为精准，尤其是针对高精度、多尺度及小物体问题上，两阶网络优势更为明显。Faster R-CNN 是其中最为经典的目标检测算法之一，其通过两阶网络与区域建议网络（region proposal network，RPN），实现了精度较高的物体检测性能；并在多个数据集及物体任务上效果都很好；对于个人的数据集，往往 Fine-tune（微调）后就能达到较好的效果，整个算法框架中可以进行优化的点很多，提供了广阔的算法优化空间。

Faster R-CNN 由 R-CNN 算法和 Fast R-CNN 算法（Girshick，2015）发展而来，R-CNN 算法通过选择性搜索（selective search）算法，首先对一张图像生成约千余个的候选区域，

再通过 CNN 特征提取获取候选区域特征,最后通
过 SVM 分类与边界回归实现目标检测。Faster
R-CNN 算法首次提出感兴趣区域池化层（ROI
Pooling）解决 R-CNN 算法对所有候选区域进行特
征提取时出现重复计算的问题。但以上两种算法仍
然存在参数的大量冗余,计算速度存在瓶颈的问题,
主要存在于候选框搜索阶段,因此 Faster R-CNN 算
法将候选框搜索交给卷积神经网络来完成,该算法
主要由骨干网络（backbone network）、区域建议网
络（region proposal network，RPN）和感兴趣区域
池化层（ROI Pooling）组成,其网络结构如图 12-3
所示。

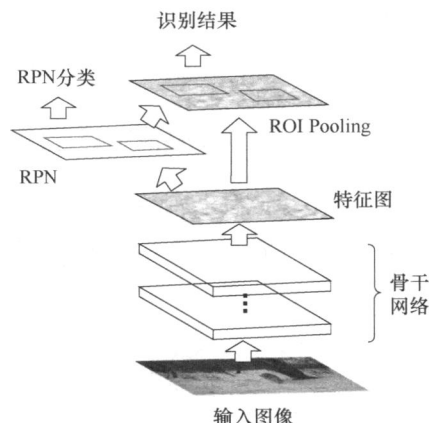

图 12-3　Faster R-CNN 算法结构图

12.2.4　数据库概述

数据库（database，DB）是长期储存在计算机内,有组织的、可共享的大量数据的集合。
数据库中的数据按一定的数据模型组织、描述和储存；可为各种用户共享；数据独立性较高
而冗余度较小, 且易扩展。数据库可分为关系型数据库（表与表之间存在关联的数据库）,
如 Oracle、SQL Server、MySQL 等,和非关系型数据库（表与表之间不存在关联的数据库）,
如 MongoDB。

数据库管理系统（DBMS）是一个大型且复杂的基础软件系统,位于用户与操作系统之
间, 能够科学地组织和存储、高效获取和维护数据。DBMS 具有数据定义（提供数据库定义
语言 DDL）,数据组织、存储和管理（提供数据操作语言 DML）,数据库事务管理和运行管
理, 数据库的建立和维护等功能。

当前关系型数据库管理系统（RDBMS）主要包括 MongoDB、SQL Server、MySQL、Oracle
等。其中, MySQL 以其跨平台性、使用成本低、运算速度快、安全可靠等特点被广泛应用
（杨雨成等,2020）,主要用于为各种组织提供数据托管服务。MySQL 还可通过 C 与 C++进
行编写, 既可当成一个单独程序在客户端服务器中使用, 又可作为一个库植入到其他的软件
中进行使用（董航等,2020）。

在数据存储方面, MySQL 采用了关系模型,以行和列组成二维数据表格,方便用户读
取或查询数据。首先确定字段中数据的格式与内容,即数据表的结构,之后根据表结构存储
数据, 可使整个数据表具有较高的可靠性与稳定性。在数据查询方面, MySQL 使用结构化
查询语言（SQL）实现数据库系统的更新、数据管理、数据查询等操作（颜清等,2020）。
在数据库设计方面,通常利用实体-联系（E-R）图来反映数据库中各表之间的关系与表中的
元素（李志,2020）。合理的 E-R 图能有效减少数据冗余,提高数据库的效率。

目前用户主要通过命令行和桌面软件 2 种途径使用与管理 MySQL 数据库。MySQL Shell
是一种命令行工具（李灿等,2020）,支持多种语言与模式,可供不熟悉数据库脚本的用户
对数据库进行操作。MySQL Workbench 是一款可视化数据库设计软件,能为用户提供可视化
的操作环境,相比于 MySQL Shell,用户不必手动编写、执行命令语句,使用较为方便快捷。

12.3　实施过程及其结果

12.3.1　无线图像传感器网络监测

无线图像传感器网络（Feng et al.，2018）系统主要由传感器节点、汇聚节点及控制中心组成。设备部署示意图如图 12-4 所示。

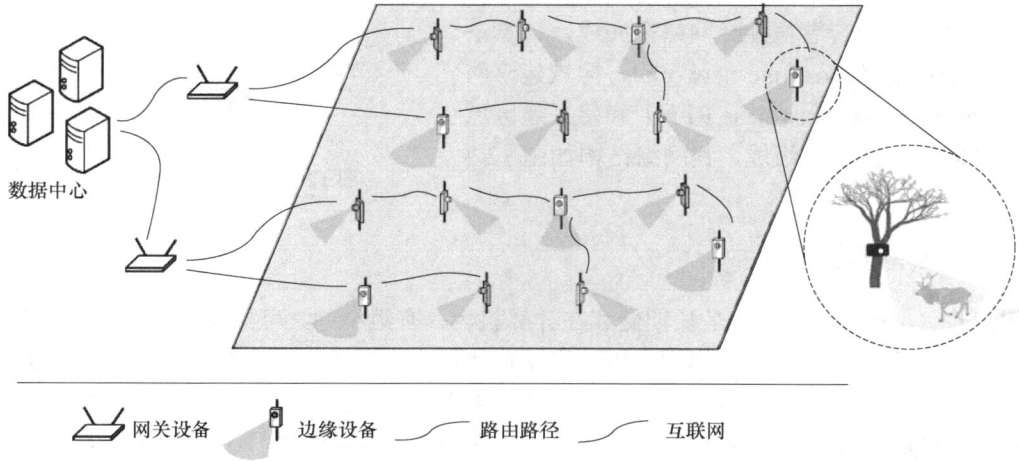

图 12-4　设备部署示意图

当单个传感器节点采集到野生动物监测图像时，节点间通过 Zigbee 协议实现多级多跳传输，将数据传送至汇聚节点；汇聚节点部署在山峰等可以接收到 3G、4G 信号的区域，通过通信服务商基站将数据传回控制中心，实现野生动物监测图像的实时采集、传输、显示。

单个传感器节点主要由数据处理单元、相机模块（Jia et al.，2022）、电源组件 3 部分组成，其中，数据处理单元可实现相机的图像编码、数据加密、网络管理及低功耗管理等功能；相机模块的主要组成与红外感应相机相似，包括图像采集模块、红外传感器阵列、无线信号模型、存储器设备等；电源组件主要为整个传感器网络节点供电，由锂电池为主要供电单元，太阳能电池板作为辅助供电器件，中间嵌入电池精细化管理控制模块，保证无线图像传感器网络的供电时间。无线图像传感器网络单节点系统结构图及实物如图 12-5 所示。

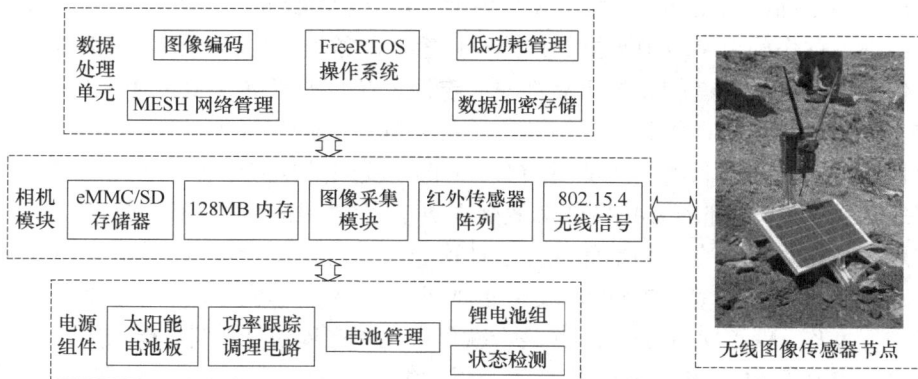

图 12-5　无线图像传感器网络单节点系统结构图及实物

本案例针对野外复杂的自然环境，研制了适用于野生动物全天候无线远程监测的无线图像传感器网络节点，并开发太阳能充电直流电源作为无线图像传感器网络节点的外接电源，实现机内机外双电源同时供电。

12.3.1.1　程序设计层次结构

边缘设备整体软件设计按照层次结构进行，分为 4 层，如图 12-6 所示。

图 12-6　系统程序层次示意图

本案例设计了一种基于无线传感器网络的野生动物图像采集系统，可以实现野生动物图像的自动采集、误触发图像筛选，以及远程自动传输，同时优化功耗设计以延长使用周期。

在解决低功耗的图像采集问题方面，主要采用 OV2640 图像传感器与 STM32H743 单片机，配置热释电传感器进行红外触发，实现监测图像的自动采集与处理，并利用光照强度传感器配合滤光片切换器与红外 LED 实现夜间拍摄；通过功耗监测器件与电源管理器件对锂电池进行充放电精细化管理；使用太阳能电池板以延长使用周期。

在图像数据传输方面，主要依靠基于 FreeRTOS 嵌入式操作系统进行协调，针对无线传输模块的数据传输包长度有限、野生动物监测应用中实时性要求不高的特点，在 Zigbee 无线传输模块中以 Xmodem 协议为基础设计数据传输协议，同时设计按路由路径周期休眠与唤醒的机制来降低网络的功耗。

在设备布设后远程维护困难的问题方面，通过移植脚本解释器，实现设备的算法调用、控制逻辑，以及误触发图像预筛选机制的脚本统一控制，以便于通过脚本更新的方式进行设备的远程控制与软件更新。

12.3.1.2　图像传输系统设计

将无线图像传感器网络应用于野生动物监测是近年来的研究趋势。相比于传统的红外触发相机，基于无线图像传感器网络的红外触发相机的优势在于，在拍摄到野生动物监测图像后可以实时进行数据的传输，克服红外感应相机将数据存储在本地 SD 卡中而造成的数据滞后性问题。无线图像传感器网络系统主要由传感器节点、汇聚节点及控制中心组成。

当终端节点红外传感器感应到野生动物进入监测视野时，触发相机拍照，将图像数据保存在内部存储卡中，并通过无线接力方式传输到协调节点。协调节点负责接收和融合网络中所有终端节点的信息，并通过商用网络将数据传输到远程控制中心。控制中心对接收的数据进行分析、处理、存储和图形化显示，实现了野生动物图像远程、实时、全天候、友好监测。

本系统使用的无线网络传输协议为 Zigbee，由于 Zigbee 无线网络使用单信道半双工的方式进行数据的无线双向传输，同一时间只有一个节点能与网关设备进行数据交换，其他节点处于保持连接的等待状态。由 Zigbee 模块的功耗参数可知，除了发送与接收数据，设备保持无线连接也会消耗基本等同于接收数据时的电量，且由于整个网络的数据传输总耗时是所有节点的传输时间和，传输顺序越靠后的节点功耗更大。为了降低整个网络的功耗，使整个网络维持更长的运行时间，需要对传输进行管理规划。规划的目标是在完成所有节点数据传输的前提下将网络的整体功耗降到最低。

因此，考虑采用不同路由路径逐步唤醒进行传输数据任务的方式来优化网络传输的功耗表现。在实际应用中，Zigbee 无线网络的典型拓扑是树状结构，考虑按照路由跳数由小到大的顺序依次唤醒的方式来完成所有节点的遍历。首先网关设备可以通过控制指令获取网络拓扑结构，该指令可以获取各条路径的长度与路径上所有路由节点的设备短地址，数据存储在二维数组中。随后网关设备按照数组中的数据依次远程唤醒相应 ID 的边缘设备，并与其进行数据交换。

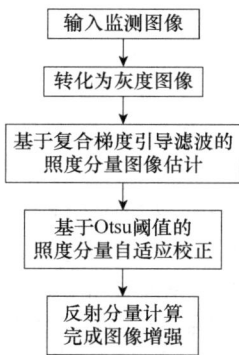

图 12-7　算法流程图

12.3.2　基于 Retinex 理论的图像自适应增强算法

基于颜色具有恒常性的 Retinex 理论，提出一种监测图像自适应增强算法（张军国等，2018）。针对光照不均导致的光晕伪影问题，提出一种水平/垂直梯度引导滤波器，实现照度分量图像的估计；进而以大津（Otsu）阈值为基准值的映射函数，提高入射光图像的明暗对比度，提高算法自适应能力；最后使用照度分量灰度图像计算反射分量图像，保持色彩相关性，实现野生动物监测图像的自适应增强。算法流程图如图 12-7 所示。

12.3.2.1　基于改进引导滤波的入射光估计

因为天气环境的突出变化、树木树枝等带来的遮挡作用，让收集获得的监测图形会表现出光照环境突变的问题。以往 Retinex 算法运用的相关滤波器只是按照像素点欧氏距离赋值的差别，进而预测目前像素的照度，同时没有结合像素的明暗数值设定成权值的作用因子，进而造成突变部分的照度预测失真，形成了光晕伪影问题。结合效率问题展开分析，高斯算法对应的复杂度水平是 $O(m \times n \times r^2)$，这里 m、n 对应图像的规格，r 是相应滤波器窗口规格大小，可以看出其算法复杂度高。

引导滤波是一种结合图像区域分析的滤波算法（He et al.，2012），经过创建引导图像 I 跟滤波后图像 Q 之间的映射关系，进而对原图 P 的滤波效果进行调整，这种映射关系是线性的，此时相应的模型能够描述成

$$Q = a_k \times I + b_k \tag{12-1}$$

式中，a_k 和 b_k 是相应窗口中心处在像素点 k 时相关函数的系数。如果要让形成的图像 Q 跟输入的 P 之间差别最低，此时就变成了最优化的讨论：

$$E(a_k, b_k) = \sum_{i \in \omega_k} [(a_k \times I + b_k - P)^2 + \varepsilon a_k^2] \tag{12-2}$$

式中，ω_k 表示的概念为滑动的滤波单元，ε 为可调参数，其选值对滤波的效果有较大影响。借助线性回归来运算得到部分的线性系数，此时 a_k 与 b_k 的数值能够结合以下公式进行运算：

$$a_k = \frac{\dfrac{1}{|\omega|} \sum_{i \in \omega_k} I \times P - u_k \times \overline{p}_k}{\sigma_k^2 + \varepsilon} \tag{12-3}$$

$$b_k = \overline{p}_k - a_k u_k \tag{12-4}$$

这里，$|\omega|$ 是滤波单元中所包含像素点的总数，$\overline{p}_k$ 代表滤波单元 ω_k 包含原始图像 P 中的像素值的均值，同样，u_k、σ_k^2 各自为滤波单元 ω_k 在引导图像 I 中像素值的均值跟标准差，容易看出，此时该算法的计算效率跟滤波窗口的大小不具备关联性，引导滤波算法复杂度优于高斯算法，等于 $O(m \times n)$。为了进一步减少算法计算量，本案例在研究中第一步把输入图像 P 转变为相应的灰度图像 P_{gray}，并将其设定成输入图像，借助公式（12-1）到公式（12-4），对图像 L 运算其相应的照度分量。这里，把 P_{gray} 设定成滤波的引导图像 I，那么式（12-3）与式（12-4）能够简化处理成

$$a_k = \frac{\sigma_k^2}{\sigma_k^2 + \varepsilon} \tag{12-5}$$

$$b_k = (1 - a_k) u_k \tag{12-6}$$

参数 ε 直接影响到相应图像的平滑水平，应该结合实际需求进行设置。随后围绕式（12-5）和式（12-6）展开研究，$\varepsilon = 0$ 时，$a_k = 1$，$b_k = 0$，对外传输的是初始图像内容；$\varepsilon > \sigma_k^2$ 时，a_k 不断接近于 0，b_k 约等于 u_k，滤波器具备平滑的作用；相反，满足 $\varepsilon < \sigma_k^2$ 时，a_k 不断接近于 1，b_k 约等于 0，L 可以看作为 I，滤波器具有边缘维持的作用。当参数 ε 出现差别时，此时其在反射光计算过程中产生的效果也是不同的。这里相应的设定参数 ε 为 1、0.1、0.01 对图像实施强化测验，设定滤波器窗口大小为 $r = 600$，强化效果参考图 12-8 所示。

（a）原始图像　　（b）平滑因子 $\varepsilon = 1$　　（c）平滑因子 $\varepsilon = 0.1$　　（d）平滑因子 $\varepsilon = 0.01$

图 12-8　不同尺度引导滤波增强效果图

根据试验结果展开研究我们能够发现，因子 ε 数值越大，那么对于增强后图像造成的光晕伪影问题就更为突出，此时图像的细节信息更加充分；相反该数值越小，那么形成的光晕伪影问题得到缓解，不过此时动态区域压缩很小，细节信息难以体现出来。

彩图

对于参数 ε 造成算法动态区域的压缩能力跟光晕伪影现象之间难以实现平衡的不足，提出一种结合复合梯度的自适应参数 ε 改进滤波算法。对初始图像的灰度对象 P_{gray}，经过运算后者不同像素点的复合梯度，进而形成了所需求的梯度图像 C_p。

$$C_p = \sqrt{H_p^2 + V_p^2} \tag{12-7}$$

这里 H_p 代表相应的水平梯度，V_p 对应的是垂直梯度，能够结合矩阵（12-8）中所设计的微分模板运算获得，式（12-8）左侧矩阵对应横轴方向的微分模板；右侧矩阵是纵轴方向的模板。

$$\begin{bmatrix} -1 & 0 & 1 \\ -1 & 0 & 1 \\ -1 & 0 & 1 \end{bmatrix} \begin{bmatrix} -1 & -1 & -1 \\ 0 & 0 & 0 \\ 1 & 1 & 1 \end{bmatrix} \tag{12-8}$$

把形成的相应梯度图像 $C_p(i,j)$ 进行归一化处理，同时获得相应平滑因子 $\varepsilon(i,j)$ 跟复合梯度 $C_p(i,j)$ 之间满足的关系式（12-9）：

$$\varepsilon(i,j)=\frac{1}{200[C_p(i,j)+\delta]} \tag{12-9}$$

式中，δ 为限制平滑因子 ε 过小的常数，此时能够保障在复合梯度比较大的范围，也就是明暗比较突出的部分，运用较小的因子 ε，实现处理光晕伪影的问题；反之，若图像梯度值小，参数因子 ε 取值更大，可以更好地恢复图像微小细节部分；以此达到光晕伪影处理和动态压缩的理想平衡。

同样，引导滤波的规格也会作用于滤波效果，选定 r 为 100、300、600、800 展开比较分析，强化效果参考图 12-9。不难发现，窗口越小，此时强化后图像偏暗部分的失真问题更为突出；窗口越大，那么其具备的动态压缩处理效果更差。整体考虑分析后，将窗口大小设定成 $r=600$。

（a）$r=100$　　　　（b）$r=300$　　　　（c）$r=600$　　　　（d）$r=800$

图 12-9　不同滤波器窗口尺寸 r 增强效果图

彩图

12.3.2.2　基于 Otsu 阈值的入射光图像自适应拉伸

经典的 Retinex 算法在预测和分析照度分量时，经常产生光照信息预测偏小的问题，体现在反射图像方面，就导致图像较亮部分显著强化，所以，要求对预测的照度分量实施校正和调整，不过仅仅对分量进行总体强化变亮，此时对于算法的压缩处理能力会带来负面作用，导致图像偏暗部分的强化比较微弱。所以，本案例提出了一种结合 Otsu 阈值（Otsu，1979）的对比拉伸方式，拉伸公式见式（12-10）。

$$L'=255\frac{1}{1+\alpha^{\beta-L}} \tag{12-10}$$

图像 L 通过映射后形成了拉伸后的对应图像 L'，α 代表拉伸因子，其直接关系到对比度拉伸的状况，β 代表的是相应曲线对称轴取值，对拉伸的范围具有影响作用。图 12-10 相应地给出了拉伸因子 α 以及对称轴值 β 在不同数值情况下形成的曲线图。

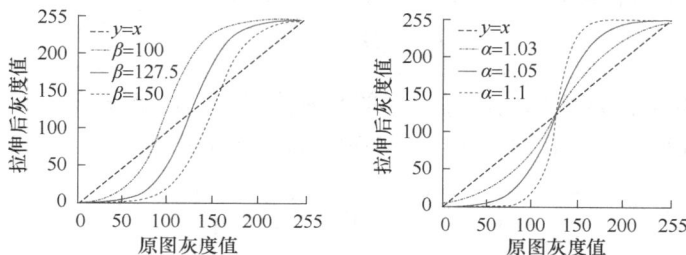

（a）不同对称轴值 β 对应拉伸曲线　　　（b）不同拉伸因子 α 对应拉伸曲线

图 12-10　自适应对比度拉伸曲线图

图 12-10（a）给出了 $\alpha=1.05$ 下，对称轴值 β 各自为 100、127.5 及 150 的拉伸曲线，长虚线即为设定的对照线 $y=x$，在该对照线上，像素值不会出现变化。不难发现，相关分量图像灰度值在线 β 附近周围区域的曲线斜率实现最大，也就是拉伸能力最为突出，此时让图像获得了最突出的拉伸处理效果；同时在映射后，图像偏暗区域的像素点基本都处在对照线 $y=x$ 以下的位置，较亮部分基本都处在对照线以上的位置，体现在反射图像方面，此时能够对图像偏暗区域进行亮度强化，同时避免图像亮度区域的显著增强，在保障算法动态压缩能力的基础上，提升算法在不同照度环境下的适应能力。

为进一步提升不同光照环境下相应图像的自适应变化能力，运用分量 Otsu 阈值运算公式来计算式（12-10）内的参数 β。Otsu 阈值属于经典的图像二值化方法，通过计算图像像素值区间 [0，255] 内所有取值下，图像间类方差 V 的最大值所对应的分割阈值 T，将图像分为明暗两部分，计算公式如式（12-11）所示。

$$V=\omega_0\omega_1(\mu_0-\mu_1)^2 \tag{12-11}$$

其中，分割后图像明亮区域的像素值占比为 ω_0、灰度均值为 μ_0；分割后图像暗区域的像素占比为 ω_1、灰度均值为 μ_1。阈值 T 为 [0，1] 的比例系数，因此本案例中设定 $\beta=225T$，那么公式（12-10）能够调整为式（12-12），即实现运用 Otsu 阈值相应地改变拉伸区间。

$$L'=255\frac{1}{1+\alpha^{255T-L}} \tag{12-12}$$

α 直接影响拉伸的程度和状况，图 12-10（b）给出了 β 设定为 127.5 情形中，α 各自为 1.03、1.05、1.1 时 3 条拉伸曲线的状况。当 α 不断接近于 1 时，所形成的曲线斜率不断接近于 0，此时的拉伸能力不理想；当该数值不断接近于 2，曲线斜率趋向 ∞，表现为二值化分割的效果。通过试验比较，本案例中适当拉伸能力为 $\alpha=1.05$。

12.3.2.3　反射光图计算

经典 Retinex 算法需要把输入图像跟入射光分量图像的红、绿、蓝 3 个不同色彩通道均进行单独运算，此时对于色彩通道的关联性形成了负面作用，导致色调偏离的问题，同时饱和度也有所下降，这就是人们常说的"灰度世界破坏"（禹晶等，2011）。具备一定色彩恢复能力的 Retinex 算法（Jobson et al.，1997）借助引入恢复函数的方式，进而处理"灰化效应"的问题，但同时降低了计算效率。

采用简单的单通道灰度图像计算的方式，重建 3 个色彩通道的关联性。运用修正调整后的入射光分量灰度图像 $L'(x,y)$ 跟输入图像 $P(x,y)$ 的红、绿、蓝 3 个颜色通道分别计算，这样除了能够维持多个色彩通道的关联性，进而实现色彩保持的理想状态。同时不需要对色彩区域实施转化，算法依然较为简单。在算法计算中，一般将图像转变到对数域，进而把乘积运算变化成相加的运算，此时具体的公式见式（12-13）。

$$\log[R_i(x,y)]=\log[P_i(x,y)]-\log[L'(x,y)] \tag{12-13}$$

这里，$i\in\{1，2，3\}$ 对应 RGB 不同通道。最后结合公式（12-13）将对数域的分量图像通过量化处理后设定成强化后的图像 $R_i(x,y)$。

$$R_i(x,y)=\mathrm{e}^{\log[R_i(x,y)]} \tag{12-14}$$

12.3.2.4　试验结果与分析

将提出的自适应 Retinex 算法与色彩重建 Retinex 算法（multi-scale Retinex with color restoration，MSRCR）（Jobson et al.，1997）、双边滤波 HSV 色彩空间 Retinex 算法（Elad et al.，2005）、引导滤波 YCbCr 色彩空间 Retinex 算法（Wang et al.，2016）展开比较研究。MSRCR 算法的 3 个 σ 数值设定成 30、80、200，同时三个数值之间权值均衡划分，窗口规格设定成 300，恢复系数 α 为 20，β 为 1；双边 Retinex 算法系数设定成 $\varepsilon_r=30$、$\varepsilon_d=0.3$，窗口规格是 300；引导 Retinex 算法系数设定成 $\varepsilon=0.01$，窗口规格是 300，恢复系数 α 为 140，β 为 1。

图 12-11 为不同照度条件下图像增强效果图，图中第 1 行为光照充分环境下效果图、第 2 行为光照不充分环境下效果图、第 3 行为阴影环境下效果图。从主观角度进行评价，MSRCR 算法的色调偏差问题十分突出，在部分像素点产生了色彩严重偏移的问题，在阴影环境下，明暗突变像素产生光晕伪影的问题，色彩的过渡比较生涩，同时造成了图像数据丢失的情况。双边滤波 HSV 色彩空间 Retinex 算法，将明度通道 V 进行单独的提取；引导滤波 YCbCr 色彩空间 Retinex 算法，将亮度分量 Y 进行分离，上述两种算法在保证各自决定色彩的通道值不变的前提下，完成了图像的增强，因此在色彩保真性上效果理想。同时双边以及引导滤波处理的方式在预测分量的时候，跟高斯滤波进行对比显然更加精确，此时光晕伪影的处理效果比较突出。不过双边 Retinex 算法处理后图像比较暗，在光照不充分环境下形成了黑边问题。引导 Retinex 算法在光照突变环境下，对于图像偏暗部分的强化效果不突出。而运用自适应 Retinex 算法进行处理后，比较高效地维持了初始图像的色彩状态，在明暗过渡地带衔接自然，强化了不同光照环境下较暗地带的亮度水平，同时避免出现较亮部分的强化过度的问题，自适应能力较为理想。

　　　原始图像　　　　　　MSRCR 算法图像　　　双边 Retinex 算法图像　　引导 Retinex 算法图像　　本案例算法图像

图 12-11　不同光照条件图像增强效果对比图
a：充足光照条件；b：低照度条件；c：阴影条件

从保真度、信息熵等不同指标层面（Jobson et al.，1997；Yu et al.，2013）围绕图 12-11 的增强效果展开比较研究，检测算法的有效性。客观分析结果如表 12-2 所示。

表 12-2　图像增强质量性能评价

指标	色调保真度			信息熵			峰值信噪比			运行时间/s		
	a	b	c	a	b	c	a	b	c	a	b	c
MSRCR 算法	0.50	0.65	0.55	6.99	7.12	7.02	10.81	10.35	13.57	3.87	3.51	3.49
双边 Retinex 算法	0.05	0.02	0.02	6.92	7.00	7.52	19.91	17.21	17.22	23.87	24.56	24.48
引导 Retinex 算法	0.03	0.06	0.02	7.52	7.28	7.75	19.98	21.90	20.60	6.48	7.12	6.67
本案例算法	0.02	0.03	0.02	7.51	7.37	7.66	20.75	10.02	18.82	4.74	4.60	3.97

注：a：充足光照条件；b：低照度条件；c：阴影条件。

保真度体现了强化后色调信息的偏差状态，运用 Jobson 等发表的结合图像统计特性的分析参数 H，当该参数对应的数值越小，此时具备的保真效果更为理想，如公式（12-15）。这里，H_{in} 和 H_{out} 分别对应初始图像强化后图像在 HSV 区域下通道的平均数。

$$H = \left| \frac{H_{out} - H_{in}}{H_{in}} \right| \qquad (12\text{-}15)$$

峰值信噪比（PSNR）是体现强化算法处理前后图像的保真表现，该指标的数值越大，意味着初始图像得到的修正幅度更大，运用这种方法进行修正和调整取得了理想的效果，相反同理。这里 MSE 代表初始图像跟处理后图像形成的均方误差，此时需要运用到的运算公式参考式（12-16）和式（12-17）内容，此时，I_{ij} 与 I'_{ij} 各自对应增强化算法处理前后的图像内容，M、N 代表的是图像规格。

$$PSNR = 10 \times \log \left(\frac{255^2}{MSE} \right) \qquad (12\text{-}16)$$

$$MSE = \frac{1}{M \times N} \sum_{0 \leqslant i \leqslant N} \sum_{0 \leqslant j \leqslant M} (I_{ij} - I'_{ij})^2 \qquad (12\text{-}17)$$

熵的概念是分析随机变量所对应的期望值，而信息熵 E 体现了相关信源所含有的信息计量均值水平，该指标数值越大，意味着包含的数据的信息更为充分，运算参考式（12-18）。

$$E = \sum_{i=0}^{255} I_{ij} \log (I_{ij}) \qquad (12\text{-}18)$$

结合表 12-2 的数据围绕相应算法展开研究获得的试验结果和分析如下：①本案例提出的算法在强化处理后，所形成图像的色调都不超过 0.03，意味着对初始图像的色彩信息具备不错的保真效果，跟人们的视觉效果较为接近，效果超过 MSRCR 算法；因为双边 Retinex 算法和引导 Retinex 算法相应地把图像转变到 HSV 区域和 YCbCr 区域，对亮度区域展开独立的强化运算，所以具备理想的色彩维持能力。②本案例提出的算法对应的信息熵跟 MSRCR 算法、双边 Retinex 算法、引导 Retinex 算法等进行比较，该指标的参数值最大，意味着案例中提出的算法能使在强化处理后获得的图像中包含充分的信息。③本案例提出的算法在强化处理后，形成的最大信噪比值明显超过 MSRCR 算法，跟双边 Retinex 算法相比也有小幅度的优势，意味着强化处理后的图像跟原图进行比较，失真问题不明显，保存了更多初始图像的数据。④因为本案例所提出的算法在以往 Retinex 算法前提下运用了自适应校正的步骤，所以运算速度上略微逊色于 MSRCR 算法；不过与引导 Retinex 算法相比速度更加突出，同时跟双边 Retinex 算法进行比较，案例提出的算法在速度上拥有绝对优势，在运算效率上比较理想。

12.3.3　基于改进 Faster R-CNN 的野生动物目标检测识别算法

本案例算法网络结构图如图 12-12 所示。采用自我注意深度残差网络 SA-ResNet152 作为 Faster R-CNN 的骨干网络进行特征提取，优化经典 Faster R-CNN 算法中的 VGG16 骨干网络（程浙安，2019；刘文定等，2018）。图中，L_{BOX} 为衡量预测边界框与真实对象的"紧密程度"的损失，L_{CLS} 为衡量每个预测边界框分类正确性的损失。

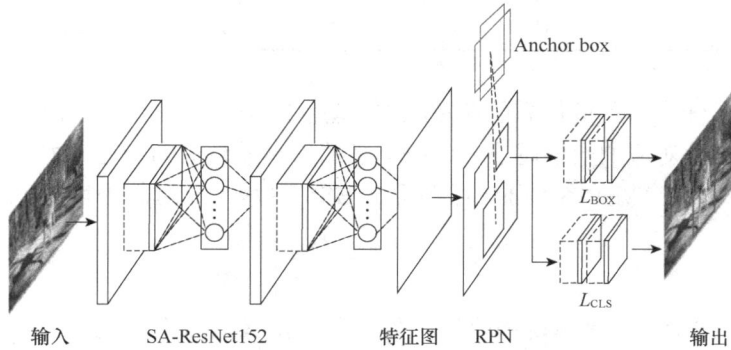

图 12-12　本案例算法网络结构图

12.3.3.1　自我注意深度残差网络 SA-ResNet152

目前，深度残差网络（李安琪，2020）中最常用的结构是 ResNet50、ResNet101 和 ResNet152，以上 3 种网络均由前后 2 个 1×1 的卷积层与中间 1 个 3×3 的卷积层，共 3 个卷积层组成一个残差模块，其网络结构表如表 12-3 所示。

表 12-3　深度残差网络结构表

网络结构	输出尺寸	ResNet50	ResNet101	ResNet152
Conv1	112×112		7×7，64，stride 2	
			7×7，max pool，stride 2	
Conv2_x	56×56	$\begin{bmatrix}1\times1,\ 64\\ 3\times3,\ 64\\ 1\times1,\ 256\end{bmatrix}\times3$	$\begin{bmatrix}1\times1,\ 64\\ 3\times3,\ 64\\ 1\times1,\ 256\end{bmatrix}\times3$	$\begin{bmatrix}1\times1,\ 64\\ 3\times3,\ 64\\ 1\times1,\ 256\end{bmatrix}\times3$
Conv3_x	28×28	$\begin{bmatrix}1\times1,\ 128\\ 3\times3,\ 128\\ 1\times1,\ 512\end{bmatrix}\times4$	$\begin{bmatrix}1\times1,\ 128\\ 3\times3,\ 128\\ 1\times1,\ 512\end{bmatrix}\times4$	$\begin{bmatrix}1\times1,\ 128\\ 3\times3,\ 128\\ 1\times1,\ 512\end{bmatrix}\times8$
Conv4_x	14×14	$\begin{bmatrix}1\times1,\ 256\\ 3\times3,\ 256\\ 1\times1,\ 1024\end{bmatrix}\times6$	$\begin{bmatrix}1\times1,\ 256\\ 3\times3,\ 256\\ 1\times1,\ 1024\end{bmatrix}\times23$	$\begin{bmatrix}1\times1,\ 256\\ 3\times3,\ 256\\ 1\times1,\ 1024\end{bmatrix}\times36$
Conv5_x	7×7	$\begin{bmatrix}1\times1,\ 512\\ 3\times3,\ 512\\ 1\times1,\ 2048\end{bmatrix}\times3$	$\begin{bmatrix}1\times1,\ 512\\ 3\times3,\ 512\\ 1\times1,\ 2048\end{bmatrix}\times3$	$\begin{bmatrix}1\times1,\ 512\\ 3\times3,\ 512\\ 1\times1,\ 2048\end{bmatrix}\times3$
	1×1		Average pool，1000-d fc，softmax	

通过表 12-3 可以看出，ResNet50、ResNet101 和 ResNet152 的第一层均为 1 个 7×7 的卷积层，此外，ResNet50 共有 16 个残差模块，构成方式为[3，4，6，3]的模块组合；ResNet101 共有 33 个残差模块，构成方式为 [3，4，23，3] 的模块组合；ResNet152 共有 50 个残差模块，构成方式为 [3，8，36，3] 的模块组合，最终均通过全连接层与 softmax 分类器输出最终的结果。本案例以上述 3 种网络结构为基础，搭建自我注意机制的深度残差网络（Xie et al.，2019）。

感受野（receptive field）是 CNN 的核心概念之一，其定义为在 CNN 每一层特征图中，每个像素点反向映射回输入图像时，所包含的输入图像像素区域大小。通常随着网络层数的增加，特征图中单个像素的感受野会增大。小感受野对图像细节信息敏感，大感受野对图像全局信息有更强的学习能力，但同样一个卷积网络中的某一层很难兼顾大、小感受野的特点，同时对细节信息及全局信息进行有效的特征提取。这种特点导致特征图无法处理好图像细节和整体的关系，在野生动物监测图像这一特定场景下，由于野生动物目标位置、大小等具有不确定性，导致特征图可能无法准确反映野生动物本身的特征，而是提取到复杂的背景信息等情况。因此本案例提出一种基于自我注意机制的深度残差网络来改进以上问题。

注意机制（attention mechanism）最开始由 Yoshua Bengio 团队在神经网络语言模型中提出（Bengio et al.，2003），常用的算法场景为机器翻译、情感分类等，但以上均为文本任务中的应用。Zhang 等（2019）首次将自我注意机制应用在对抗生成网络中，经过自我注意机制改进后的网络，在生成的效果图像中克服了传统对抗生成网络细节信息模糊的问题，取得了理想的实验效果，证明了注意机制应用在图像问题中的可行性。本案例将该机制与深度残差网络结合，并且设计实验详细讨论了自我注意模块引入位置与超参数设定对模型性能的影响。自我注意机制网络的核心由 3 个卷积层构成，结构图如图 12-13 所示。

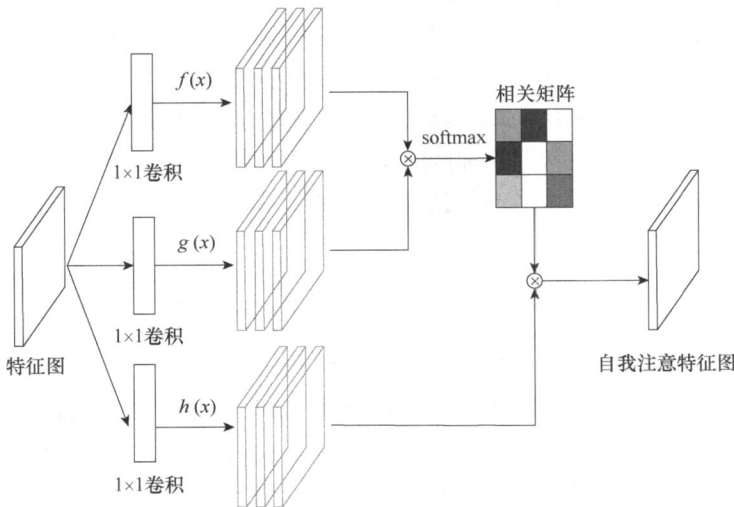

图 12-13　自我注意力机制网络

其中，CNN 提取的特征图可以是末尾卷积层的输出，也可以是 CNN 中任何一层的输出，首先将该特征图通过 1×1 的卷积操作转换成 3 个特征空间 $f(x)$、$g(x)$、$h(x)$，公式如式（12-19）至式（12-21）所示。

$$f(x) = W_f x \tag{12-19}$$

$$g(x) = W_g x \tag{12-20}$$

$$h(x) = W_h x \tag{12-21}$$

W_f、$W_g \in R^{(c \times ratio) \times c}$、$W_h \in R^{c \times c}$，分别表示卷积层计算出的不同的 3 个权值矩阵，其中，W 代表输入特征图的维度，$ratio$ 为比例系数，则 1×1 的卷积的通道数为 $c \times ratio$。权值矩阵分别和特征图进行 1×1 的卷积运算，得到各自的特征空间 $f(x)$、$g(x)$、$h(x)$。

然后通过 $f(x)$、$g(x)$ 的矩阵相乘，经过 softmax 层归一化得到注意力矩阵，可以得到相关性矩阵 $\beta_{j,i}$，表示特征图中第 j 个区域与第 i 个位置的相关性程度，如式（12-22）；最终由注意力矩阵 $\beta_{j,i}$ 计算输出自我注意特征图 δ_j，如式（12-23）。在代码实现过程中，卷积特征图的张量维度为［Batchsize，H，W，C］，在做矩阵乘法运算前，需要对张量维度进行 reshape 至［Batchsize，H，W，C］，其中 $N = H \times W$。

$$\beta_{j,i} = \frac{\exp(s_{i,j})}{\sum_{i=1}^{N} \exp(s_{i,j})}, \quad \text{where} \quad s_{i,j} = f(x_i)^T g(x_j) \tag{12-22}$$

$$\delta_j = \sum_{i=1}^{N} \beta_{j,i} h(x_i) \tag{12-23}$$

为了输出的自我注意力特征矩阵可以作为一个模块加入后面的网络结构，需要将其 reshape 回［Batchsize，H，W，C］，并与输入的特征矩阵相加作为最后的输出 y_i，如式（12-24）所示。其中，λ 为自我注意力特征比例系数。

$$y_i = \lambda \delta_i + x_i \tag{12-24}$$

自我注意网络的优势在于特征图的计算中，不再受到感受野的限制，建立了特征图全局信息的相关性，并且通过网络内部的 softmax 层，对网络参数进行了不同权重的赋值操作，实现了相当于弱监督的目标定位效果，提升了卷积神经网络的特征提取与判别能力，在针对复杂背景下的野生动物监测图像来说，能发挥出更大的优势。

同时由于自我注意网络模块的输入特征图尺寸与输出的自我注意特征图的尺寸一致，因此，可以将其作为一个模块植入卷积神经网络的任何一层网络之中。本案例选择将自我注意机制网络植入两个深度残差模块之间，搭建自我注意深度残差网络 SA-ResNet，自我注意模块结构如图 12-14 所示。

12.3.3.2　基于 K-means 算法的区域建议网络 anchor box 尺寸回归

经典 Faster R-CNN 算法中，RPN 网络中 anchor box 的长宽比例为 1：2、1：1、2：1，该尺寸适用于生活场景中人与物的检测，但对于野生动物，设计更为贴合的长宽比更有利于算法对目标区域的回归。

K-means 是一种典型的聚类算法（Hartigan et al.，1979），其原理是两个物体的相似性决定于它们之间的距离。对于每次迭代中数据集中剩余的每个对象，根据该对象到所在群集中心的距离，对该对象进行重新分配。完成对剩余所有对象的逐一分配即完成一个迭代操作，得到一个新的集群中心，其算法流程如图 12-15 所示。

（1）输入全部数据集 $D = \{x_1, x_2, \cdots, x_m\}$，设定最大循环次数 N 与聚类质心数 k。

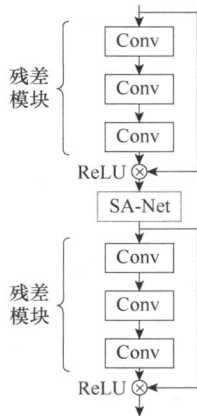

图 12-14　SA-ResNet 自我注意模块结构图

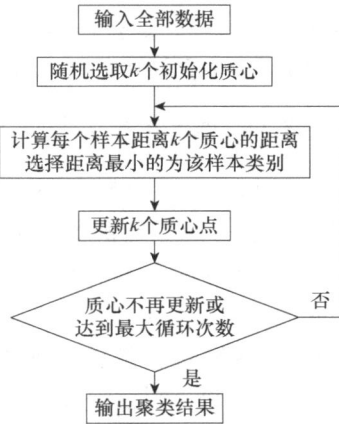

图 12-15　K-means 算法流程图

（2）采用随机化的方式，从全部数据集 D 中挑选 k 个数据，作为初始质心 $C=\{C_1, C_2, \cdots, C_k\}$。

（3）依次统计数据集 D 每个样本 x_i 与每个初始质心 C_j 的距离 $d_{ij}=(x_i-C_j)^2$，找到最小距离 d_{ij} 所对应的类别 λ_i，将该数据 x_i 归为该类，并且更新 $C_{\lambda_i}=C_{\lambda_i}\bigcup\{x_i\}$。

（4）重新考虑 $j=1, 2, \cdots, k$，将 C_j 中全部数据进行重新计算，得到更新后的质心点 μ_j。

$$\mu_j=\frac{1}{\left|C_j\right|}\sum_{x\in C_j}x \qquad (12\text{-}25)$$

（5）判断若质心不再变化或者达到最大的循环次数，输出聚类结果。

在完成野生动物图像数据集的像素级标定后，记录每张野生动物监测图像中目标区域的左上角坐标 (x_1, y_1)，以及右下角坐标 (x_2, y_2)，通过坐标可以计算出目标区域的宽度 $W=x_2-x_1$ 和高度 $H=y_2-y_1$，因此可以得出每个目标的长宽比 $R=W/H$。本案例随机选取了训练集中的 3000 张野生动物监测图像数据，利用 K-means 算法对标定数据样本的长宽比进行聚类计算，如图 12-16 所示。

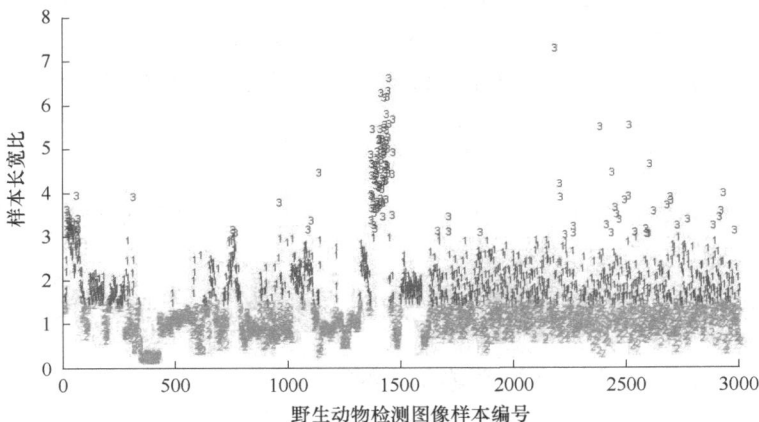

图 12-16　K-means 聚类可视化图

彩图

图 12-16 中，横坐标代表样本编号，纵坐标代表样本长宽比 $R=W/H$。绿、红、蓝点分别代表低、中、高的聚类结果。最后，低、中、高聚类值分别为 $R_L=0.9718$、$R_M=1.9608$ 和

$R_H=4.1004$。为了取整运行，本案例最终使用 1：1、1：2 和 1：4 的 anchor box 长宽比代替经典 Faster R-CNN 算法中的 1：2、1：1 和 2：1 长宽比。

12.3.3.3 数据均衡损失函数

自然保护区内野生动物种类的数量，以及野生动物生活习性的不同导致监测设备采集到的不同种类野生动物监测图像不平衡。在采用了传统的 Faster R-CNN 算法实验过程中发现，数据不平衡的问题将导致小数量物种的识别精度降低。因此，本案例对损失函数进行了改进。

Faster R-CNN 算法在感兴趣区域池化层后，通过设计多类别损失函数（softmax-loss）$L_{softmax}$ 输出最后目标的类别结果。在处理不平衡数据集问题时，在分类损失函数 L_{cls} 中对不同的野生动物物种分配不同的权重，改进后的损失函数 $L'_{softmax}$ 列在式（12-26）和式（12-27）中。

$$L'_{softmax}=-\sum_i \alpha_i \hat{y}_i \log(y_i) \tag{12-26}$$

$$\alpha_i=\frac{n_{total}}{n \times N_i} \tag{12-27}$$

式中，y 表示 softmax 生成的网络预测类别结果概率，是一个 one-hot 格式的类别标签；α 是损失函数权重；i 是野生动物类别；n_{total} 是训练图像的总数；N_i 是第 i 种野生动物训练图像的数量；n 是野生动物总数。改进的损失函数为样本较少的类别分配了较大的权重值，当小样本野生动物分类结果出错时会对其施加更大的惩罚力度，以此提高最终识别的精度。

12.3.3.4 试验结果与分析

为了分别验证本案例提出的两种改进方法，均采用 SA-ResNet152 为骨干网络，依次对仅采用基于 K-means 算法的区域建议网络 anchor box 尺寸回归的改进算法（下文称：改进算法一）、仅采用数据均衡损失函数的改进算法（下文称：改进算法二）、将两种改进方法合并的算法（下文称：本案例算法）和经典 Faster R-CNN 算法进行对比。

选定平均识别精度的平均值 mAP 来评价识别模型的好坏，mAP 的计算如式（12-28）。

$$mAP=\frac{\sum_{q=1}^5 AveP(q)}{5} \tag{12-28}$$

式中，q 为野生动物物种的类别；$AveP(q)$ 为第 q 类物种的平均识别精度；mAP 为试验中 5 种物种的平均识别精度的平均值。

选择混淆矩阵展现本案例算法的检测与识别效果，混淆矩阵通常用 $n \times n$ 的矩阵表示，其中 n 代表目标的类别数量，混淆矩阵每一列的数值总数表示该野生动物的真实结果总数，每一行的数值总数表示该野生动物的预测结果总数，矩阵对角线代表正确分类的目标数量。通过混淆矩阵可以获得每一类野生动物分类正确以及错误的数量，直观反映出模型的识别效果，是模型精度评定的标准格式。

1. 改进算法一试验分析

图 12-17 展示了改进算法一和经典 Faster R-CNN 算法的检测效果图，每组对比图中第一幅为改进算法一的效果图，第二幅为经典 Faster R-CNN 算法的效果图。通过对比图 12-17（a）

与（b）可以看出，经典 Faster R-CNN 算法将树干识别为野猪，而真正的目标却没能成功检测；通过对比图 12-17（c）与（d）可以看出，经典 Faster R-CNN 算法虽然成功识别了斑羚，但是也将树干进行了错误的识别；对比图 12-17（e）与（f），经典 Faster R-CNN 算法虽然准确监测了两只马鹿，但由于目标位置回归的不精确，将图中左侧马鹿的大半部分身体与右侧马鹿的左腿错误地识别为一只马鹿，而改进算法一没有发生错误的检测；通过对比图 12-17（g）与（h）可以看出，改进算法一以及经典 Faster R-CNN 算法均成功地对目标进行了检测，但是改进算法一的位置回归更加准确。综上，证明了改进算法一，即基于 K-means 算法的区域建议网络 anchor box 尺寸回归改进方法在提高野生动物目标位置回归的精确性上是有效的。

图 12-17　改进算法一和经典 Faster R-CNN 算法的野生动物目标检测效果对比图

表 12-4 和表 12-5 分别为经典 Faster R-CNN 算法以及改进算法一测试集分类结果混淆矩阵，由于单张野生动物监测图像中可能存在不止一个目标动物，因此混淆矩阵中的各种野生动物数据和测试集图像数量并不是一一对应关系。

彩图

通过表 12-4 和表 12-5 可以看出改进算法一相比于经典 Faster R-CNN 算法，狍的准确率提高了 4%，斑羚的准确率提高了 2%，猞猁的准确率提高了 3%，野猪的准确率提高了 5%，最终 mAP 值提高了 2.9%，证明了基于 K-means 算法的区域建议网络 anchor box 尺寸回归改进方法在野生动物分类结果上也有提升效果。

表 12-4　经典 Faster R-CNN 算法测试集混淆矩阵

类别	马鹿	狍	斑羚	猞猁	貂	野猪	mAP
马鹿	942	197	11	10	0	29	
狍	92	327	9	5	0	8	
斑羚	8	15	170	3	5	18	
猞猁	0	0	4	64	0	0	
貂	1	6	2	0	86	15	
野猪	4	9	2	0	1	203	
准确率	0.90	0.69	0.86	0.78	0.94	0.74	0.813

表 12-5 改进算法一测试集混淆矩阵

类别	马鹿	狍	斑羚	猞猁	貂	野猪	mAP
马鹿	942	128	13	11	0	26	
狍	92	404	6	5	0	8	
斑羚	8	12	174	1	5	15	
猞猁	0	0	3	66	0	0	
貂	1	3	1	0	86	9	
野猪	4	7	1	0	1	215	
准确率	0.90	0.73	0.88	0.81	0.94	0.79	0.842

2. 改进算法二试验分析

表 12-6 为改进算法二测试集分类混淆矩阵。通过表 12-4 经典 Faster R-CNN 算法测试集分类混淆矩阵可以看出，监测图像数据量相对较少的猞猁、野猪准确率较低，由于马鹿与狍同属鹿科野生动物，外观相似性高，因此相对监测图像较少的狍识别准确率较低，且大部分误识别为马鹿。貂的监测图像数量虽然较少，但是由于和其他 5 种野生动物外观特征差别较大，因此准确率较高。同时发现，马鹿图像数量最多，除了貂之外，狍、斑羚、猞猁、野猪识别错误最多的类别均为马鹿，说明了数据不平衡问题对最终识别效果影响较大。

通过表 12-6 改进算法二测试集分类混淆矩阵可以看出，在增加了数据均衡损失函数后，狍与野猪的准确率大大提升，增加了 15%，斑羚、猞猁准确率也分别提升了 5%、8%；最终测试集样本 mAP 提升了 8%，每一类的野生动物被错误识别成马鹿的数量大大降低，证明了数据均衡损失函数在处理不平衡数据时具有提高识别精度的作用。

表 12-6 改进算法二测试集混淆矩阵

类别	马鹿	狍	斑羚	猞猁	貂	野猪	mAP
马鹿	942	83	11	6	0	5	
狍	92	465	6	5	0	4	
斑羚	8	6	180	0	4	15	
猞猁	0	0	0	71	0	0	
貂	1	0	0	0	88	6	
野猪	4	0	1	0	0	243	
准确率	0.90	0.84	0.91	0.86	0.96	0.89	0.893

3. 本案例算法试验分析

表 12-7 为本案例算法测试集混淆矩阵。通过表 12-7 可以看出，相较于经典 Faster R-CNN 算法，将两种改进方案进行合并之后，算法的准确率得到了进一步的提升，6 种野生动物的准确率均得到了不同程度的提高，其中，狍的准确率提高了 18%，斑羚的准确率提高了 5%，猞猁的准确率提高了 17%，貂的准确率提高了 2%，野猪的准确率提高了 19%，最终 mAP

值提高了 10.9%，达到了 92.2%。证明了本案例采用 SA-ResNet152 作为骨干网络，利用基于 K-means 算法对区域建议网络 anchor box 尺寸回归以及数据均衡损失函数的优越性。

表 12-7　本案例算法测试集混淆矩阵

类别	马鹿	狍	斑羚	猞猁	貂	野猪	mAP
马鹿	952	69	11	4	0	3	
狍	89	481	6	0	0	1	
斑羚	2	4	180	0	4	9	
猞猁	0	0	0	78	0	0	
貂	0	0	0	0	88	6	
野猪	4	0	1	0	0	254	
准确率	0.91	0.87	0.91	0.95	0.96	0.93	0.922

图 12-18 展示了本案例算法的野生动物目标检测效果图，图像中野生动物类别后的数字代表置信度，即算法判断为该种动物的置信度。其中，图 12-18 中第一列的图（a）、（b）、（c）、（e）为标准的野生动物监测图像，野生动物基本处于图像正中心的位置，且背景信息简单，检测难度低，因此，本案例算法最终的置信度均为 100%；图 12-18 第二列的图（f）、（g）、（h）、（i）均为遮挡图像，野生动物部分躯体被环境中的草木所遮挡，本案例算法均进行了准确的检测与识别，但置信度略有降低。图 12-18 第三列的图（j）、（k）、（l）、（m）均为局部拍摄图像，由于红外感应相机的特点，抓拍到的大多数监测图像野生动物只有部分的躯体，甚至只露出了一只耳朵，如图（j），或者尾部，如图（k）、（m），即使在这种极端的情况中，本案例算法也可以实现理想的检测效果。图 12-18（n）是野生动物距离相机过近，造成整幅图像中均为野生动物的部分躯体；图 12-18（o）是夜间极低照度下多只马鹿的检测图像；图 12-18（p）为被拍摄到的野生动物距离红外摄像机很远，属于小目标的检测情况；图 12-18（q）中的马鹿与背景环境差距很小，颜色接近，以上 4 种情况，本案例算法均达到了理想的识别效果。综上，证明了本案例算法可以克服多种复杂情况的影响，拥有优秀的识别准确性以及较强的检测鲁棒性。

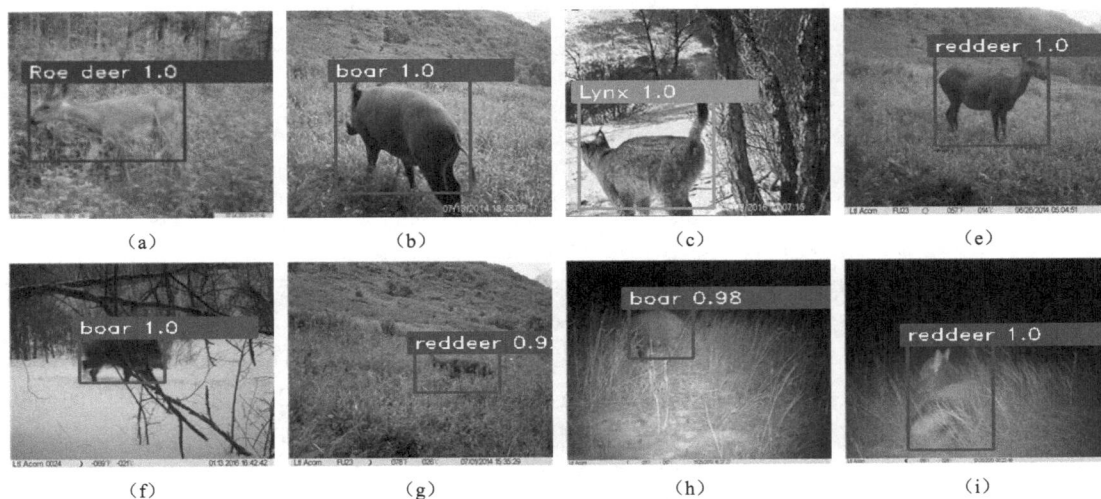

（a）　　　　　　（b）　　　　　　（c）　　　　　　（e）

（f）　　　　　　（g）　　　　　　（h）　　　　　　（i）

（j）　　　　　　　　　　（k）　　　　　　　　　　（l）　　　　　　　　　　（m）

（n）　　　　　　　　　　（o）　　　　　　　　　　（p）　　　　　　　　　　（q）

图 12-18　本案例算法的野生动物目标检测效果图

彩图

12.3.4　构建远程动物数据信息库

12.3.4.1　数据库连接

从本地连接到远程服务器中的数据管理系统有两种方式，一种是先登录至云服务器，再通过终端命令使用 MySQL 语句对数据库进行操作。另一种是使用远程数据库连接工具，连接完成后在图形化界面下对数据库进行操作。为了方便对数据库的操作以及对数据的录入，本案例采用了第二种方式，使用了专为 MySQL 设计的强大数据库管理及开发工具 Navicat，对数据库进行远程连接和管理，如图 12-19 所示，设置完各项连接参数后，即可进行数据库的连接。

图 12-19　设置数据库连接参数

12.3.4.2　服务器端开发

野生动物监测信息数据文件大、后期处理复杂。建立一个野生动物监测数据管理信息系统能够确保野生动物监测数据的时效性、完整性、直观性。如图 12-20 所示，本案例面向实际野生动物监测任务需求，实现野生动物监测数据的接收存储、识别结果呈现。

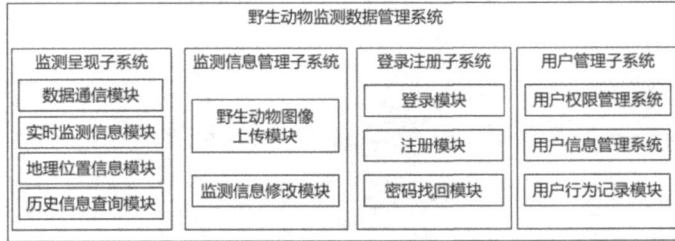

图 12-20　野生动物可视化监测平台

为了降低硬件设备功耗，编码端采取数据分包传输的策略。本系统采用以 socket 通信为主的信息接收模式，满足分包传输的需求并确保信息的完整性、时效性，解决了野生动物监测编码端数据传输问题。根据数据类型分析，选用更加适应野生动物监测数据文件大、结构复杂、数据存在峰值存取特点的 MySQL 进行数据库开发。为提高数据库利用率，系统选择将监测图片路径存入数据库而非图像本身。通过 SQL 语言实现对数据的存储、管理。系统数据访问层包含图片信息、环境信息、地理信息及用户信息的增删查改。在数据访问层的基础上，将业务逻辑层设计为登录注册、信息显示、图片呈现、节点呈现、信息管理。

针对野生动物监测数据以图像为主的特点，兼顾用户体验，设计了如图 12-21 所示的用户交互界面；根据野生动物监测数据实时性要求高的特点采用 Ajax 等技术实现前后端数据交互；通过 PHP+MySQL 实现对监测数据的统计管理。

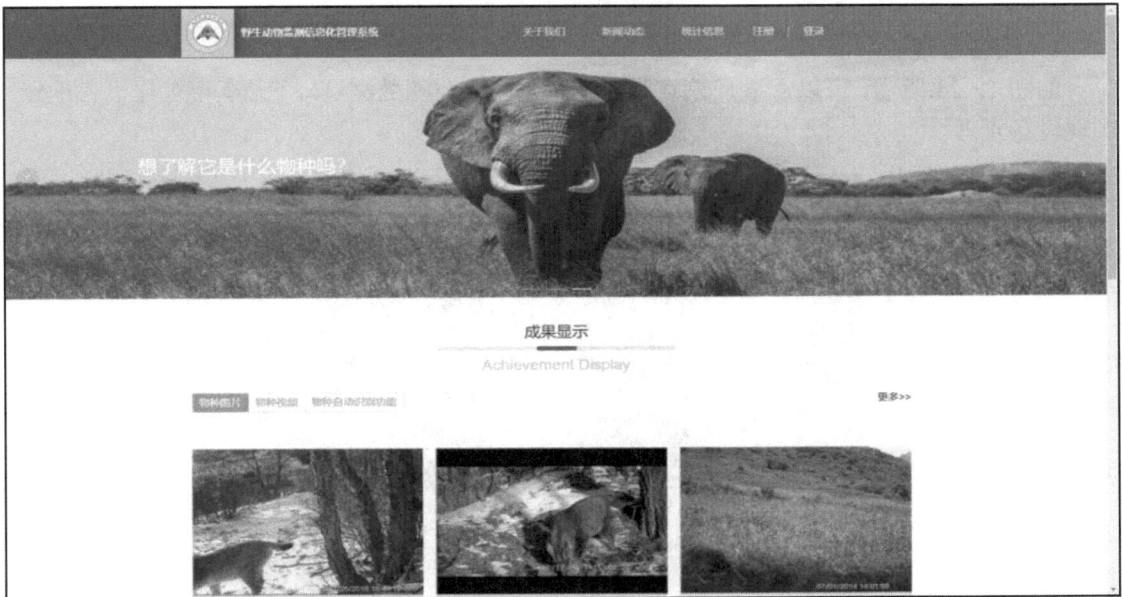

图 12-21　野生动物可视化监测平台

12.3.4.3　功能实现

1. 物种自动识别

如图 12-22 所示，为物种自动识别各个步骤下的界面，图 12-22（a）为物种识别选项界面，客户可以根据其提示找到物种识别功能。图 12-22（b）为上传物种图片界面，用户可以上传自己想要识别的物种图片。图 12-22（c）为物种识别结果输出，可以输出物种的相关信息。

（a）

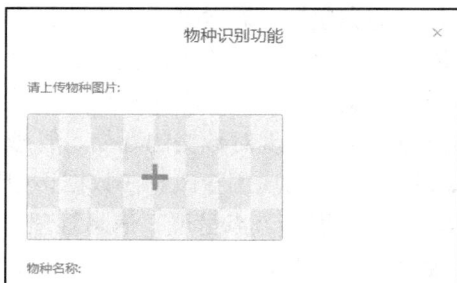

（b）　　　　　　　　　　　　　　　　　（c）

图 12-22　物种识别功能

2．设备管理

如图 12-23 所示，可以通过登录互联网＋野生动物监测数据管理平台，可视化设备地点，实现设备管理。

图 12-23　设备管理

3．数据总览与管理

如图 12-24 所示，（a）为数据总览界面，（b）为数据管理界面，可以通过登录互联网＋野生动物监测数据管理平台，查看饼状图和柱状图进行数据可视化，并可以进行数据的增删改查，实现数据的管理。

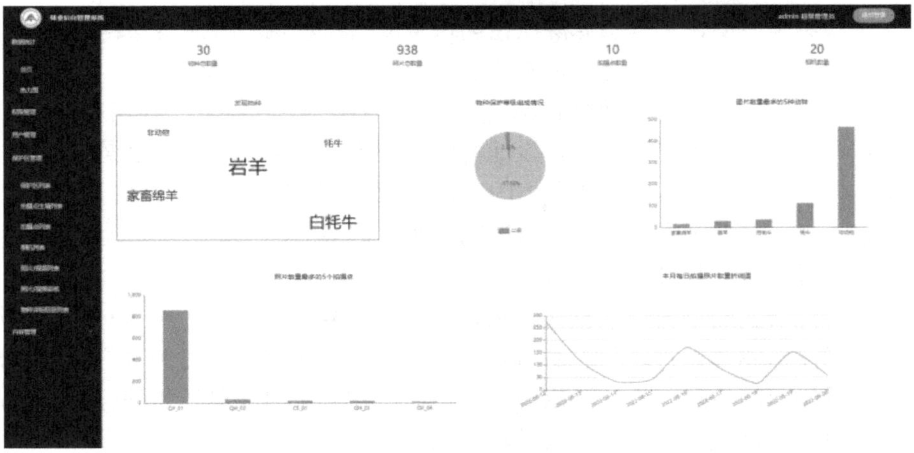

（a）

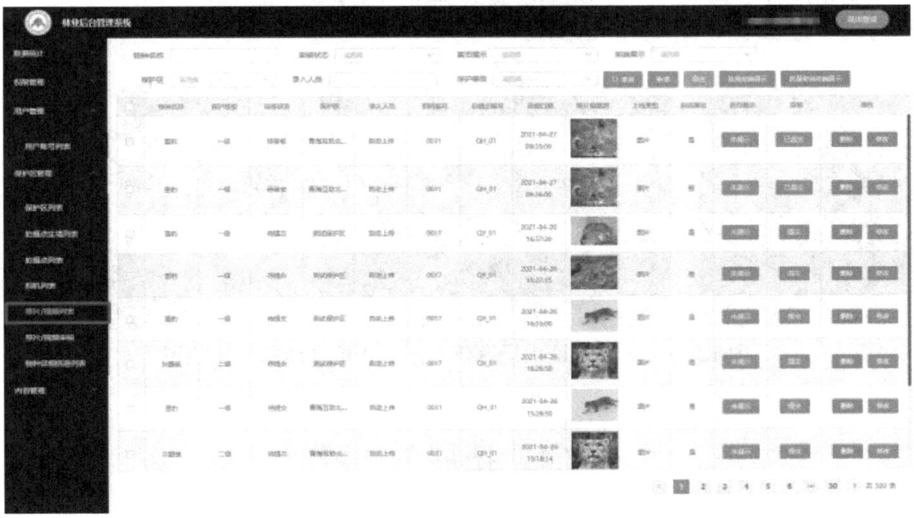

（b）

图 12-24　数据总览与管理

12.3.5　小结

本案例主要进行了系统的设计及实验研究，主要结论如下所示。

（1）针对野生动物图像自动化采集的需求，边缘设备中在引入图像传感器时，同时引入了热释电传感器用于红外触发、引入了光照传感器进行拍照环境的感知，利用滤光片切换器与红外 LED 补光灯，实现了野生动物触发时的昼夜拍照自动切换。针对图像数据自动化传输的需求，边缘设备的设计中引入了 Zigbee 模块，以 Xmodem 为基础自定义了帧格式，可以通过自组织网络以多跳传输的形式实现数据的双向传输。

（2）提出一种基于色彩恒常性 Retinex 理论的不同照度条件下监测图像自适应增强算法。在对传统算法产生的"光晕伪影现象""灰化效应""色彩保真度低"等问题进行充分分析的基础上，本案例分别对入射光分量估计、入射光分量自适应拉伸、反射光分量计算 3 个方面进行改进。试验结果表明，本案例算法在色调保真度、信息熵、峰值信噪比相较于传统算法均有提升，实现了对监测图像的自适应增强。

（3）实现高效的野生动物自动检测识别算法。针对野生动物特定的检测目标，以及野生动物监测图像存在的数据不平衡问题，设计特定的 anchor box 尺寸，与数据均衡损失函数将经典 Faster R-CNN 算法 mAP 值提高了 10.9％，达到了 92.2％。在野生动物监测图像背景不同、动物数量不一、远近距离不定、遮挡情况不明、拍摄部位不定等复杂情况下，实现了野生动物位置的精准定位与种类的准确识别。

（4）针对野生动物监测信息数据文件大、后期处理复杂的问题，用 MySQL 数据库技术建立一个野生动物监测数据管理信息系统能够确保野生动物监测数据的时效性、完整性、直观性，同时兼顾用户的体验，设计了用户交互页面，实现了对大量数据的存储与处理。

本案例已有成果已成功在内蒙古乌兰坝国家级自然保护区、天津市八仙山国家级自然保护区及青海互助北山国有林场等地落地。布设边缘智能监测相机近百台，共监测到野生动物40 余种。系统实地部署如图 12-25 所示。

图 12-25　天津八仙山国家级自然保护区实地部署安装图

12.4　拓展与思考

12.4.1　应用拓展

（1）无线图像传感器网络监测。安防监测：无线图像传感器网络可用于监测公共场所的安全。农业监测：无线图像传感器网络可用于农业生产过程的监测，如监测农田的湿度、土壤质量、气象条件、作物生长情况等。环境监测：无线图像传感器网络可用于监测环境质量，如空气质量、水质等。

（2）基于 Retinex 理论的图像自适应增强算法。医学图像处理：基于 Retinex 理论的图像自适应增强算法帮助医生在医学影像中更清晰地观察细胞结构、血管、肿瘤等，从而更好地进行诊断和治疗。无人驾驶：基于 Retinex 理论的图像自适应增强算法可帮助无人驾驶车辆在低光弱光条件下获取更清晰的图像，提高行驶的安全性。航空航天：基于 Retinex 理论的图像自适应增强算法可帮助工程师更好地观察目标表面的细节和缺陷，从而更好地进行检测和维修。

（3）基于改进 Faster R-CNN 的目标检测识别算法。自动驾驶：改进 Faster R-CNN 算法可以有效地进行物体检测和识别，为自动驾驶提供强大的支持。医疗影像：改进 Faster R-CNN

算法可以用于检测和识别医疗影像中的各种病变、肿块和器官等，提供快速准确的诊断和治疗建议。安防监控：改进 Faster R-CNN 算法可以帮助安防系统实现高效的监控和报警功能。

（4）构建远程数据库。市场调研：远程数据库可以为市场调研提供大量的数据支持，包括消费者行为、产品销售情况、竞争对手情况等。社会调查：远程数据库可以为社会调查提供大量的数据支持，包括人口统计数据、社会经济数据、环境数据等。医疗保健：远程数据库可以为医疗保健提供大量的数据支持，包括疾病统计数据、医疗资源分布情况、医疗服务质量等。

12.4.2　思考

（1）图像采集边缘设备中使用了锂电池进行电源的进行精细化管理，但锂电池可能会存在低温条件下性能下降的问题，后续可针对电源部分进行优化，扩展设备的可靠运行温度范围，以便设备用于寒冷环境中野生动物的监测。

（2）模型小型化研究。目前采用算法的网络模型参数量较大、冗余度较高，导致运算速度低，高计算复杂度也导致了高能耗，应用在嵌入式端存在困难。因此，还需探究模型裁剪的模型压缩方法，合理设计模型参数评价指标和裁剪方式解决模型参数量大带来的速度低、能耗高的问题。

（3）扩充野生动物种类。若期望在我国大部分保护区内进行实地落地应用，应继续扩充野生动物数据库，训练泛化能力更强的模型，降低模型过拟合的风险。

参 考 文 献

程浙安，2019. 基于深度卷积神经网络的内蒙古地区陆生野生动物自动识别. 北京：北京林业大学硕士学位论文.

董航，饶世钧，洪俊，2020. 基于 MySQL 的雷达目标信息数据库构建. 科技创新与应用，（28）：80-83.

冯晓娟，米湘成，肖治术，等，2019. 中国生物多样性监测与研究网络建设及进展. 中国科学院院刊，34（12）：1389-1398.

贺诗波，2012. 无线传感器网络覆盖理论与资源优化研究. 杭州：浙江大学博士学位论文.

蒋志刚，2003. 论野生动物资源的价值、利用与法制管理. 中国科学院院刊，（6）：416-419.

荆宁，2010. 基于 CC2420 的无线传感器网络物理平台的设计与应用. 济南：山东大学硕士学位论文.

李安琪，2020. 基于卷积神经网络的野生动物监测图像自动识别方法研究. 北京：北京林业大学硕士学位论文.

李灿，孙东平，2020. 基于 shell 脚本的 Linux 环境下 MySQL 快速部署方法. 电脑知识与技术，16（33）：33-34.

李燕君，2009. 面向事件检测的无线传感器网络服务质量保障. 杭州：浙江大学博士学位论文.

李志，2020. 论 E-R 图在数据库建模过程中的重要性. 信息记录材料，21（6）：143-145.

刘文定，李安琪，张军国，等，2018. 基于 ROI-CNN 的赛罕乌拉国家级自然保护区陆生野生动物自动识别. 北京林业大学学报，40（8）：123-131.

祁长璞，2008. 基于 Zigbee 的无线传感器网络在监控系统中的应用研究. 武汉：武汉理工大学硕士学位论文.

沙连帅，2020. 基于无线传感器网络的野生动物图像采集系统设计. 北京：北京林业大学硕士学位论文.

颜清，苗壮，赖鑫生，等，2020. 大数据时代关系数据库 MySQL 的创新与发展. 科技风，（20）：75-76.

杨雨成，任利峰，2020. MySQL 数据库性能优化技术研究. 科技经济导刊，28（3）：32.

禹晶，李大鹏，廖庆敏，2011. 基于颜色恒常性的低照度图像视见度增强. 自动化学报，37（8）：923-931.

张建辉，2008. 无线传感器网络拓扑控制研究. 杭州：浙江大学博士学位论文.

张军国，程浙安，胡春鹤，等，2018. 野生动物监测光照自适应 Retinex 图像增强算法. 农业工程学报，34（15）：183-189.

Bengio Y, Ducharme R, Vincent P, et al., 2003. A neural probabilistic language model. Journal of Machine Learning Research, 3(Feb): 1137-1155.

Elad M, 2005. Retinex by two bilateral filters. In: Kimmel R, Sochen N A, Weickert J. Scale Space and PDE Methods in Computer Vision. Scale-Space 2005. Lecture Notes in Computer Science, vol 3459. Berlin, Heidelberg: Springer.

Feng W, Zhang J, Hu C, et al., 2018. A novel saliency detection method for wild animal monitoring images with WMSN. Journal of Sensors, 2018: 11.

Girshick R, 2015. Fast R-CNN. In: Proceedings of the IEEE International Conference on Computer Vision: 1440-1448.

Hartigan J A, Wong M A, 1979. Algorithm AS 136: A k-means clustering algorithm. Journal of the Royal Statistical Society. Series C (Applied Statistics), 28 (1): 100-108.

He K, Sun J, Tang X, 2012. Guided image filtering. IEEE Transactions on Pattern Analysis and Machine Intelligence, 35 (6): 1397-1409.

Jia L, Tian Y, Zhang J, 2022. Identifying Animals in Camera Trap Images via Neural Architecture Search. Computational Intelligence and Neuroscience, 2022: 15.

Jobson D J, Rahman Z U, Woodell G A, 1997. A multiscale retinex for bridging the gap between color images and the human observation of scenes. IEEE Transactions on Image Processing, 6 (7): 965-976.

Otsu N, 1979. An automatic threshold selection method based on discriminate and least squares criteria. Denshi Tsushin Gakkai Ronbunshi, 63: 349-356.

Wang Y F, Wang H Y, Yin C L, et al., 2016. Biologically inspired image enhancement based on Retinex. Neurocomputing, 177 (177): 373-384.

Xie J, Li A, Zhang J, et al., 2019. An integrated wildlife recognition model based on multi-branch aggregation and squeeze-and-excitation network. Applied Sciences, 9 (14): 2794.

Yu X, Wang J, Kays R, et al., 2013. Automated identification of animal species in camera trap images. EURASIP Journal on Image and Video Processing, 2013 (1): 1-10.

Zhang H, Goodfellow I, Metaxas D, et al., 2019. Self-attention generative adversarial networks. PMLR, 97: 7354-7363.